四川省典型火灾调查案例集（二）

主编◎陈　硕

西南交通大学出版社
·成　都·

图书在版编目（CIP）数据

四川省典型火灾调查案例集. 二 / 陈硕主编. —成都：西南交通大学出版社，2022.8
ISBN 978-7-5643-8831-7

Ⅰ. ①四… Ⅱ. ①陈… Ⅲ. ①火灾－案例－汇编－四川 Ⅳ. ①TU998.12

中国版本图书馆 CIP 数据核字（2022）第 141030 号

Sichuan Sheng Dianxing Huozai Diaocha Anliji（Er）
四川省典型火灾调查案例集（二）

主　编／陈　硕
责任编辑／赵永铭
封面设计／原谋书装

西南交通大学出版社出版发行
（四川省成都市金牛区二环路北一段 111 号西南交通大学创新大厦 21 楼　610031）
发行部电话：028-87600564　028-87600533
网址：http://www.xnjdcbs.com
印刷：四川煤田地质制图印刷厂

成品尺寸　185 mm × 260 mm
印张　22　字数　378 千
版次　2022 年 8 月第 1 版　印次　2022 年 8 月第 1 次

书号　ISBN 978-7-5643-8831-7
定价　96.00 元

《四川省典型火灾调查案例集（二）》

编辑委员会

主　编

陈　硕

副主编

孟祥敏　刘荔维　李　涛

编写成员（按姓氏笔画）

马　涛　王晋平　邓力戈　冯　霖　刘　亮　刘荔维

杜洪宇　李欣玮　李　洋　肖茂力　陈　路　周毅飞

杨雅惠　孟祥敏　郑效桥　赵欣宇　胡学妮　赖松凤

编审人员

陈　硕　孟祥敏　张学楷　李　涛　郑效桥　李　洋

刘荔维　赵欣宇　杜洪宇

序

人类进步的阶梯，是对问题的一次次反思和超越。对火灾的调查思考，贯穿于古今中外的文明史，是健全消防法制体系，完善消防治理体系，改进消防救援工作的基础性、导向性工作。作为火灾调查工作法定的主管部门，消防救援机构一直将其作为主责中的主责、专长中的专长。随着我国政治经济持续发展，安全生产举足轻重、安全需求不断提升；伴随新科技、新能源、新材料广泛运用，致灾因素日趋多样、火灾原因愈发复杂。新时代火灾调查职责边界不断拓展，关联学科不断增加，专业门槛不断提高，越来越多地被党政部门高度重视、社会舆论普遍关注，同时也面临全新机遇和更高挑战。

近年来，四川总队敏锐研判、主动作为、实力应对，以火灾调查为先导，构建全社会消防安全责任体系，推进消防安全治理体系和能力现代化，高站位完善火调队伍建设顶层设计，增强全省火调干部的岗位归属感、认同感；高标准打造火调技术孵化指导平台，推动全省火调工作向现代化、科技化转型升级；高质量组织片区火调实战拉动淬炼，不断提升火灾调查攻坚能力；高层次强化骨干人才队伍培养提升，建成一支“拉得出、打得赢”的火调尖刀队伍。在全国火调比武西部片区比赛中，四川火调队脱颖而出，取得团体第一的优异成绩；在达州市通川区“6・1”重大火灾、宜宾市江安县“7・12”重大爆炸着火事故、凉山州西昌市“3・30”

重大森林火灾等多起事故调查中，四川火调骨干还事实以真相，从灾情找规律，彰显了法纪公信力，淬炼着坚强战斗力。

为切实加强火灾调查业务研究，不断提高调查能力水平，总队编撰了火灾调查典型案例集，以供广大消防救援人员学习借鉴。希望全省消防救援人员能够认真研读、学以致用，不断推进火灾调查的正规化专业化职业化，并以灾为鉴、以案为师，深入研究火灾预防对策措施，努力开创新时代消防事业建设发展新局面。也希望肩负行业消防安全的单位和承担消防技术服务的企业能够从中汲取教训，共同做好全社会消防安全工作，预防和遏制重特大火灾事故。同时希望全省机关、团体、企业、事业单位及社会公众能够在安全宣传、培训教育、自学提升时使用，从火灾事故中获得启示，更好地掌握预防火灾的方法和应对火灾的技能，更加精准地做好风险防控和事故处置工作，共同为平安和谐社会贡献力量。

姚清海　农有良

2022年6月

前　言

本书从2016—2021年全省发生的上万例火灾中精选了19例典型火灾调查案例，划分人员密集场所、九小场所、仓储物流场所、村居民住宅、其他类型等5个专题，重点通过还原火灾调查过程、分析火灾发生原因、总结事故灾害成因等方法对火灾事故进行深入剖析，做到了条目清晰、行文简洁、开门见山、直奔要害，使读者查起来方便、读起来明了、用起来实惠。

本书由陈硕任主编，孟祥敏、刘荔维、李涛任副主编。案例1由刘亮编写（共计20520字），案例2由邓力戈编写（共计14040字），案例3由杜洪宇编写（共计12960字），案例4由马涛编写（共计22680字），案例5由郑效桥编写（共计20520字），案例6由陈路编写（共计16200字），案例7由胡学妮编写（共计20520字），案例8由李洋编写（共计20520字），案例9由赖松凤编写（共计19440字），案例10由王晋平编写（共计22680字），案例11由杨雅惠编写（共计14040字），案例12由李欣玮编写（共计15120字），案例13由冯霖编写（共计14040字），案例14由杨雅惠编写（共计16200字），案例15由赵欣宇编写（共计14040字），案例16由肖茂力编写（共计17280字），案例17由刘荔维编写（共计36720字），案例18由周毅飞编写（共计23760字），案例19由孟祥敏编写（共计20520字）；刘荔维、王晋平、刘亮、杨雅惠、赵欣宇、杜洪宇对文稿进行了校对、修饰；最后由陈硕、孟祥敏、张学楷、李涛、郑效桥、李洋对全书进行了统稿、审订。

在编写过程中，各级领导关心支持，消防救援局防火监督处领导多次帮扶提出要求，省消防救援总队姚清海总队长、农有良政委联袂作序以资鼓励；火调专家悉心指教，王刚、李建林、林松、赵长征、鲁智宝、阳世群等全国资深火调专家亲临指导技术校准；编写人员认真负责，还有众多未能在书中留下名字的原始资料提供者和多轮修改支持者，同样付出了心血、贡献了智慧，在此一并表示感谢。

尽管尽心竭力，但由于编者知识、能力和经验有限，书中难免存在疏漏甚至错误之处，敬请广大读者海涵并提出宝贵意见。

编　者

2022年6月

目　录

/ 人员密集场所 /

/ 九小场所 /

/ 仓储物流场所 /

/村居民住宅/

/其他类型/

人员密集场所

1. 眉山市东坡区小北街欧陆商城“2·28”火灾

一、火灾基本情况

- **起火单位：**欧陆商城。
- **起火地址：**眉山市东坡区小北街168—172号。
- **报警时间：**2017年2月28日5时49分。
- **火灾损失：**过火面积1900 m^2，直接经济损失约935万元。
- **组织调查：**此次火灾，建筑结构复杂，可燃物多，过火面积大，原眉山市公安消防支队高度重视，立即启动火灾调查应急预案，派出火灾事故调查应急处置分队前往火灾现场协助火灾事故调查，原四川省公安消防总队派员指导火灾调查。

二、走访询问情况

调查组走访询问了欧陆商城27日的值班保安、欧陆商城管理人员，27日白天上班的欧陆商城内的欧陆鞋城店长、员工，欧陆商城的法定代表人等火灾知情人共20余人（次），制作询问笔录24 份。

（一）对欧陆商城保安王某某的询问情况

对王某某进行了三次询问，反映的信息如下：

1．第一次询问时反映：2月27日22时，他关闭欧陆商城一楼前门，待所有员工从商城后门离开卖场后，关闭一楼后门，然后检查一楼前门是否关好及其他用电设备是否关闭，检查完毕后就返回一楼后门处值班室。28日清晨5时50分左右，他闻到一股刺鼻的焦臭味从楼上窜下来，然后立即拿起值班钥匙先后打开商城的两道后门跑到商城正后面的路边。这时他透过商城三楼的窗户看到里面有火苗，随即用手机拨打119报警，并向商城负责人谭某某报告了情况。2月27日晚营业员离开卖场后，他并没有到二楼以上巡查，因为商城的卖场在二楼，库房在三楼，在前门关闭的情况下，只有经过后门的两道门、穿过值班室才能进入卖场。

2．第二次询问时反映：2月28日清晨5时30分左右听到旁边的消防报警器发出的声音，他没有去看报警器，开门到外面去没有发现什么情况，又返回监控室。消防报警器还是一直在响，大概过了四五分钟又出去看，走到监控室门口就闻到有一股焦味，抬头发现三楼中间的窗户里面有火光。他主要负责守后门，也就是监控室的后大门，不懂监控室里面的消防控制柜。显示器原来可以看到大楼二楼的情况，后来不知道什么时候坏了，再后来显示器主机也不见了。

3．第三次询问时反映：2月28日凌晨在值班室沙发上睡着了，突然听到值班室里面的消防报警器响了，响的时候觉得有点吵，就去按了消防报警器上的一个消音按钮，按了后消防报警器就没有继续响，但过了几秒报警器又开始叫，又去按了消音按钮，按了好几次，每次按了消音按钮几秒钟后消防报警器都要响，于是就把消防报警器关了。但关了后，消防报警器还是要叫，于是又把消防报警器打开，打开后意识到商城可能有问题，就推开值班室的门，推开后闻到有一大股焦臭味。商场没有人教过怎么使用报警器。两三个月前上班时他发现监控主机不见了，后来商城经理打电话问商城负责人谭某某，谭某某说监控主机坏了拿去修去了，一直到起火当天，谭某某都没把监控主机拿回来。

（二）对欧陆商城内部管理与协调负责人谭某某的询问情况

对谭某某进行了四次询问，反映的信息如下：

1．第一次询问时反映：其主要负责欧陆商城鞋区的外部工作，欧陆商城的老板邱某将商城租下来后，除了鞋区是自己在做，其他摊位都是分租给别人。商城晚上停止营业后，各个区域的电灯照明是关闭的，配电房的总闸没有关闭，晚上除了值班的保安王某某外，没有人在里面留宿。

2．第二次询问时反映：商城二楼用电主要是空调、灯具、饮水机，三楼用电主要是空调、灯具。大概两三个月前，商城的监控设备损坏了，老板叫把监控主机拿去修理，然后就把监控主机拆下来放在车上准备拿去修理。这期间因为车坏了，一直停在东坡区远景楼附近的停车位上，主机也一直放在车上，没有来得及去修理，商城监控设备也就一直停用着。

3．第三次询问时反映：他平时消防这块儿管得很少，没有注意消防安全管理这一部分，商城法定代表人邱某也没明确谁来管理消防安全工作，海澜之家等几家商家也都是自己在管消防。整栋楼只有一个保安王某某，只负责守夜，不负责消防安全，也没有消防培训上岗证。商城一二三楼都设有自动喷水灭火系统、火灾自动报警系统、室内消火栓等消防设施，但是没有签订消防维保合同，和保安也没有签聘用合同。

4．第四次询问时反映：欧陆鞋城是2014年装修的，在2015年、2016年改装过货柜，2016年夏天改造过空调。欧陆鞋城所在建筑一共是两组供电线路，一组从西南侧配电房接出来，由专用变压器供电，主要供一层（包括女装区、海澜之家、七匹狼等）的所有用电，二层海一家的用电和三层欧陆鞋城的库房用电；另一组从安居巷的配电箱接出来，主要供二楼欧陆鞋城部分的照明、电梯、空调和其他设备用电。2016年，改造空调是在二层欧陆鞋城部分加装了2台新的空调，是走的专用变压器的线。其他空调是走从安居巷那边接出来的线，因为二层欧陆鞋城部分是后边装修的，当时专用变压器负荷已经不够了，就从安居巷接的电。

（三）对欧陆鞋城店长徐某某的询问情况

对徐某某进行了两次询问，反映的信息如下：

1．第一次询问时反映：2月27日晚商城停止营业后，她先让员工去三楼将库房的灯和总闸全部关闭，然后自己将二楼售货的灯和总闸全部关闭并检查了所有的开关，确认全部电源都关好后，大概在21时45分离开，她是最后离开的员工。全部鞋城只留了两个应急照明灯没有关。

2．第二次询问时反映：2月27日晚下班时，一二楼的灯是自己关的，三楼的灯是自己在二楼叫人关的，当时罗某某、田某某、王某在二楼，具体是谁关的不知道。

（四）对欧陆商城的法定代表人邱某的询问情况

平时欧陆鞋城的后勤包括装修、消防、照明和空调等是由谭某某在负责。欧陆鞋城共有员工近40人，平时没有开展消防安全培训。欧陆鞋城、海澜之家、海一家和美丽一族的消防安全工作都是各自在管理。

（五）对欧陆鞋城员工罗某某、田某某、王某的询问情况

当天，罗某某、田某某听到店长徐某某喊关三楼的灯，但没看见具体是谁去关的；2月27日当天，王某没上班，在家休息，平时店长徐某某没有喊别人去开灯、关灯的习惯，都是自己去开灯、关灯的。

三、现场勘验情况

火灾发生后，现场勘验人员对整个现场进行了勘验，提取现场痕迹物证22件，制作火灾现场勘验笔录1份、现场照片92张、现场图7份。

（一）环境勘验

1．起火建筑北临安居巷，东临小北街，南临商业街西段，西邻安居巷2号小区（安置房）。建筑面积约6000 m^2，北部为框架结构、南部为钢结构，框架结构部分与钢结构部分连为一体，总体在1至3层略呈矩形。框架结构部分地上5层，呈倒"L"形；钢结构部分地上3层，呈矩形（见图1-1）。

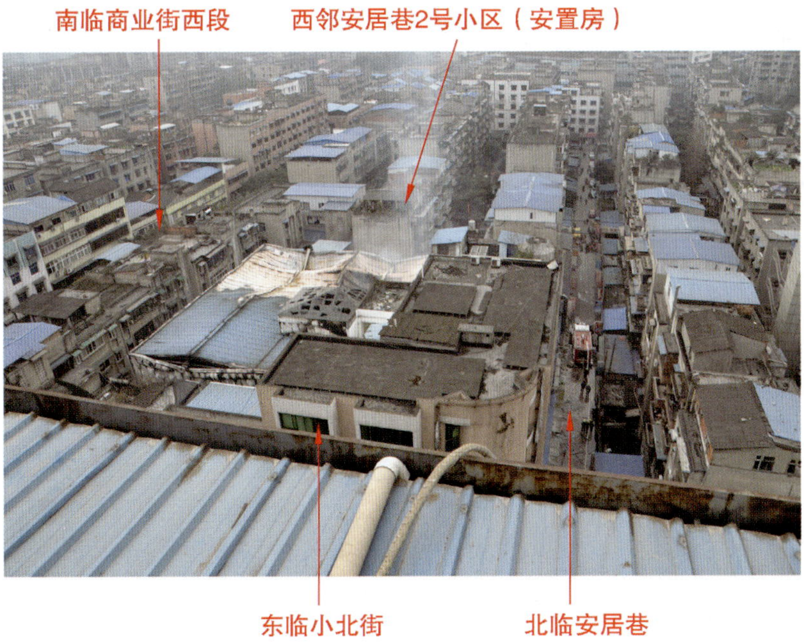

（a）方位照

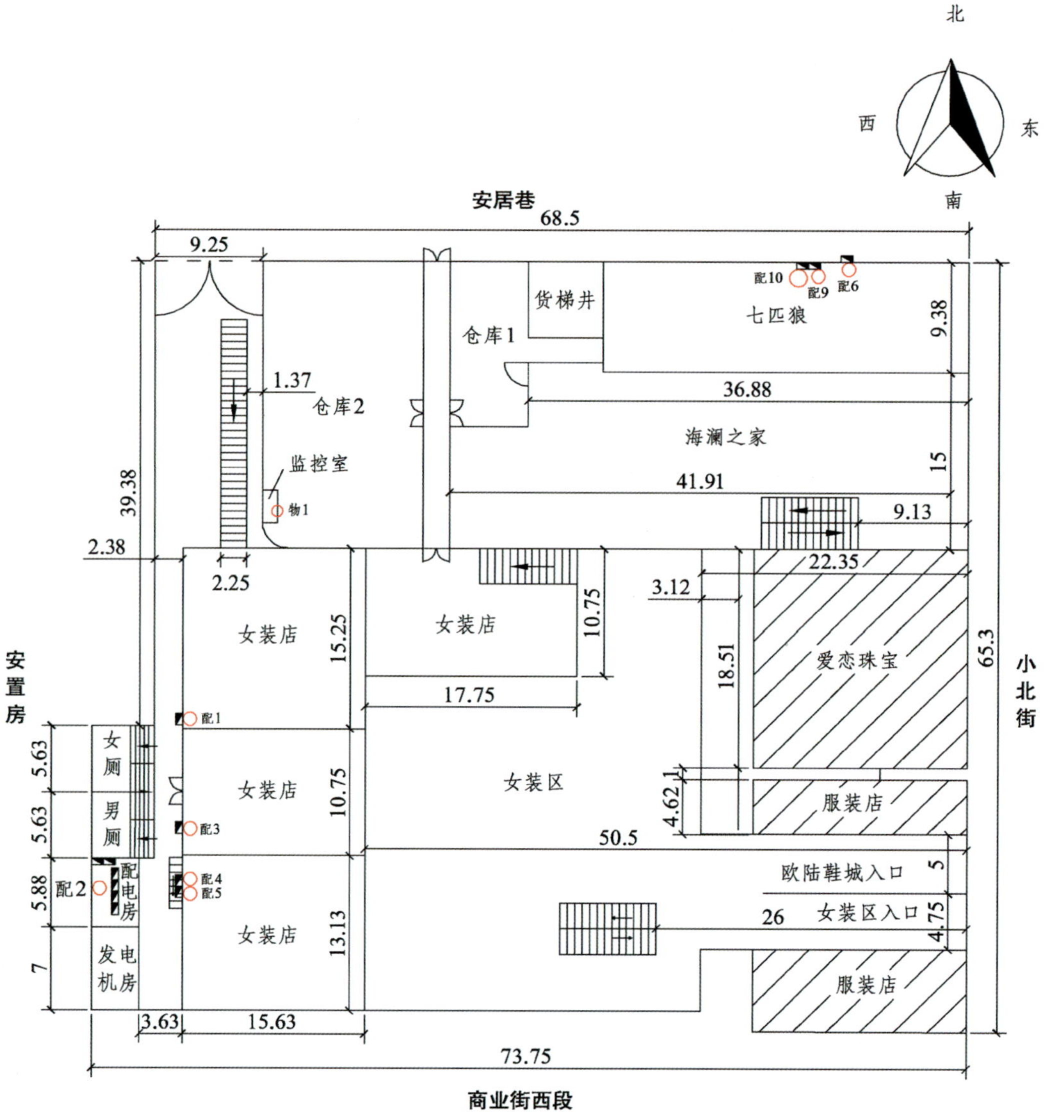

（b）总平面图

图1-1　火灾现场方位照及总平面图

2．临小北街侧（168—172号）从海澜之家到七匹狼为地上5层，长24.3 m；从商业街西段到爱恋珠宝为地上3层，长41 m。

3．临小北街一侧建筑外墙未见过火。

4．临安居巷一侧建筑外墙东部未见过火，中部、西部2层外墙有过火痕迹，其中中部局部外砖脱落。

5．临安居巷2号小区（安置房）一侧建筑外墙北部未见过火；中部及南部2层以上外墙为钢板，过火严重变形，中部过火痕迹呈“V”形，底部距2层地面约1.5 m（见图1-2）。

6．临商业街西段建筑外墙未见过火。

图1-2　西侧外墙过火照片（自西向东照）

（二）初步勘验

1．从起火建筑东部海澜之家进入现场：第一层的海澜之家未过火；通向第二层的自动扶梯上部有烟熏和过火痕迹，扶梯顶部两侧与墙体装饰层完全烧毁（见图1-3、图1-4）；从自动扶梯行至建筑第二层，第二层全部过火，建筑框架结构未见明显变形。

图1-3　建筑东部海澜之家一楼扶梯处照片

图1-4　建筑东部海澜之家二楼扶梯口照片

2．从起火建筑东部欧陆鞋城进入现场：第一层的欧陆鞋城和女装均未过火（见图1-5）；从自动扶梯行至建筑二层，建筑钢结构全部过火。二层西北部中间位置楼板坍塌，上部有大量变形的钢货架，周围柱体抹灰层表面脱落。二层楼板东南角变形程度较轻，呈现向东北、向西变形程度逐渐加重的现象。海澜之家与欧陆鞋城分隔的卷帘门被烧毁。

图1-5　建筑东面欧陆鞋城外部照

3．从建筑西部（安居巷靠安居巷2号小区处）钢制楼梯进入二层：二层已停业的乡村基店面未过火，海一家全部过火。海一家与鞋城之间的隔墙全部坍塌，卷帘门烧毁（见图1-6、图1-7）。

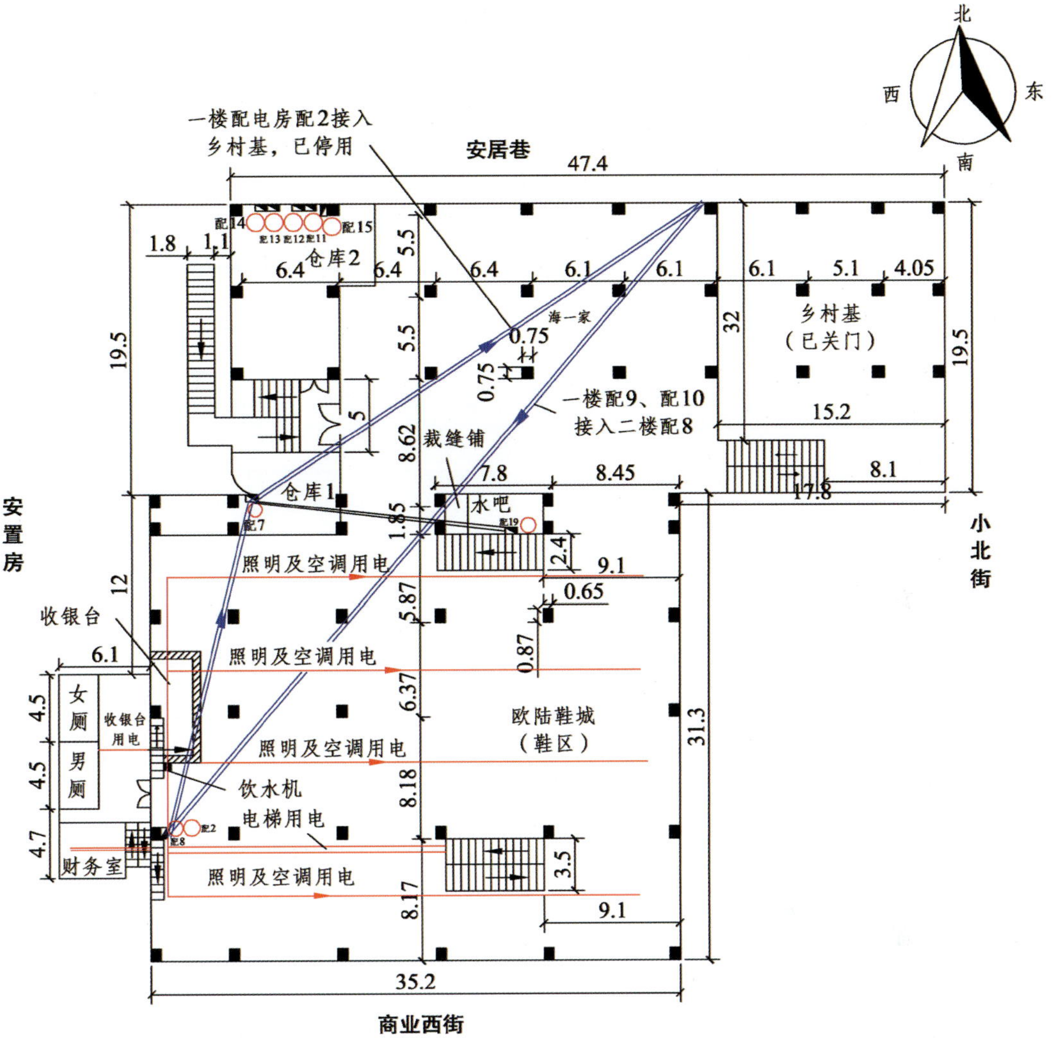

图1-6　火灾现场二层平面图

图1-7　鞋城第二层过火情况照片

4．从建筑西部（安居巷靠安居巷2号小区处）钢制楼梯进入三层：三层北部未过火，西北部堆放的是钢货架；鞋城楼板坍塌，上面有2个沙发局部过火，形态仍保持完好；鞋城西部第一排柱子处的楼板变形，上面有大量钢货架，地面有大量完全炭化物，第二排柱子中部楼板坍塌；整个三层有烟熏痕迹，靠窗部分较重（见图1-8）。

图1-8　鞋城第三层过火情况照片

5．从建筑西部（安居巷靠安居巷2号小区处）钢制楼梯进入四层：四层无过火痕迹，堆放的货架保持完好，靠窗处有轻微烟熏痕迹。

6．从建筑西部（安居巷靠安居巷2号小区处）钢制楼梯进入五层：五层为住宅，未过火，仅有一处裸露的光缆被烧损。

提取监控室内火灾自动报警系统控制器主机，编为1号物证；监控室内有视频监控的接口和显示器，未见主机，经了解视频监控主机已坏，准备送修，放置在经理谭某某停于远景楼外的车上，提取该视频监控主机编为2号物证。

（三）细项勘验

1．从鞋城小北街入口进入鞋城二层：欧陆鞋城火灾现场二层平面图的1号柱、3号柱、4号柱、5号柱围合区域，二层的顶板（3层的底板）严重坍塌（见图1-9、图1-10）。

图1-9　二、三层各柱分布位置图

图1-10　二层1～5号柱区域顶板坍塌照片

2．1～5号柱为钢柱外包裹黏土砖和水泥砂浆保护层，1号柱、5号柱的水泥砂浆保护层部分脱落；2号柱北立面（朝向3号柱一侧）水泥砂浆保护层全部脱落、包裹的黏土砖坍塌，钢柱裸露；4号柱东立面（朝向5号柱一侧）的外包裹黏土砖松动、未见坍塌（见图1-11）。

图1-11　二层3号柱、4号柱东侧照片

3．翻查2层楼板表面的覆盖物从上到下依次为楼板、卷帘、货架等坍塌物以及灰烬物，局部地面可见未完全燃烧的鞋子残骸。

4．在1号柱东侧2.3 m处发现并提取熔珠，编为3号物证；在1号柱北侧2.1 m处发现并提取熔珠，编为4号物证；在1号柱北侧4 m处发现并提取熔珠，编为5号物证；在1号柱西侧2.33 m处发现并提取熔珠，编为6号物证；在1号柱西北侧2.49 m处发现铜芯线有疑似短路熔珠，提取该铜芯线编为8号、9号物证；在1号柱北侧6 m处发现灰烬物，提取该灰烬物，编为11号物证；用脱脂棉擦拭地面，提取擦拭物编为12号物证；用脱脂棉擦拭线路盖板背面，提取擦拭物编为13号物证；在3号柱西北侧发现并提取多股铜导线，编为14号物证；该过火区域下部残留物呈灰白色，完全炭化，上部剩余物呈黑色；该过火区域地板完好，对地板进行水洗，未发现流淌火痕迹，未发现不溶于水的液体痕迹（见图1-12、图1-13）。

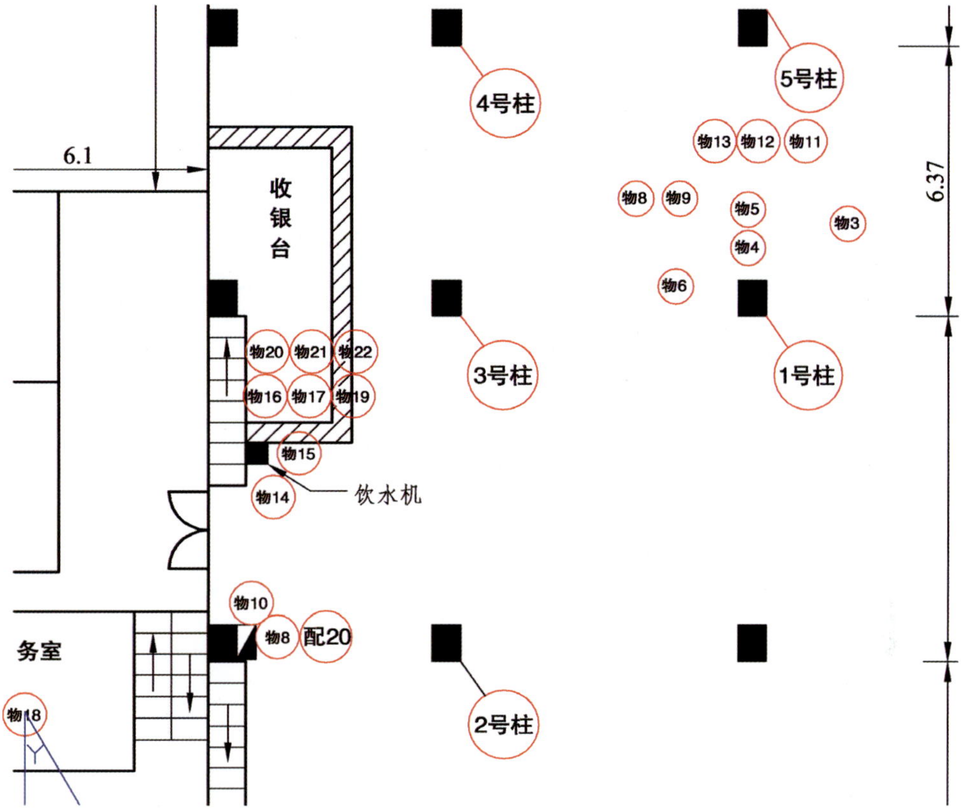

图1-12　现场提取物证位置示意图

图1-13　3～9号、11～14号物证照片

（四）专项勘验

1．在鞋城二层西出口南侧发现8号、20号配电箱，其从东北部一层七匹狼9号、10号配电箱拉出，8号配电箱为欧陆鞋城照明及电梯用电，20号配电箱为欧陆鞋城空调用电。8号、20号配电箱均已烧毁，9号、10号配电箱未烧毁，空气开关均处于跳闸状态。

2．8号、20号配电箱已完全炭化，8号配电箱内空气开关处于跳闸状态，通过勘验发现配电箱内的铜导线表面有熔珠，提取该铜导线编为10号物证（见图1-14）。

图1-14　10号物证照片

3．鞋城二层西出口北侧为一部通向三楼的楼梯和收银台，收银台外侧放置一台饮水机，收银台和饮水机已全部烧毁。勘验发现饮水机接线和插头插在插座上面，提取该处铜导线编为15号物证、16号物证、17号物证、22号物证；在收银台前方发现两台烧毁的电脑主机和一台音响，分别提取编为19号物证、20号物证、21号物证（见图1-15）；地面最底层燃烧物完全炭化，木地板烧毁严重，地砖炸裂；2号柱北立面保护层脱落，可见钢结构裸露。

图1-15　15～17号、19～21号物证照片

4．现场提取的火灾自动报警系统控制器主机读取的数据显示，2层的光电感烟于2017年2月28日5时41分41秒首次报警，3层的火灾自动报警系统未动作。

四、物证检验鉴定

（一）委托测试报告

联系国家电网四川省电力公司计量中心读取欧陆商城照明用表号000011870632智能电表的表内负荷记录数据，获取委托测试报告1份（见图1-16）。

表号000011870632的委托测试报告显示2017年2月27日22时0分至2017年2月28日5时15分，A相和C相有功功率为0 kW，2017年2月28日5时30分，A相有功功率为0.0036 kW和C相有功功率为0.0047 kW，表明在2017年2月28日5时15分至2017年2月28日5时30分，该电表所供电的电气线路或电气设备发生故障；而2017年2月27日22时0分至2017年2月28日5时45分，B相有功功率为0.3000～0.3300 kW，证明B相一直处于有电器使用的状态。

1	表号：000011870632											
2	时间	A相电压	B相电压	C相电压	A相电流	B相电流	C相电流	频率	总有功功率	A相有功功率	B相有功功率	C相有功功率
3	2017/2/28 3:15	237.6V	238.0V	237.1V	000.000A	003.666A	000.000A	50.01Hz	00.3123kw	00.0000kw	00.3124kw	00.0000kw
4	2017/2/28 3:30	237.1V	239.4V	237.1V	000.000A	003.717A	000.000A	50.00Hz	00.3200kw	00.0000kw	00.3200kw	00.0000kw
5	2017/2/28 3:45	237.6V	238.7V	237.1V	000.000A	003.697A	000.000A	49.95Hz	00.3176kw	00.0000kw	00.3178kw	00.0000kw
6	2017/2/28 4:00	238.4V	239.3V	237.2V	000.000A	003.708A	000.000A	50.00Hz	00.3201kw	00.0000kw	00.3202kw	00.0000kw
7	2017/2/28 4:15	237.1V	238.7V	238.9V	000.000A	003.691A	000.000A	49.97Hz	00.3172kw	00.0000kw	00.3173kw	00.0000kw
8	2017/2/28 4:30	238.4V	239.8V	238.3V	000.000A	003.739A	000.000A	49.97Hz	00.3247kw	00.0000kw	00.3248kw	00.0000kw
9	2017/2/28 4:45	237.8V	239.4V	238.8V	000.000A	003.718A	000.000A	49.99Hz	00.3208kw	00.0000kw	00.3206kw	00.0000kw
10	2017/2/28 5:00	237.4V	239.5V	238.5V	000.000A	003.722A	000.000A	50.00Hz	00.3216kw	00.0000kw	00.3216kw	00.0000kw
11	2017/2/28 5:15	237.7V	239.6V	237.1V	000.000A	003.730A	000.000A	49.96Hz	00.3228kw	00.0000kw	00.3227kw	00.0000kw
12	2017/2/28 5:30	236.1V	2394V	237.0V	000.000A	003.726A	000.000A	50.00Hz	00.3316kw	00.0036kw	00.3233kw	00.0047kw
13	2017/2/28 5:45	235.8V	239.2V	237.3V	000.000A	003.723A	000.000A	49.96Hz	00.3331kw	00.0041kw	00.3247kw	00.0040kw
14	2017/2/28 6:00	235.0V	239.1V	238.4V	000.000A	000.000A	000.000A	50.00Hz	00.0000kw	00.0000kw	00.0000kw	00.0000kw
15	2017/2/28 6:15	233.9V	239.8V	238.1V	000.000A	000.000A	000.000A	49.99Hz	00.0000kw	00.0000kw	00.0000kw	00.0000kw
16	2017/2/28 6:30	235.6V	238.4V	236.5V	000.000A	000.000A	000.000A	50.01Hz	00.0000kw	00.0000kw	00.0000kw	00.0000kw

图1-16　表号000011870632智能电表电压、电流及功率数据

（二）物证鉴定情况

1. 将提取到的地面灰烬物、脱脂棉擦拭物、铜导线、电脑主机和音响等残留物11～17号、19～22号物证送四川火灾物证鉴定中心进行检查分析，在11～13号样品中未检测到能够确定汽油、煤油和油漆稀释剂燃烧残留物存在的特征成分，判定11～13号物证中不含有汽油、煤油、柴油和油漆稀释剂燃烧残留物；在14～17号、19～21号物证中未提取到有鉴定价值的样品，对22号物证中提取到的三个熔痕样品进行宏观和金相分析技术鉴定，均为火烧熔痕样品（见图1-17）。

2. 将提取到的铜导线等残留物3～10号物证送四川火灾物证鉴定中心进行宏观和金相分析技术鉴定，均为火烧熔痕样品。

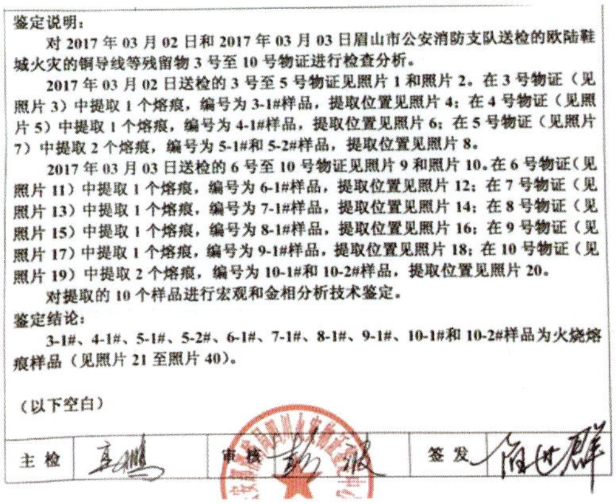

鉴定说明：

对2017年03月02日和2017年03月03日眉山市公安消防支队送检的欧陆鞋城火灾的铜导线等残留物3号至10号物证进行检查分析。

2017年03月02日送检的3号至5号物证见照片1和照片2。在3号物证（见照片3）中提取1个熔痕，编号为3-1#样品，提取位置见照片4；在4号物证（见照片5）中提取1个熔痕，编号为4-1#样品，提取位置见照片6；在5号物证（见照片7）中提取2个熔痕，编号为5-1#和5-2#样品，提取位置见照片8。

2017年03月03日送检的6号至10号物证见照片9和照片10。在6号物证（见照片11）中提取1个熔痕，编号为6-1#样品，提取位置见照片12；在7号物证（见照片13）中提取1个熔痕，编号为7-1#样品，提取位置见照片14；在8号物证（见照片15）中提取1个熔痕，编号为8-1#样品，提取位置见照片16；在9号物证（见照片17）中提取1个熔痕，编号为9-1#样品，提取位置见照片18；在10号物证（见照片19）中提取2个熔痕，编号为10-1#和10-2#样品，提取位置见照片20。

对提取的10个样品进行宏观和金相分析技术鉴定。

鉴定结论：

3-1#、4-1#、5-1#、5-2#、6-1#、7-1#、8-1#、9-1#、10-1#和10-2#样品为火烧熔痕样品（见照片21至照片40）。

（以下空白）

主检　审核　签发

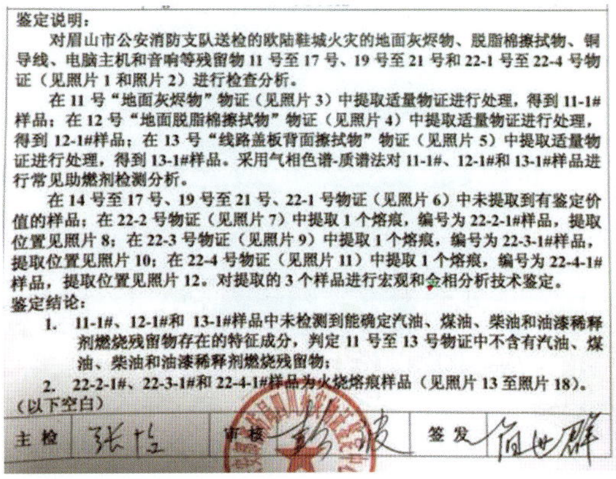

鉴定说明：

对眉山市公安消防支队送检的欧陆鞋城火灾的地面灰烬物、脱脂棉擦拭物、铜导线、电脑主机和音响等残留物11号至17号、19号至21号和22-1号至22-4号物证（见照片1和照片2）进行检查分析。

在11号"地面灰烬物"物证（见照片3）中提取适量物证进行处理，得到11-1#样品；在12号"地面脱脂棉擦拭物"物证（见照片4）中提取适量物证进行处理，得到12-1#样品；在13号"线路盖板背面擦拭物"物证（见照片5）中提取适量物证进行处理，得到13-1#样品。采用气相色谱-质谱法对11-1#、12-1#和13-1#样品进行常见助燃剂检测分析。

在14号至17号、19号至21号、22-1号物证（见照片6）中未提取到有鉴定价值的样品；在22-2号物证（见照片7）中提取1个熔痕，编号为22-2-1#样品，提取位置见照片8；在22-3号物证（见照片9）中提取1个熔痕，编号为22-3-1#样品，提取位置见照片10；在22-4号物证（见照片11）中提取1个熔痕，编号为22-4-1#样品，提取位置见照片12。对提取的3个样品进行宏观和金相分析技术鉴定。

鉴定结论：

1. 11-1#、12-1#和13-1#样品中未检测到能确定汽油、煤油、柴油和油漆稀释剂燃烧残留物存在的特征成分，判定11号至13号物证中不含有汽油、煤油、柴油和油漆稀释剂燃烧残留物；
2. 22-2-1#、22-3-1#和22-4-1#样品为火烧熔痕样品（见照片13至照片18）。

（以下空白）

主检　审核　签发

图1-17　检验报告

五、火灾认定

（一）起火时间

1．根据第一报警人王某某（居住在邻欧陆商城西面的小区）的询问笔录反映，2月28日5时40分左右他被火光惊醒后拨打119报警，据眉山市消防救援支队接警中心的记录显示报警时间为2017年2月28日5时49分。

2．根据现场提取的火灾自动报警系统控制器主机读取的数据显示，二层的感烟探测器于2017年2月28日5时41分41秒首次报警，随后火灾自动报警系统控制器的声光报警和其他设备动作。

3．根据国网四川省电力公司计量中心的委托测试报告显示，表号000011870632智能电表的委托测试报告显示2017年2月27日22时00分至2017年2月28日5时15分，A相和C相有功功率为0 kW，2017年2月28日5时30分，A相有功功率为0.0036 kW，C相有功功率为0.0047 kW，表明在2017年2月28日5时15分至2017年2月28日5时30分，该电表所供电的电气线路或电气设备发生故障。

因此，结合火灾发展规律，综合认定起火时间为2017年2月28日5时30分左右。

（二）起火部位

根据火灾现场勘验、走访调查综合认定起火部位位于欧陆商城2层钢结构部分2号柱与3号柱之间区域。

（三）起火原因

1．排除放火。

根据：（1）询问笔录反映欧陆商城发生火灾时现场无人在场；（2）眉山市公安局东坡区分局刑事侦查一大队通过开展前期侦查工作无证据证明该火灾系人为造成；（3）四川火灾物证鉴定中心鉴定报告显示提取的火灾现场的地面灰烬物、脱脂棉擦拭物中不含汽油、煤油、柴油和油漆稀释剂残留物。

2．排除生活用火不慎。

根据：（1）欧陆商城是一个非生活场所，没有生活用火的情况，据调查询问发生火灾时商城处于关闭状态，没有营业，无人员在商城内部，没有生活用火的可能；（2）现场勘验没有发现生活用火的设施。

3．排除自燃。

根据：（1）询问笔录反映欧陆商城经营的货品无自燃性物品；（2）现场勘验没有发现自燃性物品。

4．排除静电。

根据：（1）询问笔录反映欧陆商城无产生静电的设备和货品；（2）现场勘验没有发现产生静电的设备和货品残骸。

5．排除雷击。

根据：（1）发生火灾的地区为非雷击多发地区；（2）据眉山市东坡区气象局提供的气象要素简表，发生火灾的时间段未发生雷击气象。

6．认定电气故障引发火灾。

根据：（1）根据证人证言，发生火灾时，商城的部分灯具因防盗夜晚不关闭；（2）根据火灾现场勘验笔录和现场照片，向欧陆商城供电的配电箱内空气开关控制手柄处于中部位置，该位置为电路发生电气故障时跳开所致；（3）根据国网四川省电力公司计量中心的委托测试报告显示，电表（表号000011870632）（欧陆商城的照明用电表）委托测试报告显示：2017年2月27日22时0分至2017年2月28日5时15分，A相和C相有功功率为0 kW，但在2017年2月28日5时30分，A相有功功率为0.0036 kW，C相有功功率为0.0047 kW，表明在2017年2月28日5时15分至2017年2月28日5时30分该电表所供电的电气线路或电气设备发生故障；2017年2月27日22时0分至2017年2月28日5时45分B相有功功率为0.3000～0.3300 kW之间，证明B相一直处于有电器使用的正常状态。

因此，综合认定起火原因为欧陆商城2层钢结构部分2号柱与3号柱之间区域电气故障引燃商城内可燃物蔓延成灾。

六、灾害成因分析

1．建筑的防火间距不足、防火分区未形成、火灾荷载大。过火建筑为框架建筑和钢结构建筑混建，商城内易燃可燃物多，火灾荷载较大，且2层至3层为敞开楼梯，未形成有效的防火分区，导致火灾发生后火势蔓延迅速。

2．自动消防设施处于故障或停用状态。火灾现场的火灾自动报警系统有多处故障，火灾发生后，自动喷水灭火系统未启动，自动消防设施未发挥作用。

3．业主和员工的消防安全意识缺乏。该商城自动消防设施无维保单位；值班人员无上岗资格证书，且未经过系统培训，对自动消防设施不了解、不会操作。

4．该建筑物周围无消防车通道。该建筑物为较早期建筑，建筑物周边及内部道路狭窄，停放的车辆严重占用消防通道，造成了到场扑救的消防车难以抵近，灭火困难。

七、火灾调查体会

1．调查工作的影响因素相对较多。起火建筑先后经历多次改造，框架结构与钢结构交错搭建，现场物品均为易、可燃物，存量大，热值高，火灾中建筑结构大量破坏，现场勘验十分困难；火灾现场视频监控主机损坏后未及时送修，相关信息缺少关键视频资料印证，影响了起火原因和起火部位（点）的快速准确认定；由于火灾损失较大，又牵涉多方当事人，相关知情人员均怕承担责任，在调查询问时极度不配合，一度导致火灾调查陷入僵局。

2．调查方法的综合运用卓显成效。在开展火灾调查过程中，火灾调查人员充分考虑相关证人证言的客观性、真实性和关联性，结合现场火灾痕迹物证进行研究分析和审查判断，抽丝剥茧，去伪存真，为查明火灾原因打下坚实基础；在进行火灾原因认定时，火灾调查人员充分列举可能存在的火灾原因并运用调查获取的证据材料逐个加以否定，使用排除认定法盖棺定论，再依托物证检验鉴定结论加以印证，确保了火灾原因认定的有理有据。

3．智能电表的证明作用值得关注。生活、生产中使用的各种用电设备在使用过程中产生的用电信息均会储存在智能电表内，并传输至电力用户用电信息采集系统，其中工业或商业用380 V智能电表记录功能较为全面，每15分钟记录一次电压、电流及功率数据并传回后台，电气故障发生后电路的异常情况可能会被记录，从而可作为火灾调查的判定依据。该起火灾就是因为监测到了功率数据，对最终的火灾原因认定发挥了关键作用。

2. 蓬溪县高峰山道观“5 · 31”火灾

一、火灾基本情况

- **起火单位**：蓬溪县高峰山道观。
- **起火地址**：蓬溪县文井镇高峰村。
- **报警时间**：2017年5月31日1时40分。
- **火灾损失**：此次火灾过火面积728.9 m^2，直接经济损失约144万元，无人员伤亡。
- **调查组织**：火灾发生后，原遂宁市公安消防支队迅速启动火灾调查应急预案，成立了综合协调组、调查询问组、现场勘验组、损失统计组，组织开展火灾调查。由于该起火灾涉及国家级文物保护单位，国家文物局、原公安部消防局和原省公安厅消防总队派专家全程进行技术指导。

二、走访询问情况

调查人员对第一个发现火灾的人、报警人、火灾时在现场的证人、参与扑救火灾的人，熟悉现场情况的人员等有关人员进行了调查询问，制作询问笔录57份，得到以下信息：

1．最先发现起火人员、道观第二负责人周某林：他于火灾发生当日1时40分左右，听到外面噼啪噼啪的声音，同时从窗户看到外面有光亮，起床出门后看到山门北侧二楼第二间电工房有火光，楼下老食堂和其他地方均未发现有火，于是大声呼叫并拨打了119报警电话。

2．发现火灾人员、道士刘某鹏：他于1时44分左右被外面的吵闹声惊醒，从住宿楼出来发现位于山门北侧老食堂楼上两间房间火很大。

3．发现火灾人员、荤食堂老板周某兵：他听到有人呼叫，起来后看到山门北侧二楼第二间电工房的火已有一人高的火苗，两侧房屋没有着火。

4．发现火灾人员、道士蒲某：他迷迷糊糊起床，看见自己所住的乾道院对面电工房红红的一片，但是没有看到火苗，感觉不对劲，就跑了出来，看到电工房处的火已经到房顶了，屋顶的瓦片都掉下来了。

5．发现火灾人员、参与火灾扑救人员、道士张某：

（1）火灾发生时，他听到外面很吵，起床跑到起火处的巷子里查看情况，看到电工房那里有火，其他地方都没有火。

（2）灭火时发现电工房上部火势大，窗户已经开始燃烧，于是他将灭火器喷管斜着向上喷，当时烟不大，没有闻到塑料燃烧的刺鼻味道。

6．熟悉现场情况人员、电工黄某：

（1）电工房西面靠走道一边的窗子是紧闭的，不是很透明。东面一排窗子是常开的，没有窗帘。

（2）电工房的供电线路是由山门南侧二楼第一个房间内的专用配电箱引出，经过主庙进入安装在电工房与杂物房之间木立柱上的断路器，从断路器引出的线路分别给主庙大殿区、迷宫区以及香蜡库房、电工房和杂物房供电。该断路器的额定负荷不清楚，可能60 A或100 A。电工房内的线路是从电工房西北角上部引入吊顶内，在室内安装一只白炽灯泡，由拉线开关控制。

（3）2013年，他按照寺庙要求对2006年改造剩下的部分电线进行改造，但由于老食堂二楼的电工房有吊顶，因而未对电工房内的线路进行改造，仅对外面走道的线进行了更换，然后把更换的新线与电工房内未改造的老线直接连接在一起；黄某在2016年4或5月份时进电工房拉灯的开关，发现灯不亮，以为是灯泡坏了，于是就没管，对灯泡和线路也未进行检查。

7．发现火灾人员、熟悉现场情况人员、道观负责人唐某：

（1）她于1时46分被张某珍的电话吵醒，到达现场后看到山门北侧二楼第二间电工房内火很大，是红色的火光，其他地方还没有火。

（2）电工房为道观前任负责人办公室，现主要用于堆放电工材料等物品，平时无人员活动。此房间大约在1997年至1999年间进行过装修并保存至今，顶棚装有吊顶，材料是老式塑料扣板。

（3）主庙大殿每晚都有人念经，处于通电状态，还有人在那里给手机充电，火灾发生前无人切断过电源。

8. 熟悉现场情况人员、道士潘某容：她确认电工房电灯比较亮，功率比普通房间要大一些，而且平时房内老鼠较多；火灾发生当晚，道观内的人早早就睡了，没有人在电工房附近活动。

9. 熟悉现场情况人员、负责山门管理的人员徐某辉：火灾发生当晚，他于19时后将山门关闭，发现失火后将山门打开；火灾发生前，起火的建筑没有断电。

三、现场勘验情况

调查人员综合运用向心法、复原法、逐层法和剖面法等勘验方法，先后深入现场勘验6次，制作现场图10份，提取重要物证41份。

（一）环境勘验

蓬溪县高峰山道观，占地面积近200亩（1亩≈666.67m^2），建筑面积约5200 m^2，重要建筑包括主庙、茶楼、乾道院、坤道院、素食堂、荤食堂。主庙坐西向东，占地面积约3900 m^2。进山门向上，沿南北轴线建有老君殿、三清殿、斗姆殿，其中三清殿居主庙最高位置，坐北朝南；老君殿，位于三清殿南侧，坐北朝南；斗姆殿，位于三清殿北侧，坐北朝南；三清殿、老君殿东侧为文昌殿，坐东向西，西侧为西客堂。以上各殿建筑构成高峰山道观主庙的主要殿堂，位于道观第三层。由此向东、南、西三方及下方，依山取向，密集围绕主殿堂，建有二层或三层的木结构穿逗式楼房，楼房与主殿堂之间由天桥、梯道、廊房相连。茶楼位于主庙的东南侧，坤道院位于主庙的西侧，乾道院位于主庙的北偏东侧，素食堂位于主庙的东北侧，荤食堂位于主庙的东北偏东侧。过火区域包括荤食堂第二层、素食堂西南角、主庙山门北侧老食堂及南侧部分房间、三清殿、斗姆殿、文昌殿、斗姆殿东侧房间，其中主庙山门北侧老食堂区域烧损程度最高，其他建筑物无过火痕迹（见图2-1、图2-2）。

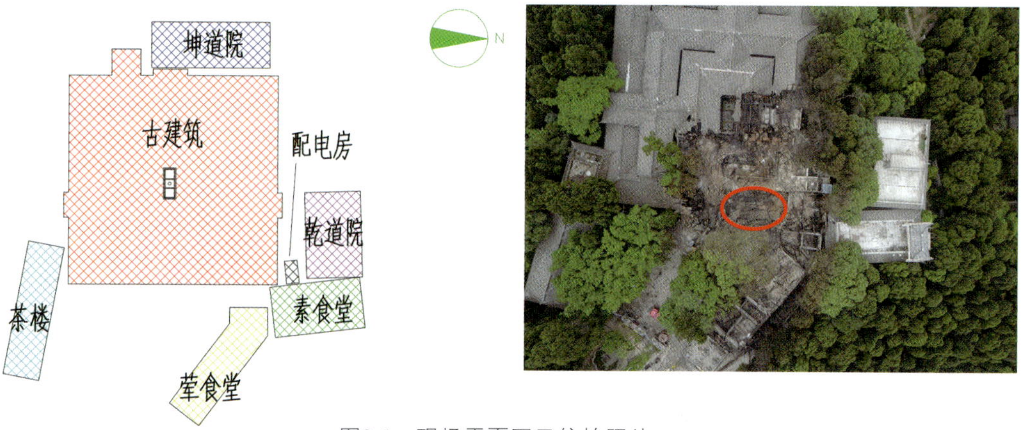

图2-1　现场平面图及航拍照片

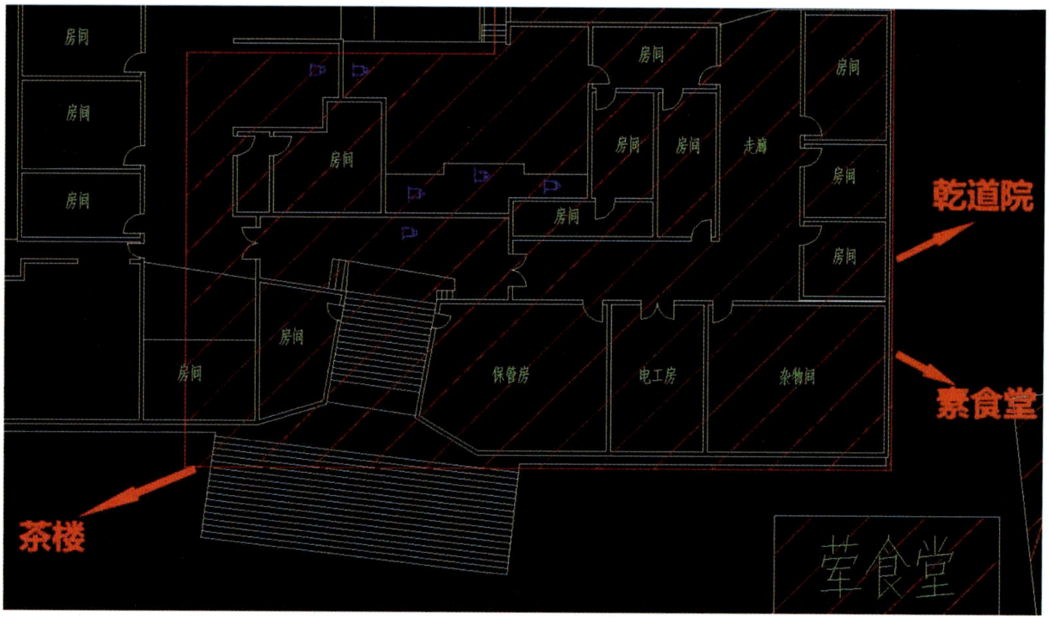

图2-2　电工房周围房屋平面布置图

（二）初步勘验

1．老食堂南侧建筑已烧毁，北侧建筑墙面残留的木结构炭化程度南重北轻（见图2-3）。

图2-3　老食堂南北两侧建筑过火情况

2．老食堂东侧素食堂、荤食堂建筑立柱炭化程度西重东轻，西侧主庙建筑整体烧损程度东重西轻（见图2-4）。

图2-4　老食堂东西两侧建筑过火情况

（三）细项勘验

1．老食堂中部东南方残留立柱底部，面向西北方形成“V”字形烧损缺失痕迹；东北方残留立柱底部，面向西方形成“V”字形烧损缺失痕迹；西南方残留立柱底部，面向北方形成“V”字形烧损缺失痕迹（见图2-5）。

图2-5　老食堂残留的三根立柱过火情况

2．老食堂西北角地面有一个直径约30 cm的碎裂区（见图2-6）。

图2-6　老食堂西北角地面碎裂区

3．老食堂北部两根立柱北侧，紧贴有一根钢管，钢管沿二层楼板下方敷设，距老食堂西墙1 m处有一个红色圆圈，圆圈处烟熏程度轻，但变色程度重；红色圆圈背面钢管处，烟熏程度重，变色程度相对较轻。将钢管的位置进行复原，红色圆圈一面朝向二层楼板，烟熏程度重的一面朝向一层地板（见图2-7）。

图2-7　老食堂残留的钢管过火情况

（四）专项勘验

1．对道观内电气线路进行了专项勘验，从山下变电器引出一根电缆到总配电房，总配电房分出六根电缆，分别控制消防、乾道院、坤道院、荤食堂、素食堂、古建筑。控制古建筑的电缆铺设到山门南侧二层位置分设三个配电箱，命名为：1号配电箱、2号配电箱及《天机》拍摄组专用配电箱。1号配电箱控制古建筑二层线路、古建筑三层八卦回廊区域线路、古建筑三层大殿区及老食堂二层区域线路；2号配电箱控制茶楼线路、古建筑一层游客住宿区线路、三星殿线路；《天机》拍摄组专用配电箱控制财神殿、观音殿线路。古建筑三层大殿区及老食堂二层区域线路出配电箱后，分成两路线路，一路沿三层大殿区南侧、西侧铺设，供整个三层大殿区用电；另一路铺设到电工房和杂物间之间立柱上的接线盒（内含断路器），再分出两路线，沿走廊铺设，供保管室、电工房、杂物间及走廊北侧三间房屋用电（见图2-8）。

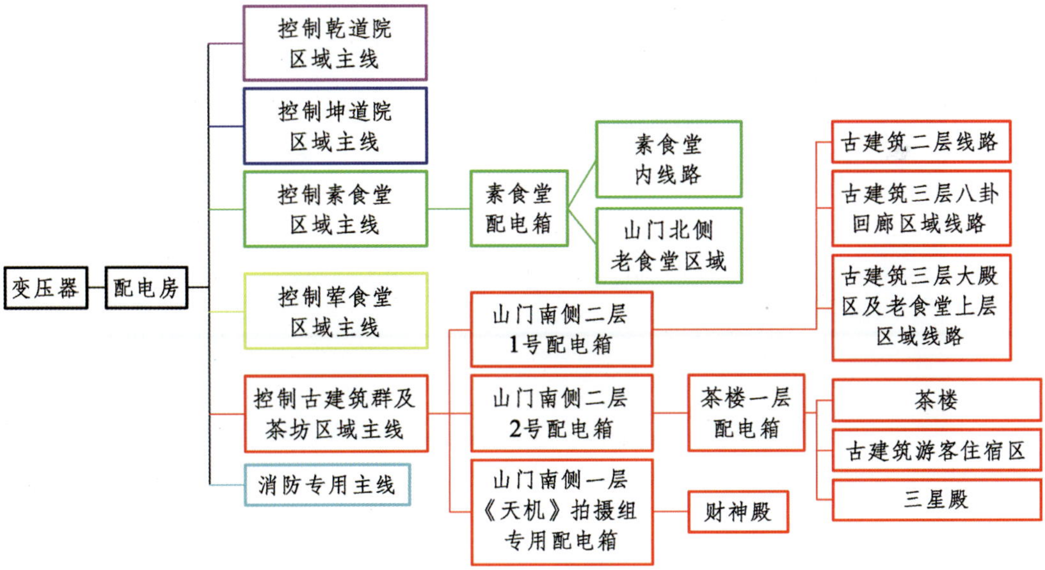

图2-8　道观电气线路复原图

2．在二层堡坎平台距山门北侧房屋檐口1.93 m、电工房走道西墙1.7 m处提取到烧毁的空气保护器及瓷插碎片，物证编号为1号（见图2-9）。

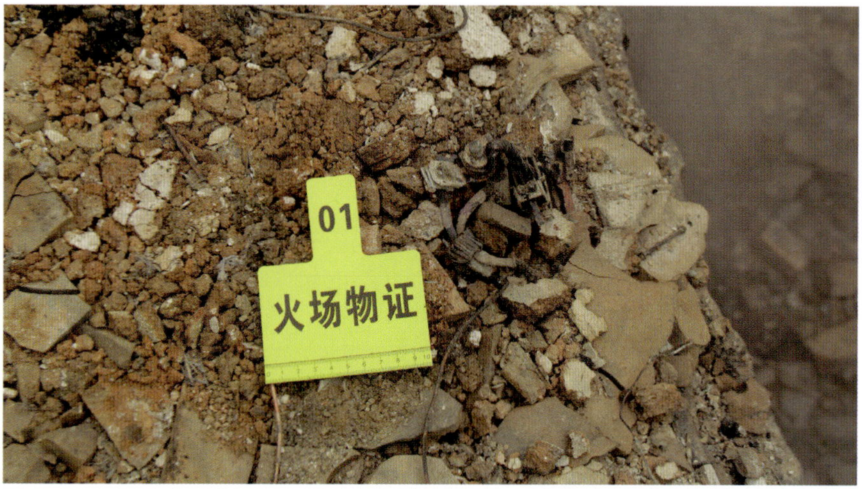

图2-9　1号物证

3．在电工房正下方一层地面距西墙（一层老食堂西侧的堡坎）2.99 m、北墙6.35 m处提取到带熔珠的铜芯导线，物证编号为18号（见图2-10）。

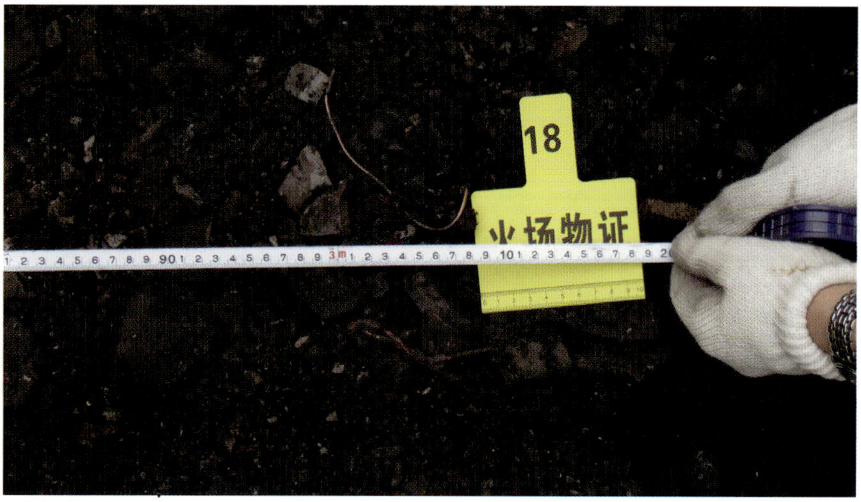

图2-10　18号物证

4．在起火部位发现很多电线接线方式不规范，铜铝导线直接混接，不同线径的电线直接铰接在一起；未过火区域有吊顶的房间，吊顶全部采用易燃材料（见图2-11）。

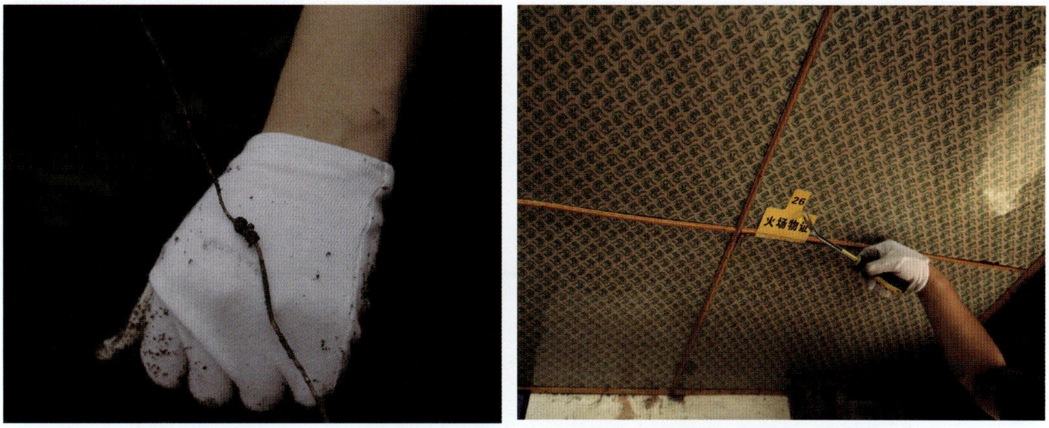

图2-11　接线方式不规范以及吊顶采用易燃材料情况

四、视频分析

现场提取监控视频9份，并对时间进行了校准（以下所述时间均为校准后北京时间）；根据监控画面做了现场比对实验；着重从起火时间、起火点等方面对监控视频进行了分析。

1．山门前广场正对起火部位的公安天网监控录像显示：5月31日1时32分30秒，视频范围内出现一个亮点，该亮点随着时间推移逐渐扩大变亮，最后发展成明火（见图2-12）。

图2-12　监控视频反映最先起火时间

2．用竹竿系上红布，由勘验人员手持竹竿站在电工房西北部区域正下方的老食堂地面上进行不同高度的测试，利用正对道观山门的公安天网摄像头观察，获得与火灾时视频截图一致的画面，此时红布位置与火灾前电工房内西北部吊顶位置相符（见图2-13）。

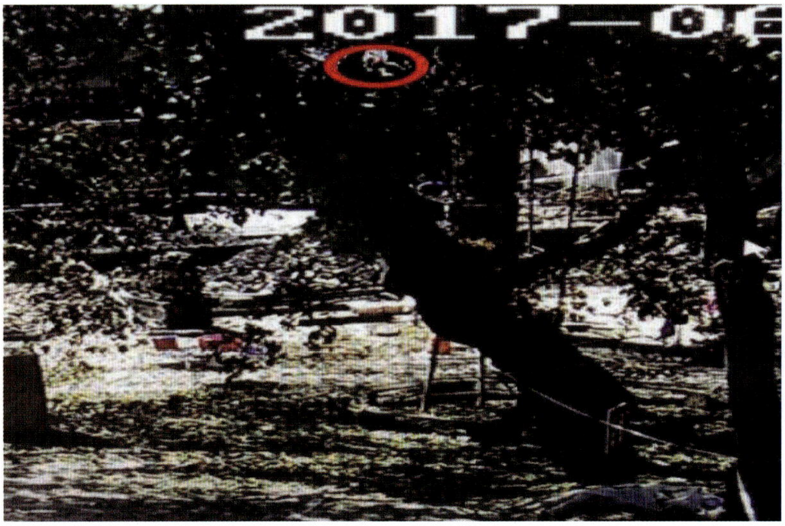

图2-13　现场比对实验

五、物证检验鉴定

在勘验过程中，调查组共提取41件痕迹物证，经原公安部四川火灾物证鉴定中心鉴定分析：在1号物证两个保险管中的一个保险管内发现有大电流通过的痕迹；在18号物证中提取1个熔痕，编号为18-1#，经检测为一次短路熔痕。

六、火灾认定

（一）起火时间

1．遂宁市“119”指挥中心接警记录显示，于2017年5月31日1时40分接到报警。

2．监控视频显示，5月31日1时32分30秒发现火光。

根据上述证据，结合火灾发展规律，综合分析认定起火时间为2017年5月31日1时30分许。

（二）起火部位

1．发现火灾的周某林、刘某鹏等六人证实，山门北侧二楼电工房最先发生燃烧，其余地方均未起火。

2．现场勘验显示，山门北侧二楼电工房区域烧毁程度最高，火势以电工房为中心向四周及一层老食堂蔓延痕迹明显。

3．监控视频显示，山门北侧二楼电工房内最先出现火光，其余地方未发现起火。

根据上述证据，综合分析认定起火部位位于高峰山道观山门北侧二楼电工房内。

（三）起火点

1．走访询问显示，火灾初期，电工房处火势上部大于下部。参与火灾扑救的人员未闻到塑料燃烧的刺鼻味道，表明初期火势处于高位。

2．监控视频和现场对比实验显示，最先出现火光的位置与火灾前电工房内西北部吊顶位置相符。

根据上述证据，综合分析认定起火点位于电工房内西北部吊顶处。

（四）起火原因

1．排除放火。

现场勘验和监控视频显示，现场未发现有放火的痕迹物；起火前，起火部位附近未发现可疑人员活动；蓬溪县公安局根据走访排查和现场调查情况，排除人为放火引发火灾的可能。

2．排除雷击引发火灾。

（1）蓬溪县气象部门证实，火灾当天，高峰山道观区域未出现雷电活动。

（2）监控视频显示，火灾当天，起火建筑所在区域无雷电活动。

3．排除用火不慎和遗留火种等因素引发火灾。

（1）走访询问和监控视频显示，火灾发生前，起火部位附近无人员活动，也无用火情况出现。

（2）现场勘验显示，在起火部位未发现生活用火的器具，以及遗留火种的痕迹。

4．电气线路故障引燃周边可燃物蔓延成灾的火灾原因认定。

（1）走访询问、现场勘验和物证鉴定报告显示，电工房内电线在火灾前处于通电状态。

（2）走访询问和现场勘验显示，电工房内电线沿吊顶内敷设，未经改造，敷设已长达18年。电工直接将更换的新电线与老旧电线绞接在一起，接线方式不规范。

（3）物证鉴定报告显示，起火点处提取的线路发现有一次短路故障痕迹。

（4）走访询问和现场勘验显示，电工房内吊顶采用老式塑料扣板，属于易燃材料，且安装年代久远，电气线路故障产生的高温足以将其引燃并向四周蔓延。

根据上述证据，综合分析认定起火原因为起火点处电气线路故障引燃周围可燃物蔓延成灾。

七、灾害成因分析

1．消防安全职责不明确。高峰山道观管委会对道观疏于管理，消防安全管理人设置流于形式，具体人员、具体职责不明确，对已有的制度执行不到位，甚至对行业监管部门提出的问题整改告知不闻不问，没有认真落实。

2．电气线路敷设不规范。该道观最近一次改造电气线路时间大约在2011年至2012年期间，线路改造无设计方案，与施工人员黄某未签订施工协议，施工标准不明确，改造完成后无正式的验收程序，致使山门北侧房间部分线路未得到改造。

3．消防设施设置不达标。高峰山古建筑群属于全国重点文物保护单位，按照《四川省宗教活动场所消防安全管理规定》和《文物建筑电气防火导则》（试行）的要求应设置火灾自动报警系统、自动喷水灭火系统和电气火灾监控系统，但是，相关设施仅仅通过了审批，未安装到位。

4．初期火灾控制不得力。高峰山道观建立了微型消防站，配置了必要的消防设施器材，虽然在此次火灾扑救中也起到一定的作用，但始终因队员素质参差不齐，年龄偏高，发现火灾较晚，耽误了初期火灾的扑救，没有控制住火势的发展。而最近的消防站距离高峰山27.6 km且为乡级道路，消防救援力量到达现场已是报警1小时以后，此时火灾已到了猛烈燃烧阶段。加之现场建筑多为木结构，火灾荷载大且易燃，给控制初期火灾增加了难度。

八、火灾调查体会

1．要注重勘验询问相结合。本次火灾调查中，现场电气线路敷设错综复杂，起火部位烧毁垮塌，加之电工为规避责任，拒不交代实情，复原现场电气线路难度很大。调查人员从配电房开始逐线进行清理、勘验、还原，同时要求电工现场指认，在面对现场事实和调查人员专业分析下，电工心理防线最终被突破，现场电气线路设置情况得以完美复原，为查清火灾原因真相奠定了坚实基础。

2．要重视现场勘验的细节。本次火灾现场勘验之初，调查人员忽视了起火部位三根残留木立柱根部的勘验，未发现残留钢管上局部变色痕迹，导致勘验方向出现偏差。在国内专家的指导下，调查人员重新从细节入手，仔细辨别，最终发现几处关键痕迹一一对应、环环相扣，为锁定起火部位、起火点发挥了关键作用。

3．要坚持案情分析为导向。本次火灾调查历时八天，调查组白天开展工作，晚上开会分析案情至深夜，梳理总结当天的工作情况，查找存在的矛盾和漏洞，明确第二天的调查思路和内容。此种工作模式贯穿整个调查工作，为此次调查不断调整、指明方向，达到了事半功倍的效果。

3. 绵竹市九龙寺“12·10”火灾

一、火灾基本情况

- **起火单位：** 绵竹市九龙寺。
- **起火地址：** 四川省绵竹市九龙镇灵官路。
- **报警时间：** 2017年12月10日12时39分许。
- **火灾损失：** 火灾造成1人受伤，过火面积约900 m^2，直接经济损失约874万元。
- **调查组织：** 接到报告后，原四川省公安消防总队立即抽调四川省火灾调查服务队成员赶赴火灾现场，在总队火调技术处的领导下和原德阳市公安消防支队火灾调查人员共同开展火灾事故调查工作。

二、走访询问情况

调查组先后走访询问报警人、火灾时在现场的证人、参与初期火灾扑救的人、火灾当事人等相关知情人32人次，形成询问笔录30份。

1. 绵竹市九龙寺（以下简称九龙寺）主持释某反映，九龙寺在“5·12”地震后被毁并重建，占地面积17334 m^2，建筑面积约11000 m^2。2017年12月，九龙寺重建工程主体完工，火灾发生前正在进行外部装饰、内部装修以及木塔内佛像的雕塑和安装。

2. 彩绘工马某仓、卢某全反映，他们当时同张某顺等人在木塔下面堆放的木材处聊天，看见大雄宝殿西侧冒出大量浓烟；到达大雄宝殿二楼走廊后，看见一层外挑檐金属瓦面下的缝隙处在冒烟。

3．电焊工张某反映，他当时在休息，听见外面有人喊“着火了”之后跑出来看见大雄宝殿西部一层外挑檐上冒出大量浓烟，且能够确认大雄宝殿内部佛龛内的电灯处于点亮状态；他与张某斌在当日9时至12时，采用氩弧焊对大雄宝殿一层西南部的金属瓦进行焊接维修；此前，他在对九龙寺其他大殿檐口金属瓦采用同样的工艺焊接时，曾多次引燃檐口木材。

4．电焊工张某斌（张某之子）反映，他发现火灾时看见大雄宝殿西部一层外挑檐上冒烟；他与张某在当日9时到12时，采用氩弧焊对大雄宝殿一层西南部金属瓦进行焊接维修，焊接作业区域位于大雄宝殿西南部一层顶部外挑檐处。

5．木工张某顺（张某之子）反映，他于当日12时30分在木塔下堆放的木材上晒太阳，发现大雄宝殿西部一层外挑檐上冒出大量浓烟；第一时间到达起火部位后，看见一层外挑檐放置切割机的位置在冒烟。

三、现场勘验情况

调查人员运用四步勘验法深入开展现场勘验，共形成勘验笔录2份、现场照片40张、现场制图4份、提取痕迹物证9份。九龙寺火灾前后对比如图3-1所示。

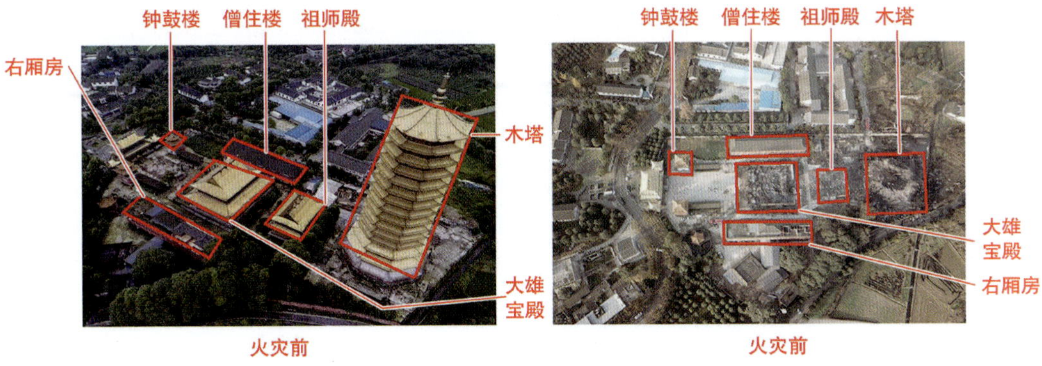

图3-1　九龙寺火灾前后对比

（一）环境勘验

起火单位为绵竹市九龙寺，位于绵竹市九龙镇灵官路，东临宝静路，西邻九龙镇敬老院，南靠灵官路，北接宝青路，整个九龙寺寺区地势南低北高。寺内共9栋建筑，自南向北依次为九龙寺正门、灵官殿、钟楼和鼓楼、大雄宝殿、祖师殿、木塔。大雄宝殿西侧为僧住楼，东侧为右厢房，祖师殿西侧是作坊食堂。大雄宝殿距僧住楼8.1 m、距右厢房11.1 m、距祖师殿18 m，祖师殿距木塔8 m。

大雄宝殿、祖师殿、木塔以及作坊食堂全部烧毁，僧住楼一层东墙外立面中部局部过火，右厢房顶楼北部局部过火（见图3-2）。

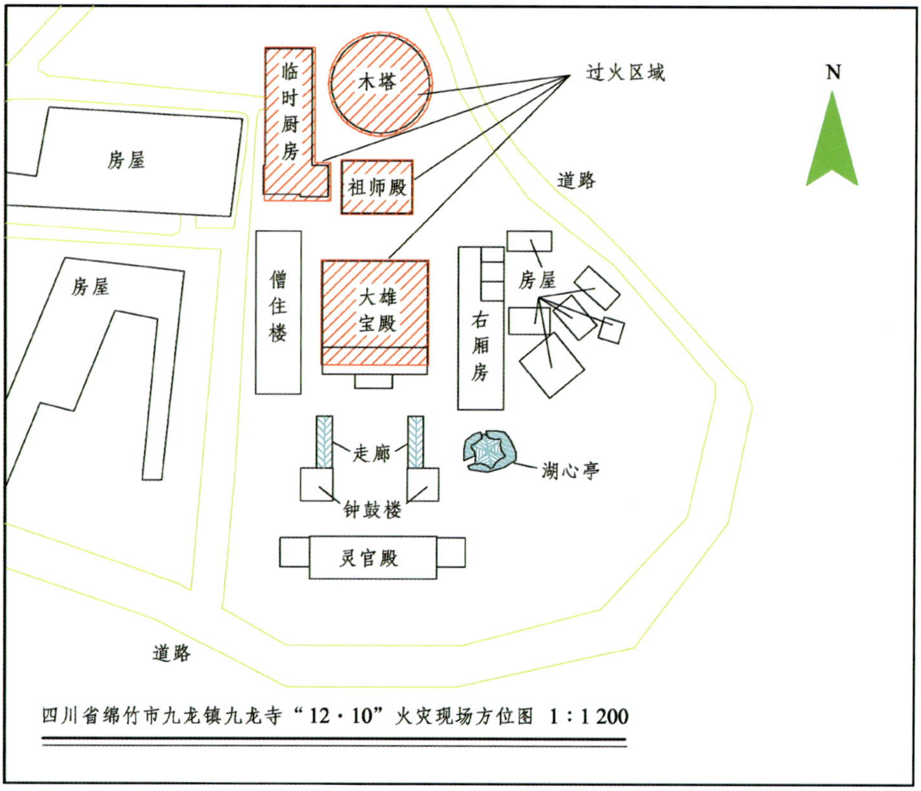

图3-2 现场平面图

僧住楼北侧设有一座预装式变电站，门锁有撬动痕迹，室内东部配电柜内开关呈断开状态。

（二）初步勘验

大雄宝殿东墙外立面漆面烧损程度自南向北逐渐减轻，该外立面北部漆面大部分完好；西墙外立面漆面完全烧毁，墙体烧毁程度中间较重，南北两侧较轻；西墙烧损程度重于东墙（见图3-3）。东墙及西墙内立面漆面完全烧损脱落。北墙东部向北坍塌，墙体东部立柱受火烧失、炭化程度轻于西部立柱。西南部矮墙外立面抹灰层破损，东南部矮墙外立面抹灰层基本保持完好（见图3-4）。

图3-3　大雄宝殿南部东西两处矮墙烧损情况

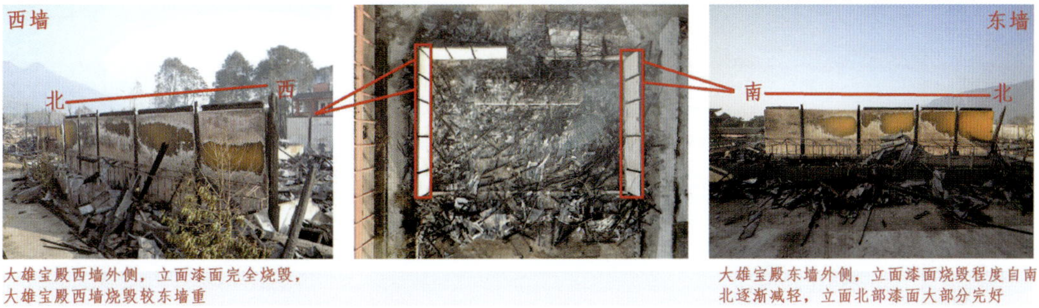

图3-4　大雄宝殿东墙、西墙外立面烧损情况对比

祖师殿与大雄宝殿之间的植被烧损程度南重北轻（见图3-5）。

图3-5　祖师殿与大雄宝殿之间的植被烧损情况

祖师殿东南部墙体向东侧坍塌，北部墙体内立面中部壁画部分残留，西墙、北墙、南墙外立面漆面完好。

祖师殿北侧木塔完全烧毁，木质梁柱向四周塌落。

大雄宝殿南侧灵官殿及钟楼鼓楼未过火。

（三）细项勘验

对大雄宝殿进行细项勘验（对大雄宝殿内自西向东八根木质立柱编号为1～8号，自南向北七根木质立柱编号为A～G，以下简称A1柱、B2柱……如图3-6所示。起火前，该立柱均放置于石座之上，未采取固定措施）。大雄宝殿木结构全部烧毁坍塌，仅存一层砖结构墙体。东部立柱均向东北方向倒塌，立柱上部受火烧失较重、柱体上细下粗，东部表面金属瓦大部分完好，完整覆盖在倒塌的立柱残骸上。西部立柱炭化程度较重，金属瓦完全变形损坏，零散分布在表层。

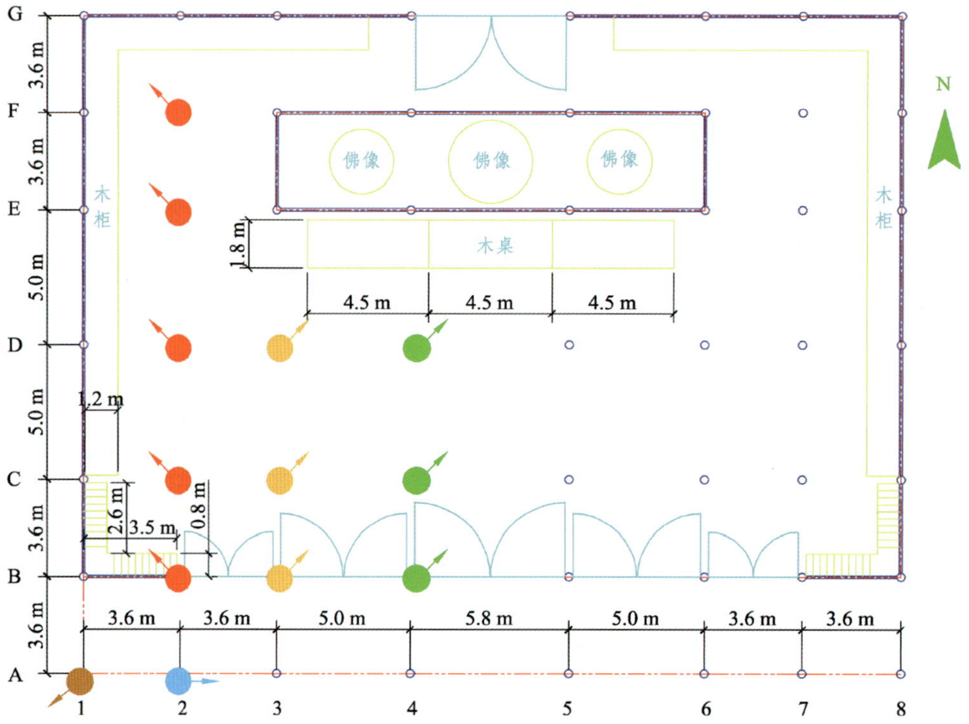

图3-6　大雄宝殿内立柱布置及倒塌方向

大雄宝殿内A1柱向西南侧倒塌，A2柱向东侧倒塌，B2、C2、D2、E2、F2柱均向西北侧倒塌，B3、C3、D3柱向东北侧倒塌，B4、C4、D4柱向东北侧倒塌，F4和F5柱呈直立状态，所有立柱上部均烧损较重，呈尖锥状，烧损程度上重下轻。

大雄宝殿东墙墙体内嵌B1～G1柱，立柱上部受火烧失、炭化严重，柱体上细下粗，柱顶呈尖锥状，柱底形状完好。西墙墙体内嵌B8～G8柱，立柱上部受火烧失、炭化严重，柱体上细下粗，柱顶呈尖锥状。西墙顶部横梁中间被烧穿，东墙顶部横梁未被烧穿。

大雄宝殿西南部一层顶部外挑檐向南塌落至地面。对塌落至地面的金属瓦进行现场复原，金属瓦面卷曲变形，金属变色变形程度西重东轻。金属瓦檐口连接处有金属高温熔痕（见图3-7）。

大雄宝殿西南部一层顶部外挑檐金属檐口瓦连接处有金属高温熔痕，变色程度西重东轻

图3-7　大雄宝殿西南侧金属外挑檐烧损情况

大雄宝殿西南部的石质底座呈炸裂状，其他位置石座保存较好（见图3-8）。

图3-8　大雄宝殿内石制底座烧损情况

（四）专项勘验

对大雄宝殿西南部进行专项勘验。分别以大雄宝殿西部、南部石质围栏为基准，在距离西部围栏7.25 m、南部围栏6.85 m处提取焊枪枪头1个；在距离西部围栏7.27 m、南部围栏7.03 m处提取焊机1台；在距离西部围栏7.78 m、南部围栏6.96 m处提取钳子和榔头金属头部各1个；在距离西部围栏5.86 m、南部围栏6.86 m处提取金属瓦1片；在距离西部围栏5.18 m、南部围栏8.45 m处提取焊机接头1个；在距离西部围栏5.25 m、南部围栏7.72 m处提取灭火器1具；在距离西部围栏8.56 m、南部围栏8.91 m时A3柱底部提取插线板残骸。在距F5柱南北向水平面1.2 m、佛台北侧0.65 m处提取氩气瓶1具，氩气瓶向北侧倾倒。在距F6柱0.3 m紧邻北墙处提取撬棍1根（见图3-9）。

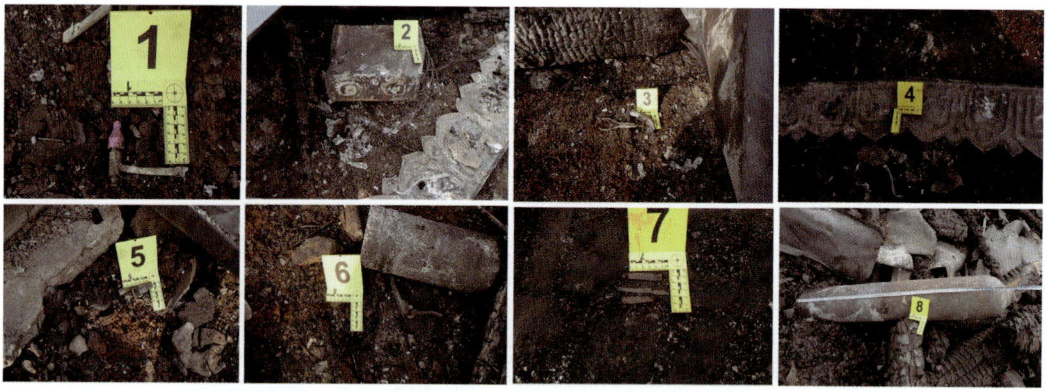

图3-9　大雄宝殿内提取的焊机等痕迹物证

四、火灾模拟实验

实验名称：氩弧焊机焊接作业引发火灾实验。

实验用品：龙牌WS-200氩弧焊机、氩气瓶、发电机组、现场提取的松木板、圆木、金属瓦。

实验气象条件：温度9℃、湿度55%、东南风2级。

实验目的：将现场提取的金属瓦放置于松木板、圆木等木质材料上进行氩弧焊，观察并记录该行为能否造成木材炭化及其他相关现象。

实验过程：第一次，将金属瓦放置于圆木上焊接作业40 s，原木上形成炭化坑；第二次，将金属瓦放置于圆木上焊接作业8s，原木上形成炭化坑；第三次，将金属瓦放置于圆木上焊接作业19.91 s，冒烟、原木上形成炭化坑；第四次，将金属瓦放置于松木板上焊接作业10 s，产生明火（金属瓦烧穿）；第五次，将金属瓦放置于松木板上焊接作业48 s，冒烟、松木板上形成炭化坑；第六次，将两块金属瓦拼合放置于松木板上并在连接处加入焊丝焊接作业38 s，木板温度达到118℃、形成炭化坑，有水蒸气；第七次，将两块金属瓦拼合放置于松木板上并在连接处加入焊丝焊接，焊接宽度40 cm，焊接作业4 min39 s，松木板上形成多处炭化坑。

实验结论：将金属瓦放置于木质材料上部进行氩弧焊接作业，可引起木质材料炭化、阴燃、明火燃烧（见图3-10）。

图3-10 模拟实验情况

五、火灾认定

（一）起火时间

1．2017年12月10日12时38分38秒，德阳市119指挥中心接到群众报警，称位于绵竹市九龙镇的九龙寺发生火灾。

2．最早发现起火的张某顺反映，他于当日12时30分许发现大雄宝殿西部一层外挑檐上冒出大量浓烟。

3．九龙寺视频监控显示，其捕捉到最早出现冒烟时间为12时33分许。

根据上述证据，结合火灾发生发展规律，综合分析认定起火时间为2017年12月10日12时30分许。

（三）起火部位

1．张某顺、张某斌、张某、卢某全、马某仓等均证实起火部位位于大雄宝殿西部。

2．现场勘验显示，大雄宝殿西部烧损程度重于其他部位。

3．群众自发扑救火灾过程中使用的灭火器残骸位于大雄宝殿西南部地面处。

4．灭火救援拍摄的视频及照片资料显示，大雄宝殿西南部一层顶部外围的金属挑檐最先变色（见图3-11）。

根据上述证据，综合分析认定起火部位为大雄宝殿西南部。

图3-11　灭火过程中拍摄的照片显示大雄宝殿西南部一层顶部外围金属挑檐最先变色

（四）起火点

1．张某顺、张某、卢某全、马某仓等当事人证实，最先发现火焰和冒烟的地方位于大雄宝殿西南部一层外挑檐处，并使用灭火器在该处灭火。

2．现场勘验显示，对大雄宝殿外塌落至地面的金属瓦进行现场复原，金属瓦面变色变形程度呈西重东轻；金属檐口瓦连接处有金属高温熔痕；一层西部地面发现原本放置于一层西部的烛柜残骸，其四周散落的酥油灯部分未过火，表明起火部位位于大雄宝殿一层上部。

根据上述证据，综合分析认定起火点位于大雄宝殿西南部一层顶部外挑檐金属瓦面下木结构处。

（五）起火原因

1．排除放火、生活用火不慎、小孩玩火、吸烟、雷击、电气线路和殿内外长明灯、香烛、燃放烟花爆竹等引发火灾可能性。

（1）绵竹市公安局刑侦部门经过排查走访和现场勘查，排除放火引起火灾的可能性。

（2）走访询问显示，火灾发生时大雄宝殿内没有任何生活用火情况，排除生活用火不慎引发火灾的可能性。

（3）走访询问显示，火灾发生时，大雄宝殿内外没有燃点香烛、长明灯，群众自发扑救火灾过程中未见有香火燃点情况，排除殿内外长明灯、香烛引发火灾的可能性。

（4）走访询问显示，火灾发生时，寺庙内及周围没有燃放烟花爆竹的情况，排除燃放烟花爆竹引发火灾的可能性。

（5）走访询问显示，火灾发生前后，大雄宝殿内没有任何人员活动，排除吸烟或小孩玩火引发火灾的可能性。

（6）绵竹市气象局报告显示，12月10日11时至13时九龙寺附近区域没有雷击现象发生，结合现场走访询问情况，排除雷击引发火灾的可能性。

（7）张某斌、张某的证言显示，12月10日上午他们施工完毕后将二楼柱上的接线板插头拔下后离开大雄宝殿；张某证实，其在发现火灾后，能够看到大雄宝殿内部佛龛内的电灯处于点亮状态，证明起火时大雄宝殿内电路工作正常；负责该寺庙变压器管理的三新电力公司汉王供电所员工董某辉证实，发生火灾后，系其到场手动关闭了九龙寺的电源，证明整个九龙寺的供电正常。综上所述，排除电气线路故障引发火灾的可能性。

2．施工工人使用氩弧焊对金属瓦进行焊接作业产生的高温致金属瓦下木结构阴燃起火蔓延成灾的起火原因认定。

（1）在对大雄宝殿西南部进行现场勘验过程中，发现焊机、焊机枪头、钳子、榔头、带有氩弧焊接痕迹的金属瓦、焊机气管接头、插线板残骸，在大雄宝殿佛台背面东北侧发现氩气瓶。

（2）调查询问显示，2017年12月10日张某、张某斌于当日9时到12时，采用氩弧焊对大雄宝殿一层西部外挑檐处的金属瓦进行焊接维修作业；张某证实此前其在对九龙寺其他大殿檐口金属瓦采用同样的工艺进行焊接作业时，曾多次引燃檐口木材。

（3）现场取材进行的模拟实验显示，将金属瓦放置于木质材料上部进行氩弧焊接作业，可引起木质材料炭化、阴燃、明火燃烧。

根据上述证据，综合分析认定起火原因为工人使用氩弧焊对金属瓦进行焊接作业产生的高温致金属瓦下木结构阴燃起火蔓延成灾。

六、灾害成因分析

1．九龙寺重建工程采用大量松木质材料建构，耐火等级低，松木的燃点为400℃左右，一旦发生燃烧会导致迅速大面积起火。加之建筑全部刷有油漆，会加快木材本身的燃烧速度，是本次火灾发展蔓延如此迅速的重要原因。

2．施工方没有执业资质，施工流程不规范，施工现场没有相关消防设施进行保护。氩弧焊温度可达3000℃，在不规范作业的情况下很容易引起作业面的燃烧。施工工人缺乏消防安全意识，在曾经使用相同工艺施工已经多次引燃檐口木材的情况下依旧冒险作业，最终造成火灾。

3．火灾发生当日气温高，空气干燥，加之风大，导致火势随着疾风迅速蔓延，整个建筑呈立体燃烧，流动的火星和高温烟气迅速被疾风吹向下风向的木质建筑，殃及就近建筑。

七、火灾调查体会

1．善用装备对推进现场调查能起到事半功倍的效果。在此次火灾现场调查中，调查人员采用了无人机和全景相机进行拍摄，直观准确地展现了火灾现场的全貌。无人机航拍清晰地展示了多处受损建筑物相对位置关系，全景相机则在现场勘验中充分记录了各种燃烧和倒塌留下的重要痕迹，帮助现场勘查人员快速全面把握火灾现场，有助于分析火灾发展蔓延的方向。

2．全方位收集火灾信息能为火灾事故认定提供有力支撑。调查组人员全方位仔细收集火灾相关信息，通过收集火灾事故发生前、灭火战斗过程中的影像资料，充分了解失火建筑起火前、火灾发生时的情况，对还原火灾现场、判断最初起火部位以及分析火灾蔓延方向提供了有力的支撑和证据。

3．第一时间协同公安部门共同开展事故调查工作能为调查顺利开展提供有效保障。调查组先后走访询问了32人次，并在第一时间协同公安部门控制了关键当事人，最大程度上避免了串供等问题的出现，确保火灾事故调查工作能够高效开展，同时通过反复询问、现场指认等方式充分固定了相关证据，为火灾事故的认定打下了坚实的基础。

4．严谨实验能为火灾事故认定提供科学参考。调查组在充分询问、细致勘验的基础上进行了严谨、科学的实验，通过就地取材的方式选取了与起火物完全一致的实验材料、采用一致的焊接施工工艺，反复、多次进行实验，验证了焊接引发火灾的可能性，为火灾事故认定提供了科学的参考。

4. 达州市通川区四川好一新集团有限公司“6·1”重大火灾

一、火灾基本情况

- **起火单位：**四川好一新集团有限公司。
- **起火地址：**达州市通川区塔石路农副产品综合市场好一新商贸城。
- **报警时间：**2018年6月1日17时53分。
- **火灾损失：**过火面积约51100 m^2，1人死亡，直接经济损失9015.30万元。
- **调查组织：**火灾发生后，原达州市公安消防支队迅速启动火灾调查应急预案，组织开展火灾事故调查。6月2日，全国、全省火灾调查专家组成的调查组到达现场参与、指导火灾调查工作。根据工作安排，调查组细分为询问小组、视频分析小组、现场勘验小组、火灾报警系统分析小组、火灾机理小组、液氨专项勘验小组、电气专项勘验小组。

二、走访询问情况

调查组共走访询问相关知情人83人次，制作询问笔录64份、提取监控视频21小时，组织当事人先后5次到现场指认。

1．好一新商贸城负一层34号监控视频显示：6月1日17时49分36秒（北京时间，下同），朱某某（3号冷库租户）打开3号冷库门后发现有浓烟和明火冒出。

2．17时53分，达州市消防支队指挥中心接到冷库管理员陈某报警。

3．对好一新商贸城火灾自动报警系统调查证实6月1日17时53分，火灾自动报警系统出现首次火警信号。

4．第一报警人陈某称其在办公室看到3号冷库有烟雾冒出，随后有火窜出；租户朱某某证实，其到3号冷库取货时，发现库内有烟冒出，跑到离门口三分之二的位置时，发现有香蕉包装纸箱燃烧。

5．3号冷库租户朱某某现场指认：其发现位于库房通道北侧中部的香蕉堆垛表面最先有火，并跑到该处将着火的两个香蕉箱拉到通道。

三、现场勘验情况

调查人员共开展现场勘验6次，制作现场勘验笔录6份、现场图18份，拍摄现场照片283张，提取火灾现场证据、样品及痕迹物品39件，获取物证鉴定报告2份。

（一）环境勘验

起火建筑为好一新商贸城，位于达州市通川区西外镇凤凰大道旁，为“回”字形钢筋混凝土结构建筑，地下1层、地上5层。建筑东面长149.9 m，西面长141.8 m，南面长120.2 m，北面长115.3 m，建筑高度23.9 m，总建筑面积90400 m^2。中庭贯穿一至四层，中庭顶棚为钢桁架玻璃穹顶。建筑东侧为车道，向南爬升至建筑4层的货物仓库出入口，车道毗邻塔坨安置房一期工程；西侧为塔石路，双向4车道，毗邻长城装饰城及达州市一中；南侧为好一新商贸城负一层入口通道，毗邻塔坨水果批发市场；北临凤凰大道，道路为双向6车道；建筑东南侧为好一新商贸城办公楼、商贸城总配电房、冷库机房及液氨储存区（见图4-1）。

建筑东墙外立面四层以上有部分烟熏痕迹，玻璃幕墙全部损坏；西墙外立面烟熏痕迹及玻璃幕墙损坏程度由下至上逐渐加重；南墙外立面西部有墙体破损，四层以上有部分烟熏痕迹，玻璃幕墙全部损坏；北墙外立面烟熏痕迹及玻璃幕墙损坏程度由下至上逐渐加重（见图4-2）。

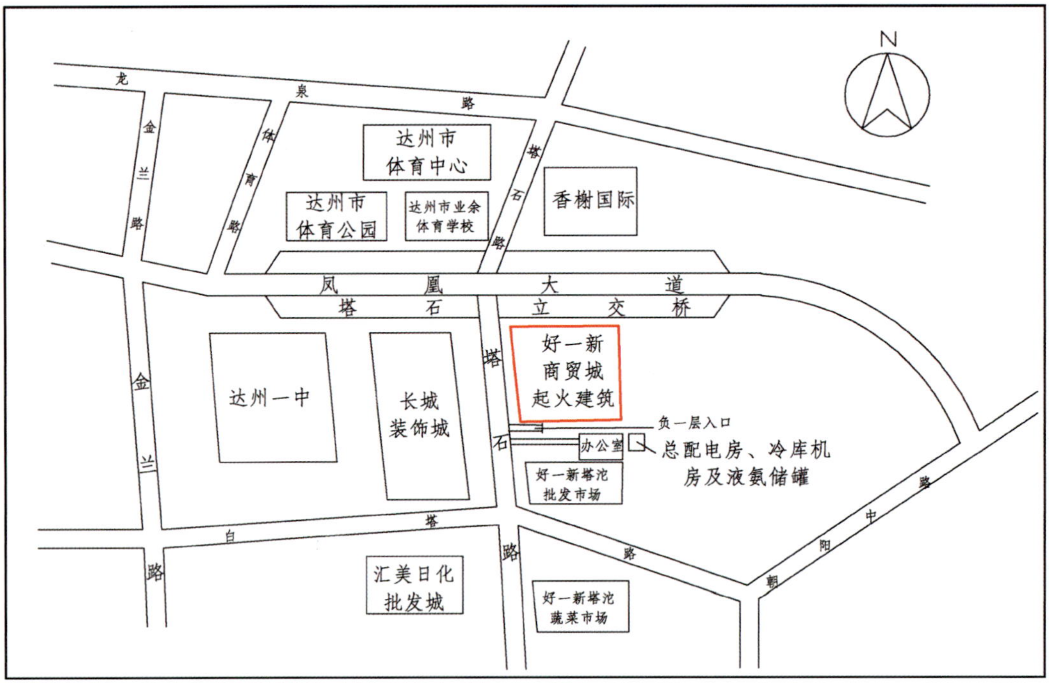

图4-1　着火建筑方位图

图4-2　起火建筑外墙过火情况

建筑顶棚彩钢棚及玻璃穹顶均过火，玻璃穹顶东北角玻璃损坏较重，“回”形彩钢棚东部、南部为灰白色，彩钢棚其余部分为铁锈色（见图4-3）。

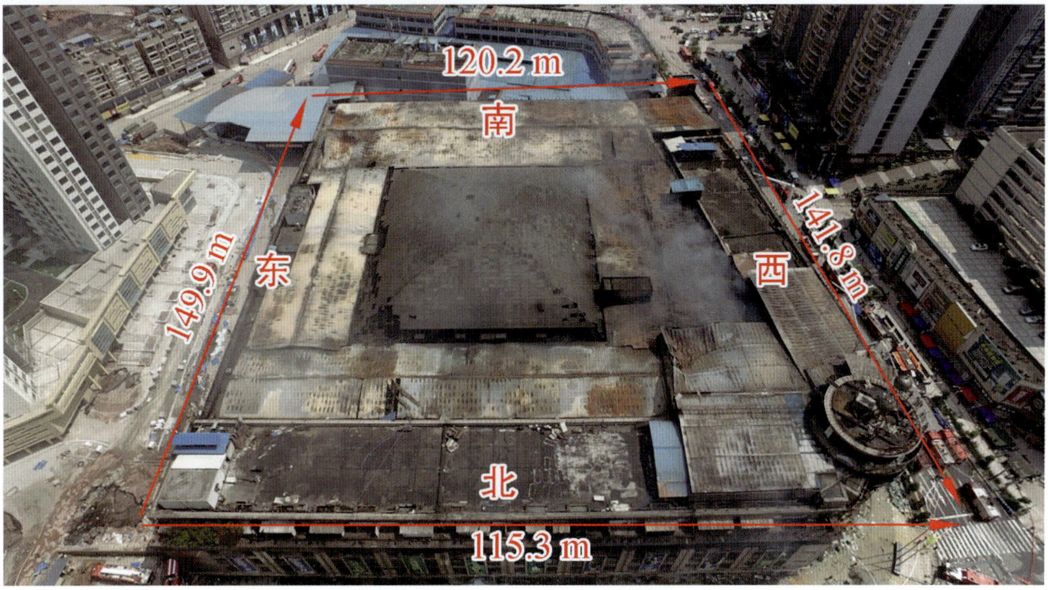

图4-3　着火建筑屋顶过火情况

（二）初步勘验

着火建筑第1层面积约19300 m^2，主要为服装批发市场和小商品门市，共666间；第2层面积约16100 m^2，主要为日用百货门市，共393间；第3层面积约16100 m^2，主要为电器商场门市，共620间；第4层面积约16100 m^2，主要为库房，共397间；第5层面积约3500 m^2，为库房及KTV。

建筑地下一层东部为冷库区（南北长111.75 m，东西宽38.1 m），由南向北分隔为1至7号冷库，其中1号、2号、4号、5号冷库中物品保持完好，仅烟熏；3号冷库过火，物品全部烧毁（见图4-4）。

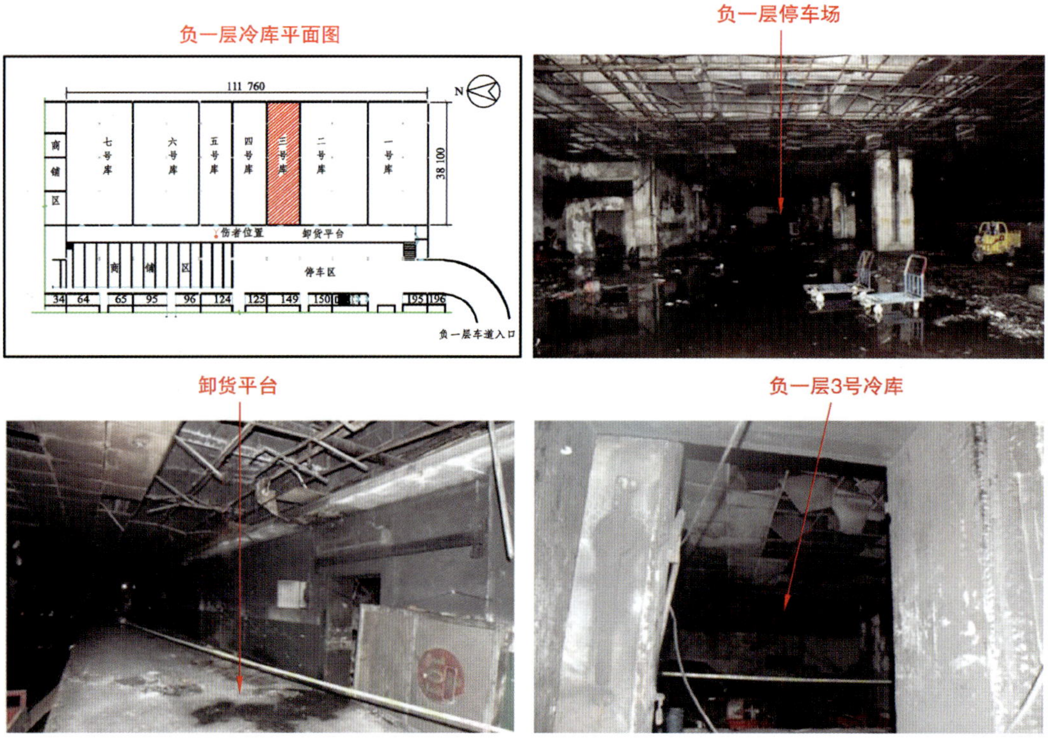

图4-4　起火建筑负一层过火情况

（三）细项勘验

1．3号冷库东西长38.1 m、南北宽10.2 m、高4.6 m；库门位于西墙居中位置（宽1.2 m、高2 m）；库门正对一东西走向通道（宽1.1 m）（见图4-5）。

3 号冷库剖面图

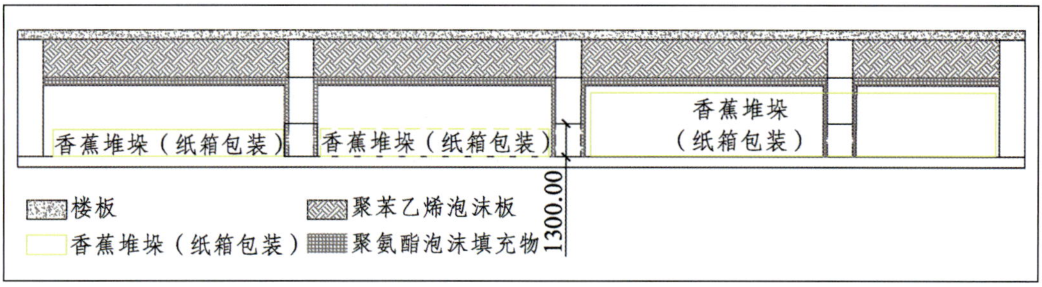

负一层 3 号冷库平面图

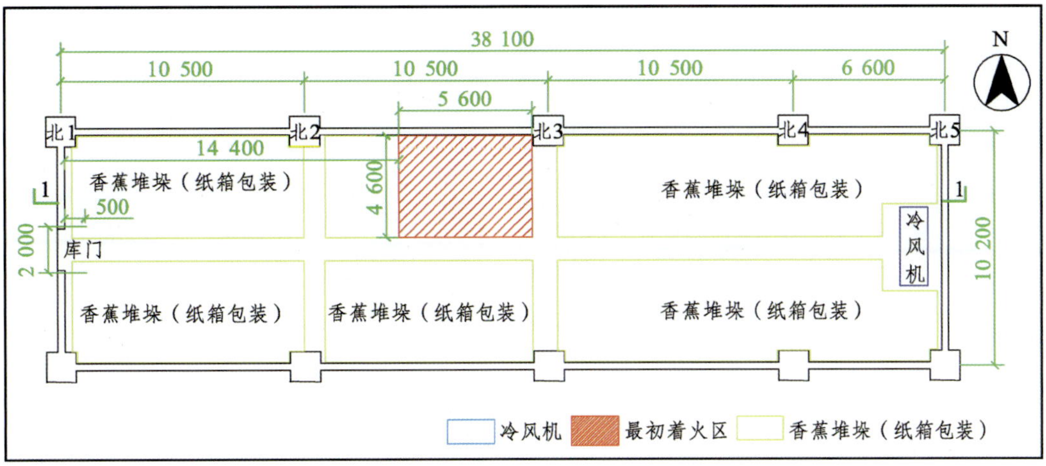

图4-5　起火建筑负一层冷库平面图、剖面图

通道上方为玻璃钢方形风道（长36 m、宽2 m，西端距库门0.5 m，东端接冷风机）；电气线路沿方形风道南北两侧屋顶敷设，线路上有电灯烧损后的金属残留物。通道南北两侧为香蕉堆垛，由西向东分为熟香蕉、半熟香蕉和生香蕉三个区域（见图4-6）。

图4-6　负一层3号冷库过火情况

冷库6面均设有保温材料，其中顶棚、屋梁及内柱表面铺有聚苯乙烯保温材料，厚0.1 m，四周隔墙及地面的保温材料设置在结构内部；四周隔墙未砌至屋顶，与梁之间有0.3 m的空隙；北面隔墙与相邻柱之间有0.15 m空隙，空隙均用聚氨酯泡沫填充（见图4-7）。

图4-7　负一层3号冷库过火情况

2．3号冷库中部上方风道断裂，西部断裂口距西墙13.38 m，风道从该处断裂口断裂后全部掉落至地面；东部断裂口距东墙16.2 m，风道从该处断裂口断裂后部分仍然连接在断裂处（见图4-8）。

图4-8　9号冷库方形风道断裂情况

3．3号冷库北墙由西往东有5根立柱（依次编号为北1至北5号）。以中间通道为界，对北2柱至北3柱之间的香蕉堆垛进行勘验，通道北侧香蕉堆垛残留物烧损程度较南侧更为严重，且北侧香蕉堆垛有明显灰化痕迹，其他区域均无此现象（见图4-9）；3号冷库顶棚、墙缝及梁上的保温材料烧失严重。

图4-9　3号冷库香蕉堆垛过火、灰化情况

4．3号冷库北3柱外表面残存大量保温材料流淌痕迹，柱下部墙缝里的保温材料全部烧失，北2柱及北4柱外表面仅存少量的保温材料流淌痕迹，柱下部墙缝里的保温材料有部分保留（见图4-10）。

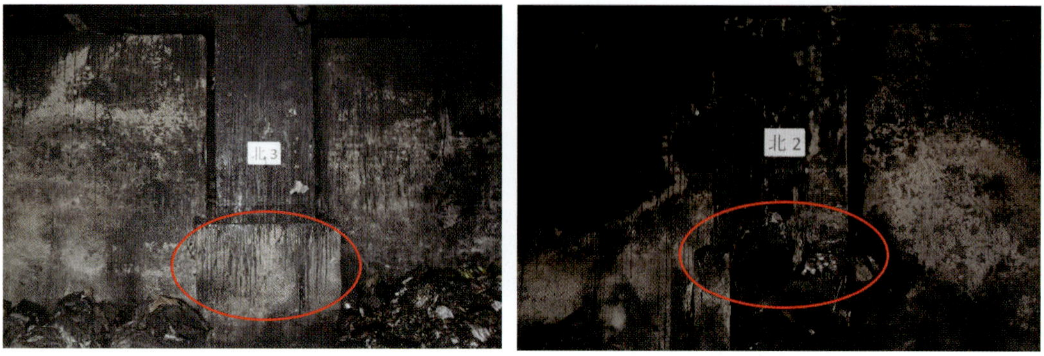

图4-10　3号冷库立柱过火滴落情况

5．以北3柱至南3柱为界，其东、西两侧香蕉堆垛分别向东、西倾倒。3号冷库距西墙14.4 m至20 m、距北墙0至4.6 m范围的天花板烧损严重，部分天花板水泥烧损剥落（见图4-11）；4号库与3号冷库北3柱相对应部位的物品烧损程度较重。

图4-11　3号冷库香蕉堆垛倒塌情况、上方顶棚过火情况

（四）专项勘验

1．对3号冷库通道北侧、北2柱至北3柱之间区域进行专项勘验，此处香蕉堆垛上部的包装箱烧毁严重，下部基本完好，未见阴燃起火痕迹特征（见图4-12）

图4-12　3号冷库香蕉堆垛未见阴燃痕迹

2．对3号冷库内的液氨制冷系统进行专项勘验，库东墙处有一台落地式冷风机，该冷风机南北长3.46 m，东西宽0.97 m、高1.95 m，距北墙3.16 m，距东墙1.55 m。冷风机外形完好，表面烟熏严重（见图4-13）。

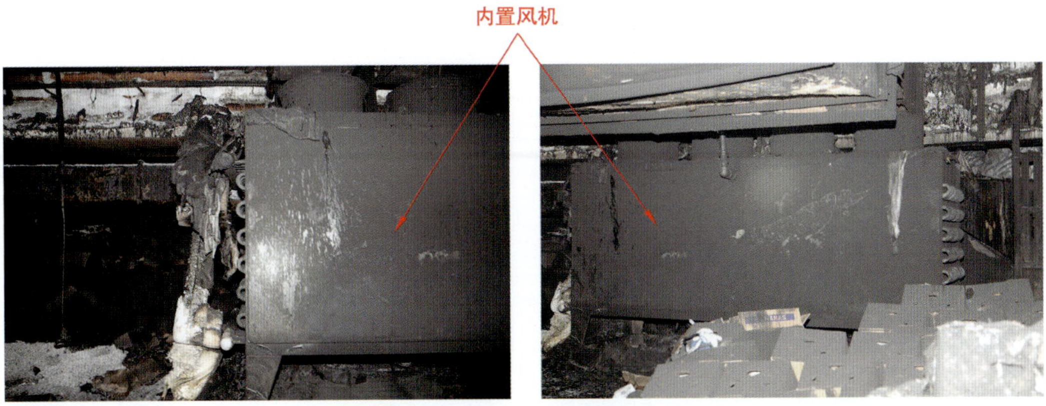

图4-13　3号冷库内制冷风机情况

冷风机顶部有部分掉落的锡箔纸黑色烧结物，顶部均匀分布有四个直径为64 cm的圆形风口，突出风机顶部31 cm，圆形风口与其上方的方形风道口连接的帆布已完全烧毁，捆扎帆布的金属丝残存于圆形风口外壁。冷风机北侧进液、回汽管道和盘管并行，使用泡沫保温层包裹为管束（以下简称管束），泡沫保温层表面部分烧损，西侧烧损较东侧重，底部保温层完好。管束向东倾斜并与上方横穿3号冷库的氨管道相连，管束上部有大量掉落的锡箔纸的黑色烧结物。冷风机内盘管共有十组、六行，单根盘管直径2.4 cm，盘管外观完好，表面有烟熏痕迹（见图4-14）。

图4-14　3号冷库内制冷风机过火情况

冷风机上部氨管道横贯3号冷库南北墙，管道外包泡沫保温层，管道东西宽约88 cm、高约92 cm，无弯曲变形、断裂。氨管道泡沫保温层表面部分烧损，烧损情况由南向北加重，冷风机以北氨管道西侧可见三根氨管裸露，露出部分管道外壁呈铁锈色，地面上大量白色泡沫颗粒堆积，冷风机表面均有大量烟熏痕迹，外形均完好（见图4-15）。

图4-15　3号冷库内制冷风机氨管道过火情况

3．冷库的电气线路敷设情况：冷库照明线路从一层氨气制冷系统机房内设置的总配电房接入负一层电缆桥架，电缆桥架连接负一层配电柜，配电柜分线后向1～7号冷库配电；冷库的动力线敷设情况为线路从一层氨气制冷系统机房内设置的总配电房接入负一层1号冷库的电缆桥架，电缆桥架连接负一层配电柜，配电柜分线后向1～7号冷库的冷风机配电（见图4-16）。

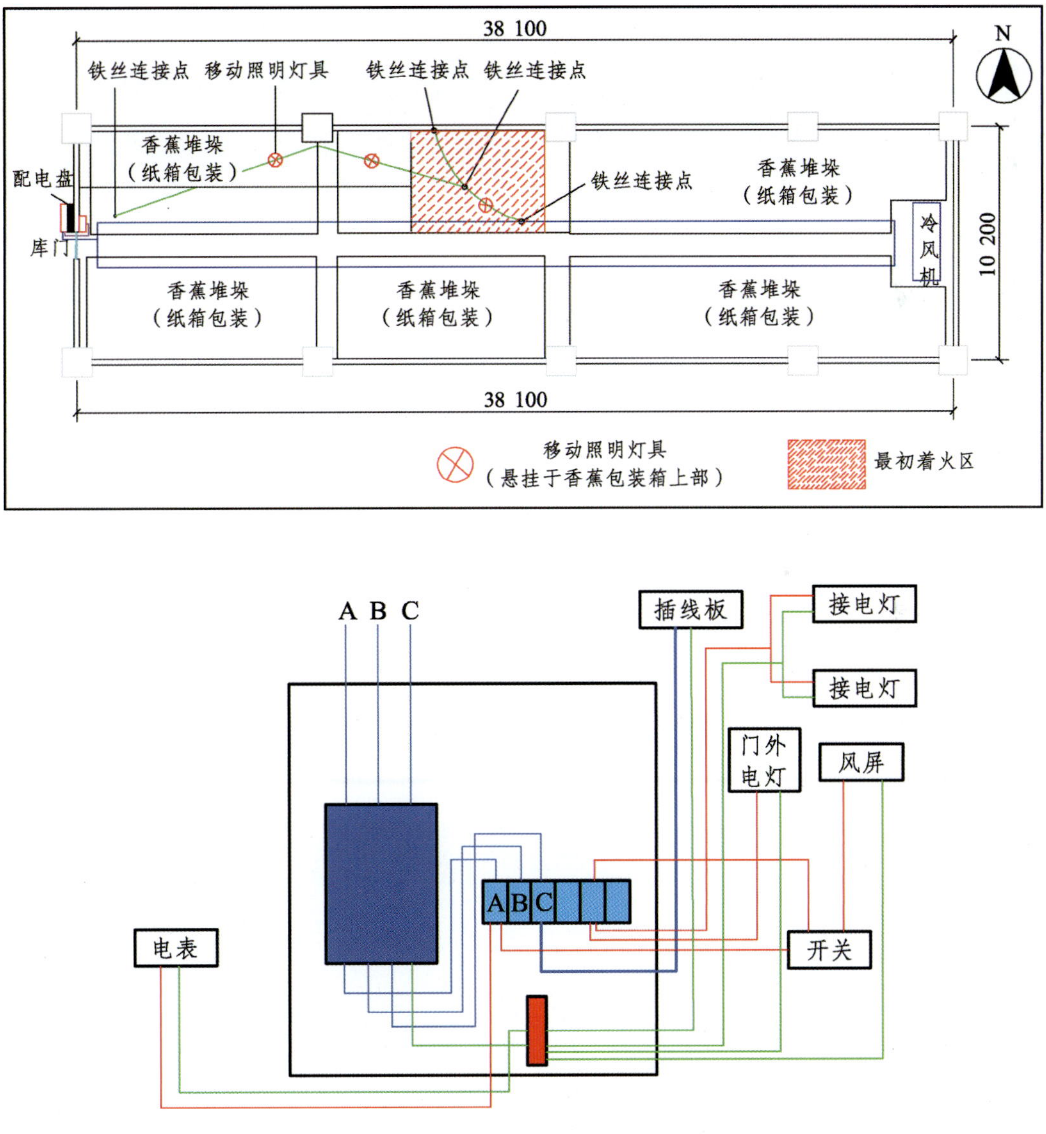

图4-16　3号冷库电气线路图

3号冷库照明配电箱内有两级保护，主电380 V经漏电断路器（型号为：DZ15LE-100/4901，额定电流100 A，额定剩余动作电流75 mA）引出三相，然后经过空气开关（型号为DZ47-C40，额定电流40 A）进入库内，其中一相空置，一相（型号为4 mm^2）用于库内门口墙插用电，一相（型号为2.5 mm^2）用于门口风幕电器、门口照明及库内照明（见图4-17）。

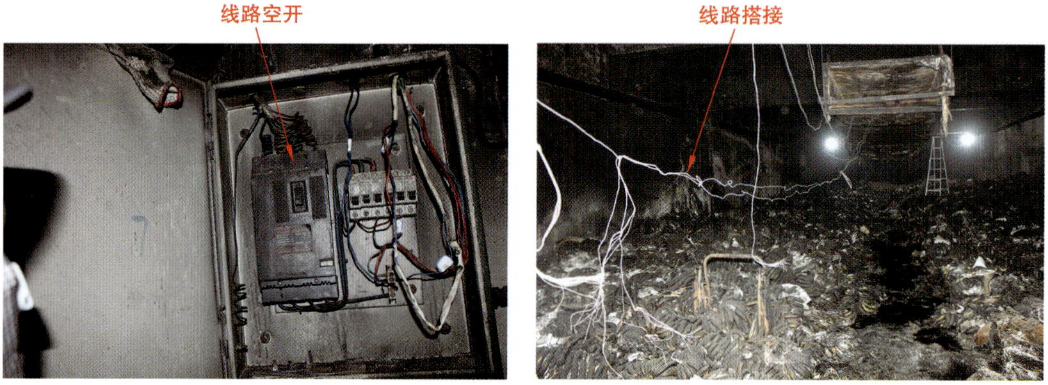

图4-17　3号冷库照明线路空开、搭接情况

3号冷库照明线路从门口配电盘处引入库内，在库门口分为两路沿方形风道两侧布置，作为库内通道南北两侧货物照明的供电线路。其中北侧照明线路的电灯处引出3条分支照明线路，分支照明线路挽成圆圈状悬挂于固定在风道、梁以及北墙上的3条铁丝上，每条分支照明线路连接有1个临时电灯，使之能够沿铁丝来回移动，用于平时选香蕉时照明（见图4-18）。

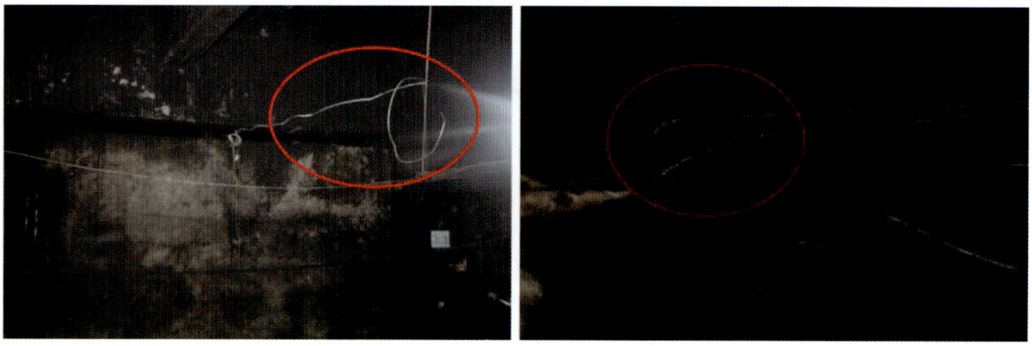

图4-18　3号冷库照明线路搭接情况

对北2柱和北3柱之间香蕉堆垛上方搭接的分支照明电线及残留物进行勘验，可见多处熔痕，并提取送检（见图4-19）。

图4-19　3号冷库物证提取情况

四、火灾认定

（一）起火时间

1．好一新商贸城负一层34号监控视频显示：朱某某（3号冷库租户）于6月1日17时16分01秒（北京时间，下同）锁门离开3号冷库时并未发现异常；17时49分36秒，朱某某打开3号冷库门后发现有浓烟和明火冒出（见图4-20）。

图4-20　34号监控画面

2．17时52分59秒，达州市消防支队指挥中心接到冷库管理员陈某报警。

3．对好一新商贸城火灾自动报警系统调查证实：17时53分，火灾自动报警系统出现首次火警信号（见图4-21）。

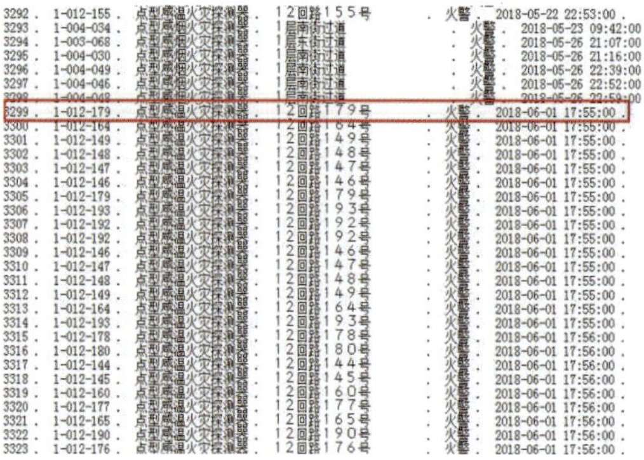

3292	1-012-155	点型感温火灾探测器	12回路155号	火警	2018-05-22 22:53:00
3293	1-004-034	点型感烟火灾探测器	1层南街过道	火警	2018-05-23 09:42:00
3294	1-003-068	点型感烟火灾探测器	1层东街过道	火警	2018-05-26 21:07:00
3295	1-004-030	点型感烟火灾探测器	1层南街过道	火警	2018-05-26 21:16:00
3296	1-004-049	点型感烟火灾探测器	1层南街过道	火警	2018-05-26 22:39:00
3297	1-004-046	点型感烟火灾探测器	1层南街过道	火警	2018-05-26 22:52:00
3298	1-004-048	点型感烟火灾探测器	1层南街过道	火警	2018-05-26 22:59:00
3299	1-012-179	点型感温火灾探测器	12回路179号	火警	2018-06-01 17:55:00
3300	1-012-164	点型感温火灾探测器	12回路164号	火警	2018-06-01 17:55:00
3301	1-012-149	点型感温火灾探测器	12回路149号	火警	2018-06-01 17:55:00
3302	1-012-148	点型感温火灾探测器	12回路148号	火警	2018-06-01 17:55:00
3303	1-012-147	点型感温火灾探测器	12回路147号	火警	2018-06-01 17:55:00
3304	1-012-146	点型感温火灾探测器	12回路146号	火警	2018-06-01 17:55:00
3305	1-012-179	点型感温火灾探测器	12回路179号	火警	2018-06-01 17:55:00
3306	1-012-193	点型感温火灾探测器	12回路193号	火警	2018-06-01 17:55:00
3307	1-012-192	点型感温火灾探测器	12回路192号	火警	2018-06-01 17:55:00
3308	1-012-192	点型感温火灾探测器	12回路192号	火警	2018-06-01 17:55:00
3309	1-012-146	点型感温火灾探测器	12回路146号	火警	2018-06-01 17:55:00
3310	1-012-147	点型感温火灾探测器	12回路147号	火警	2018-06-01 17:55:00
3311	1-012-148	点型感温火灾探测器	12回路148号	火警	2018-06-01 17:55:00
3312	1-012-149	点型感温火灾探测器	12回路149号	火警	2018-06-01 17:55:00
3313	1-012-164	点型感温火灾探测器	12回路164号	火警	2018-06-01 17:55:00
3314	1-012-193	点型感温火灾探测器	12回路193号	火警	2018-06-01 17:55:00
3315	1-012-178	点型感温火灾探测器	12回路178号	火警	2018-06-01 17:56:00
3316	1-012-180	点型感温火灾探测器	12回路180号	火警	2018-06-01 17:56:00
3317	1-012-144	点型感温火灾探测器	12回路144号	火警	2018-06-01 17:56:00
3318	1-012-145	点型感温火灾探测器	12回路145号	火警	2018-06-01 17:56:00
3319	1-012-160	点型感温火灾探测器	12回路160号	火警	2018-06-01 17:56:00
3320	1-012-177	点型感温火灾探测器	12回路177号	火警	2018-06-01 17:56:00
3321	1-012-165	点型感温火灾探测器	12回路165号	火警	2018-06-01 17:56:00
3322	1-012-190	点型感温火灾探测器	12回路190号	火警	2018-06-01 17:56:00
3323	1-012-176	点型感温火灾探测器	12回路176号	火警	2018-06-01 17:56:00

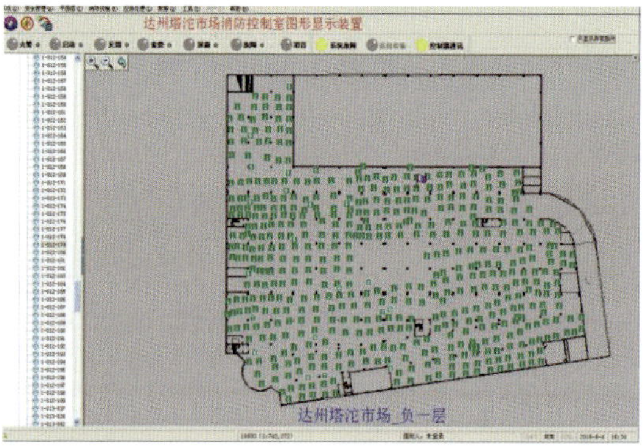

图4-21　火灾自动报警系统记录、点位

结合火灾发生规律，综合认定该起火灾起火时间为2018年6月1日17时40分许。

（二）起火部位

1．根据现场走访调查：第一报警人陈某称其在办公室看到3号冷库有烟雾冒出，随后有火窜出；租户朱某某证实，其到3号冷库取货时，发现库内有烟冒出，跑到离门口三分之二的位置时，发现有香蕉包装纸箱燃烧。

2．根据负一层监控视频显示：17时49分36秒，朱某某打开3号冷库门，发现有异常并提水灭火，2分52秒后，3号冷库有浓烟、明火冒出，此时冷库其他库及负一层其他区域无异常。

3．对好一新商贸城火灾自动报警系统调查证实：17时53分，火灾自动报警系统出现首次报警，位置为负一层3号冷库门外正前方。

4．根据现场勘验发现：1号、2号、4号、5号库中物品大部分保持完好，仅有部分烟熏痕迹，3号冷库中物品烧毁严重。

综合认定该起火灾起火部位为好一新商贸城负一层3号冷库。

（三）起火点

1．根据调查走访：3号冷库租户朱某某证实他最先发现位于通道北侧的香蕉堆垛中部有火，然后跑到该处将上部着火的两个香蕉箱拉至通道，表明火灾最先发生在通道北侧香蕉堆垛中部。

2．根据现场勘验：

（1）3号冷库东西向架设的方形风道在北2柱与北3柱之间部分被烧脱落（距西墙13.38 m至21.9 m范围内），其被烧损程度呈现中部重于东西两侧，表明北2柱与北3柱之间区域最先起火。

（2）3号冷库北3柱外表面残存大量保温材料流淌痕迹，且柱下部墙缝里的保温材料全部烧失，北2柱及北4柱外表面仅存少量的保温材料流淌痕迹，且柱下部墙缝里的保温材料有部分保留，表明火势由北3柱附近向东西方向蔓延。

（3）3号冷库北2柱与北3柱之间的香蕉堆垛被烧较重，纸质包装箱残骸呈灰化状态，其他区域包装箱过火较轻，表明火势由北2柱与北3柱之间的区域向其他区域蔓延。

（4）3号冷库距西墙14.4～20 m、距北墙0～4.6 m范围的天花板烧损严重，部分天花板水泥被烧剥落，比其他部位严重。

综合认定起火点为3号冷库内通道北侧中部香蕉堆垛处（距西墙14.4～20 m、距北墙0～4.6 m范围）。

（四）起火原因

1．排除放火。

省、市、区三级公安机关高度重视，组成工作专班，全力开展调查访问、现场勘查、视频侦查、专家论证等工作，排除人为故意放火。

2．排除氨泄漏引发火灾。

根据现场勘验，起火点位置距3号冷库内的液氨管道和冷风机约16 m，且冷风机附近风道、堆放的香蕉包装盒保持相对完好。

对3号冷库的氨管道和冷风机进行专项勘验，库内的氨管道、冷风机均无物理性破口。根据询问得知当天17时10分氨压缩机和氨泵已停止运行，火灾后，氨回汽阀站的压力表压力显示为1.5 MPa，证明此时库内未发生氨泄漏。21时再次开机，约40分钟，氨压缩机排气温度和压力再次升高，氨回汽阀站上的压力表显示压力为0.1 MPa，再次证明管道无泄漏。火灾发生后，操作人员对管道内氨进行了回收（见图4-22）。

况，结果等我们出来的时候，消防官兵已经来了，不允许我们进入，我们留下防毒面具就返回机房查看系统情况。按照规定，发生意外情况，我们首先要确定系统是否存在泄露等情况。我们两个在机房内对系统进行检查，经过观察，未发现异常（调节站上供液管阀门是关闭的，回气集管上的压力为 1.5Mpa 仍属于显示正常，基本确定没有泄露），然后我们紧急启动压缩机，抽回回气管中的气体进行压缩，约半小时后压缩机上吸气压力表压力降至 0.3Mpa，由于机器排气温度过高，我们停止压缩机工作。约半小时后，我们再次开启压缩机工作继续抽取回气管中的氨气，约 40 分钟后停止压缩机运转，此时压缩机的吸气压力降至 0.1Mpa。停止压缩机工作后，我们关闭调节站上的总回气阀和总供液阀，观察压力表无异常，拆卸压力表，安装胶管释放回气管道中的剩余气体至回收池。之后一直在机房值守，后来相关职能部门人员来了。

图4-22　冷风机氨回收情况

3．排除吸烟引发火灾。

根据监控视频，火灾发生前，另一库房工作人员何某某于16时47分01秒离开3号冷库，朱某某于17时16分01秒锁门离开3号冷库，即在此29分钟内，3号冷库仅有朱某某一人活动，而这段时间朱某某并没有发现3号冷库内有任何异常，排除其他人在库内吸烟引发火灾的可能（见图4-23）。

图4-23　3号冷库门口监控记录

根据监控显示，当天16时30分至发现火灾前，朱某某在3号冷库区域一共抽了两支烟，第一支烟在3号冷库外抽了6分26秒后，带入库内；第二支烟抽了7分13秒，丢弃在库外。参考朱某某第二支烟的吸烟时间，他在带着第一支烟进入3号冷库时，手中的香烟已经接近吸完（与监控显示一致），剩余香烟不足以使香蕉包装箱等可燃物阴燃成灾（见图4-24）。

图4-24　3号冷库门口监控记录

4．排除乙烯利爆炸。

根据公安部天津火灾物证鉴定中心对火灾现场提取的乙烯利样品进行实验的数据，计算得知：3号冷库的乙烯利挥发的乙烯气体达到爆炸下限至少需要548大包（每大包有500小袋），据调查，3号冷库内实际存放的乙烯利数量不足10大包，达不到引起爆炸的最低条件（见图4-25）。

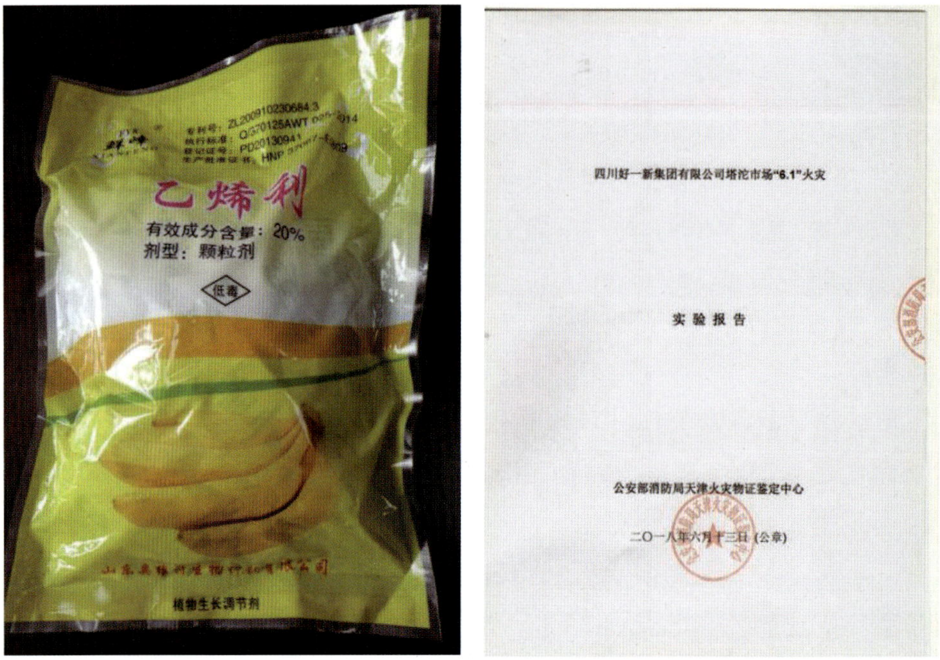

图4-25　乙烯利实验报告

5．认定电气线路故障引发火灾。

（1）现场勘验和询问情况：朱某某在库内从方形风道北侧上方电灯处引出3条分支照明线路并接上临时电灯，然后将引出的电线挽成圆圈状悬挂在固定好的铁丝上，使之能够来回移动，用于平时选香蕉时照明。

（2）3号冷库内线路故障情况：冷风机电气线路正常。制冷机电源线（沿库内东墙敷设）局部过火，未发现故障点；3号冷库内通道北侧照明电气线路有多处故障点，故障点位于方形风道北侧多条分支照明线路上（为朱某某私自拉结的线路）。

（3）电气线路故障痕迹鉴定情况：经公安部四川火灾物证鉴定中心鉴定，现场提取的11号、25号、26号、27号、28号、29号物证均有电作用熔痕，其中11号物证（距西墙17.50 m，距北墙3.70 m）存在一次短路熔痕，且有铁丝和铜导线相互作用的对地短路熔痕，26号物证有铜导线和铁丝互熔的现象；故障线路上的熔痕点自东向西沿线路分布顺序为11号、28号、29号、27号、26号、25号，与现场勘验所确定的起火点和火势蔓延方向吻合。

综合分析认为，朱某某在库房北侧自西向东架设了3条铁丝，将用于查看香蕉成熟情况的3盏电灯的电线挽成圆圈状悬挂在对应铁丝上移动使用，电线长期摩擦或老化导致绝缘层破损，与铁丝发生接地性短路。

根据上述证据与分析，认定该起火灾起火原因为3号冷库租户朱某某自行拉接的照明电源线短路引燃可燃物并蔓延成灾。

五、灾害成因分析

1．建筑体量大，商品种类繁多。好一新商贸城建筑面积9.1万平方米，分为地下1层、地上5层，建筑内呈“回”字形结构。建筑内储存大量的服装、塑料、电器、家具、摩丝、发胶、杀虫剂、化妆品等易可燃物。

2．火灾荷载大，内部结构复杂。负一楼建筑面积约19000 m^2，隔间多、内部通道杂乱，且每个隔间均设置了夹层存储货物，货物成垛堆积、种类繁多，使隔间长时间处于阴燃状态，且每个隔间都设置了防盗卷帘门，部分火点隐蔽不易被发现，由阴燃变成明火后向四周蔓延，成焖窑式燃烧。高温烟气严重影响救援人员实现，水枪射流难以进入货物堆垛内部。

3．火势发展多变，形成多点蔓延。监控录像显示，17时52分许，3号冷库发生猛烈燃烧时，高温烟气及火焰呈“喷射状”迅速向外扩散并引燃周边商铺，在高温和浓烟作用下，火势呈跳跃式发展蔓延，高温烟火快速通过连通的吊顶、内设排水塑料管、伸缩缝等途径横向、竖向蔓延，加之地面一层部分疏散通道违规改建为商铺、负一层冷库与地上商铺未进行防火分隔，继而引发负一层和楼上多个店铺、仓库着火，呈多点燃烧发展之势，形成立体燃烧。

六、责任处理情况

事故发生后，四川省人民政府成立了达州市通川区好一新商贸城“6·1”火灾事故调查组（以下简称事故调查组），由省应急管理厅牵头，省纪委监委、省总工会、公安厅、住房城乡建设厅、商务厅、省消防救援总队等有关单位和达州市人民政府有关人员组成，并邀请应急管理部火调、电气、痕迹、制冷等方面专家进行技术指导，全面开展事故调查工作。

调查组认定，达州市通川区好一新商贸城“6·1”事故是一起重大火灾责任事故，并对事故有关责任单位和责任人员提出了处理建议。其中，好一新集团董事长郝某某等7人涉嫌重大责任事故罪或失火罪，被移交司法机关依法处理；原达州市规建局和原达州市公安消防支队共8名责任人涉嫌职务违法犯罪，被移交司法机关依法处理；调查组还给予达州市33名相关责任人员党纪、政务或组织处理，给予4名相关企业负责人、好一新集团及好一新商贸城公司行政处罚。

针对事故暴露出的企业消防安全主体责任严重不落实、行业部门监管不到位等突出问题，调查组在事故调查报告中提出了包括进一步提高对安全生产的认识、严格落实消防安全责任制等多项防范和整改措施。

七、火灾调查体会

1．保证大型火灾调查工作的组织有序是难点。本次火灾调查工作的组织规模为四川消防有史以来最大的一次。在火灾发生后，四川省消防救援总队先后调集50余名火灾调查骨干参与此次火灾调查工作，应急管理部也先后调集10余名全国火灾调查专家到达现场开展调查，然而由于参与人员众多、社会舆论压力大、调查时间紧迫、大量证据线索亟待处理、多部门协同调查的沟通不畅等因素，致使此次火灾调查的组织有很大难度。回顾此次火灾调查的组织，四川省消防救援总队自2016年以来通过编写《重特大火灾事故调查应急预案》、成立全省火灾调查服务队、开展多批次火灾调查拉动演练的方式，有效地锻炼了全省火灾调查队伍，形成了一套行之有效的火灾调查处理的程序，为打赢这场火调攻坚战打下了坚实的基础。

2．及时收集灭火救援资料是重点。由于本次灭火救援战斗持续了近五天，前期火灾调查工作仅能通过外围调查以及随时收集灭火救援战斗行动情况等方式开展，因此及时收集如第一出动消防救援力量的分布与战斗情况、火势蔓延扩大情况等显得尤为重要。从本次火灾调查的结果来看，及时的沟通有助于调查人员第一时间掌握火灾的发生与蔓延情况，也能及时将火灾发生发展的预估传递至灭火救援指挥部以辅助决策，同时火灾调查的结果也能帮助灭火救援人员做好战评总结。

3．火灾损失统计工作应成立专班负责。本次火灾过火面积巨大、涉及商户众多，火灾损失统计工作难度巨大。前期调查组虽然成立了火灾损失统计小组，但由于对工作量的估计不足，造成火灾损失统计工作的滞后，致使火灾调查处理工作因此陷入短暂停滞。消防救援机构在开展大型火灾事故的损失统计工作时一定要在当地党委政府的统一领导下，积极协调各有关部门，共同完成损失统计工作。

5. 射洪市太和镇解放中街19至23号百货大楼“6·19”火灾

一、火灾基本情况

- **起火单位：** 射洪市百货大楼。
- **起火地址：** 射洪市太和镇解放中街19至23号。
- **接警时间：** 2020年6月19日2时0分。
- **火灾损失：** 过火面积约1700 m^2，直接经济损失约270万元。
- **调查组织：** 火灾发生后，遂宁市消防救援支队、射洪市消防救援大队及射洪市公安局立即组织开展了火灾事故调查，四川省消防救援总队派出火灾事故调查专家赶赴现场指导调查。

二、走访询问情况

经过14天艰苦细致的工作，调查人员共询问20人，形成59份询问笔录；走访68人，形成5份走访记录。

1．据最早发现火灾的谢某、范某、杨某反映：火灾当日凌晨1时57分左右，范某在收银台睡觉，突然听到玻璃破碎的声音，发现着火了，马上喊杨某起来灭火；杨某拿了2个灭火器到化妆品专柜靠大布山服装店一侧灭火，谢某用手机报警；火越来越大灭不了，杨某就打开黄金柜台一侧的卷帘门，3个人一起跑出来了。当时发现主要是化妆品专柜靠大布山服装店的墙在燃烧。

2．据化妆品店老板何某，店员郭某、薛某反映：6月16日晚，射洪下了大雨，店里面漏雨，商场部分区域停电；6月18日到店以后，化妆品店灯没有亮，电是商场统一开和关的；18日化妆品店没有用过电，也没有用过蚊香，店里面所有人都不抽烟。

3．据电工赵某反映：6月16日射洪下大雨，百货大楼有点漏雨。16、17、18日他都到百货大楼去检查了电路，因为化妆品店处漏雨比较多，16、17日没有开电，18日早上他发现漏雨的地方基本已经干了，就把化妆品店的空气开关合上，当时也没有跳闸；18日百货大楼关门时，化妆品店的空气开关是否关闭，他不知道。

三、现场勘验情况

调查人员先后进行了4次现场勘验，提取现场痕迹物品5件，拍摄现场照片172张，制作现场图7份。

（一）环境勘验

1．起火单位位于射洪市解放中街19至23号，坐西朝东，东侧为解放中街，西侧为居民住宅建筑，南侧为金谷招待所，北侧为射洪农商银行（平安支行）。起火建筑为钢筋混凝土、预制楼板结构，整体呈“L”形，分东西两个部分，东部建筑共五层，西部建筑共三层。该建筑东面南北长43.2 m，西面南北长24.5 m，东西宽40.15 m。建筑西面和南面正在进行改建，搭设有脚手架，与外部区域用木板分隔（见图5-1）。

（a）

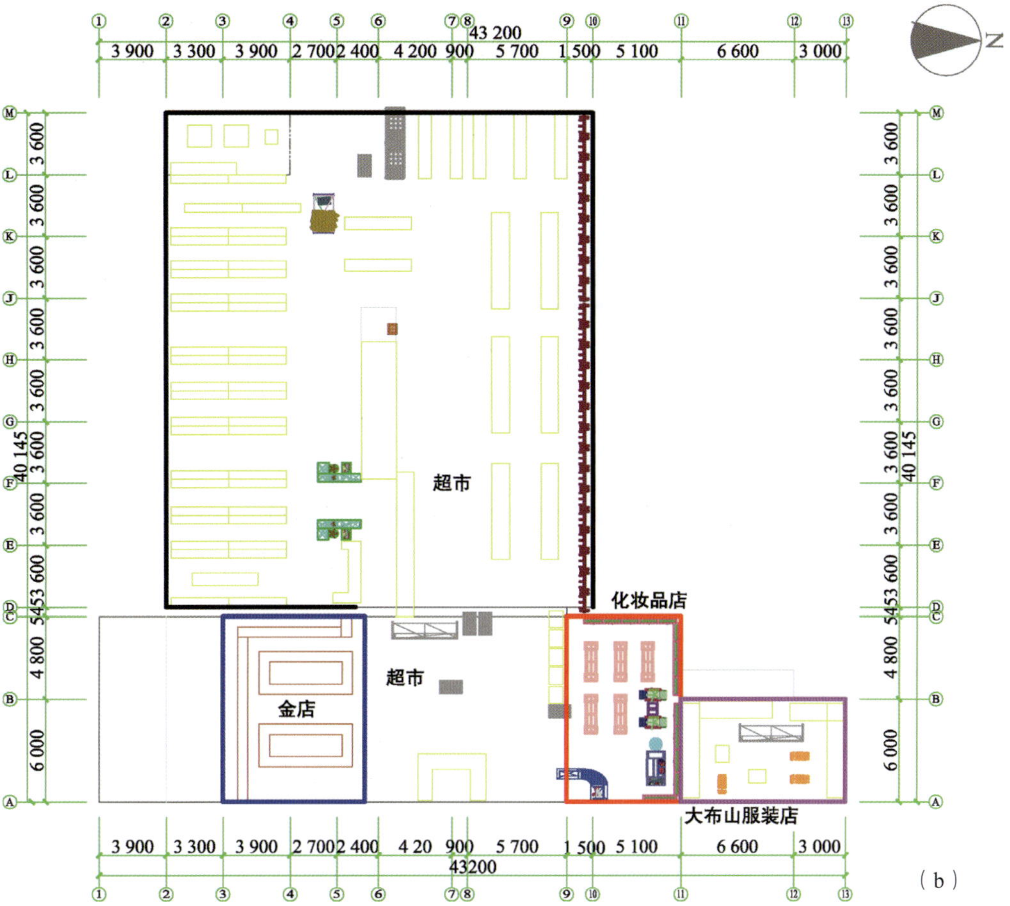

（b）

图5-1　起火建筑方位图、总平面图

2．起火建筑南北外立面无烟熏痕迹，东外立面有明显烟熏痕迹，自北向南第一个和第二个门面上部烟熏痕迹最重（见图5-2）。

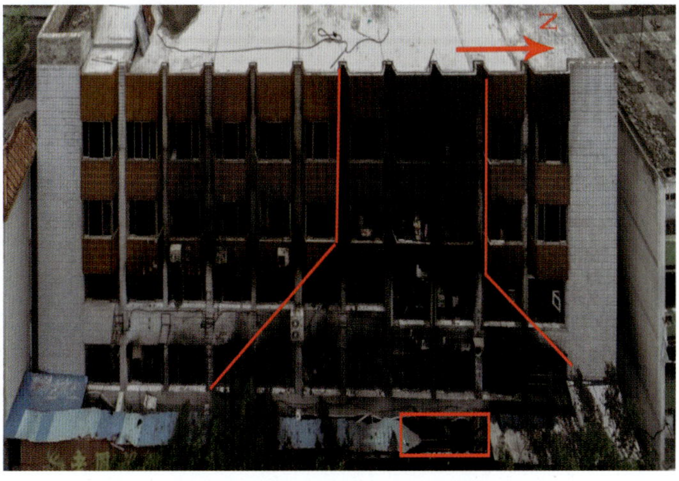

图5-2　起火建筑东墙外立面照

（二）初步勘验

1．建筑内部一层为超市，二层为服装、鞋类卖场，三层为茶楼（闲置），四层部分为办公室（部分闲置），五层闲置。三层、四层、五层仅有轻微烟熏痕迹，二层部分过火，一层全部过火（见图5-3）。

2．一层中部有一贯穿至建筑顶部的中庭，长18 m，宽10.2 m，顶部加设彩钢瓦顶棚。一层东墙上共设有8根柱，从北向南依次编号为1至8号。1、2号柱之间为大布山男装玻璃橱窗，2、3号柱之间为大布山男装门面，3、4号柱之间为百货大楼化妆品门面，4、6号柱之间为百货大楼超市堆垛和通道，6、7号柱之间为百货大楼老凤祥黄金专柜，7、8号柱之间为建筑楼梯间（见图5-4）。

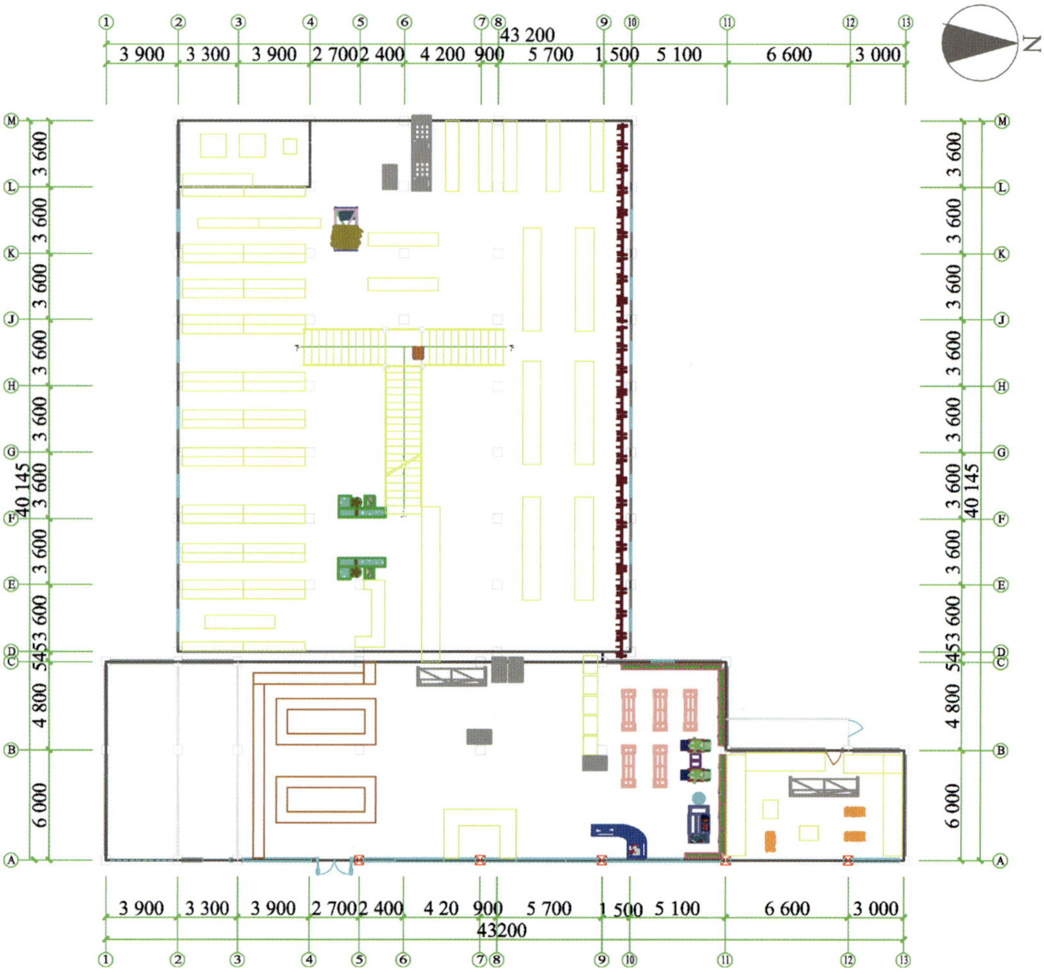

图5-3　起火建筑一层平面图

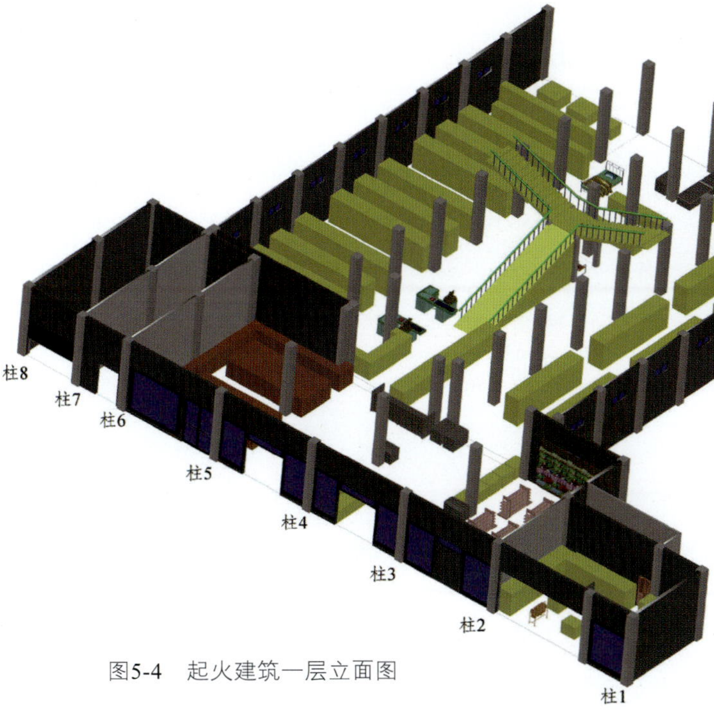

图5-4　起火建筑一层立面图

3．一层化妆品门面中物品完全烧毁，烧损程度最高，其余商铺内物品有部分残留。2至4号柱向西对应的梁之间，楼板下表层抹灰脱落，露出预制板之间的缝隙，表面有明显洁净燃烧痕迹；3号柱向西对应的梁，部分混凝土掉落，露出内部钢筋。其余区域楼板下表面仅有烟熏痕迹；化妆品店区域吊顶石膏板全部掉落，吊顶东西向轻钢龙骨全部掉落，南北向部分残留，自东向西第二根龙骨北端向下弯曲约135 cm（见图5-5）。

图5-5　化妆品店概貌、吊顶

4．2、3号柱之间卷帘门掉落，整体基本保持完整，卷轴北端悬挂在门框上，门框上部的金属框架掉落至地面。3、4号柱之间卷帘门掉落，北下角烧失、呈半“V”形，中部烧失、呈“V”形。4、5号柱之间卷帘门大部分掉落，北部烧失，卷轴北端悬挂在门框上，门框上部的金属框架稍有变形；2号柱表面装饰层未脱落，西、南面有表层过火痕迹，其余部分仅有烟熏痕迹。3号柱西、南两面抹灰层全部脱落。4号柱东面装饰层基本完好，北、南两面装饰层全部过火炭化，西面装饰层和抹灰层已全部掉落，表面被烟熏痕迹覆盖（见图5-6）。

图5-6　3号柱、4号柱

5．化妆品店与大布山服装店之间有一木质隔墙，厚度为2.5 cm，底部有部分残留，其余全部烧毁。隔墙南侧残留物呈南低北高“斜坡状”，炭化程度较隔墙北侧残留物重；大布山服装店西墙表面铺有木质板材，其南段部分烧失，由南向北呈“斜坡状”，中段上部烧失，露出木质龙骨，龙骨上部炭化程度较下部重，整个服装店炭化程度上部较下部重（见图5-7）。

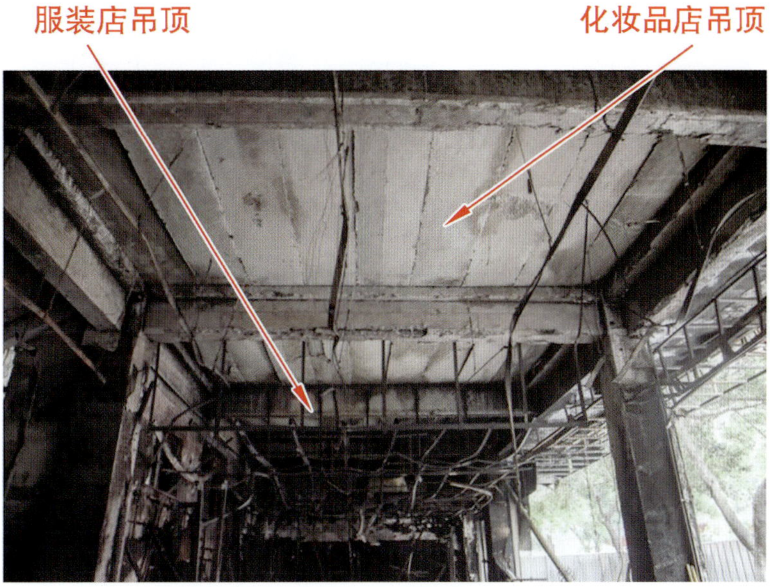

图5-7　化妆品店内吊顶与服装店吊顶对比

根据上述现场勘验呈现的火灾蔓延痕迹，初步判定该起火灾起火部位位于一楼化妆品店东北角。

（三）细项勘验

1．化妆品店区域长1080 cm，宽660 cm，中、西部规则放置五个货架和两把躺椅，货架区域中部上方设置有一吸顶式空调。东北部放置一彩妆台，其西侧放置一圆形小桌（铁架、玻璃桌面）。东南部为化妆品店木质收银台。化妆品店西墙及北墙的中、西段均设置有护肤品背柜，北墙东段设置有彩妆背柜，东墙北段设置有香水玻璃背柜，东墙中段镂空，为出入化妆品店通道，上部有一风幕机，悬挂有塑料门帘，东墙南段设置一广告灯箱。化妆品店南边通向超市区域，中间无阻断（见图5-8）。

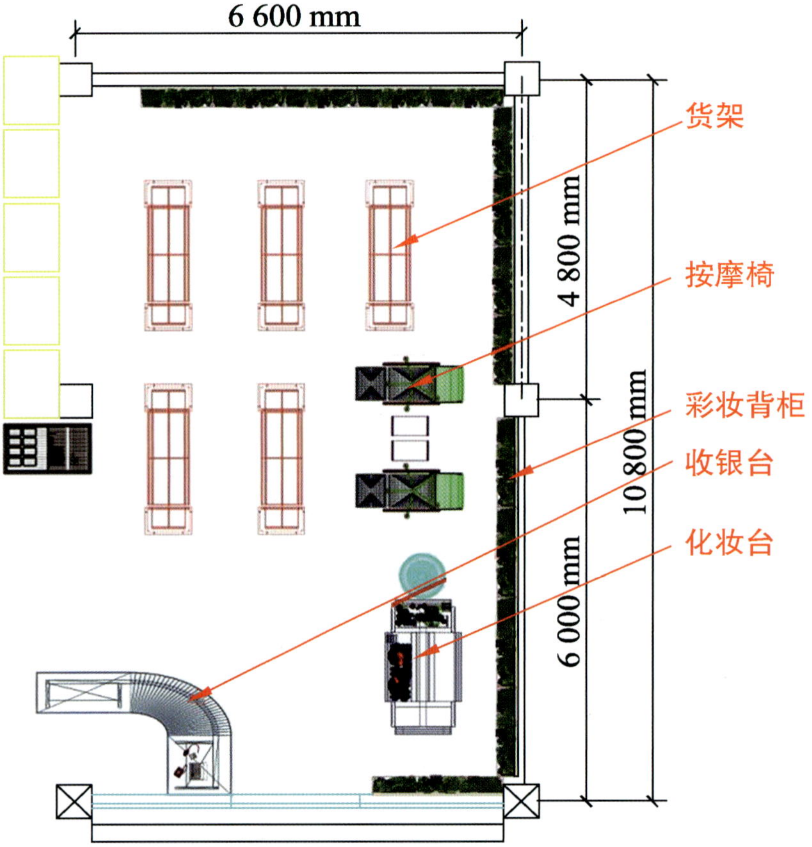

图5-8　化妆品店物品复原图

2．中、西部货架上货物已全部烧毁，东部中间货架北部横向隔板发生变形、向下倾斜，南部横向支架无明显变形，其余货架保持原状；吸顶式空调北部向下掉落，南部仍然固定在吊顶处、呈“悬吊”状态；躺椅上部已全部烧毁，仅剩铁质基座残留；东南部木质收银台烧毁严重，其北外立面木板残留物向北倾倒在地面，贴地面侧压有玻璃碎片；北墙上由东向西彩妆背柜烧毁程度较护肤品背柜重；东墙北段香水玻璃背柜几乎全部烧毁，仅底部有部分残留，烧损程度较北墙彩妆背柜轻；彩妆台被全部烧毁，仅残存底部“工”形钢架。彩妆背柜顶部有两个长方体铁质构件、用螺丝固定连接在一起，西部构件用钢架支撑，东部构件用木质结构支撑。西部构件连同钢架支撑向南倾倒至地面，钢架支撑向南弯曲，东部弯曲程度重于西部，东部构件掉落在地面（见图5-9、图5-10）。

图5-9　化妆品店内货架

图5-10　货架倒塌方向残留物、化妆品店内吊顶

3．彩妆背柜背板与木质隔墙距离为11 cm，隔墙距离北侧大布山男装服装展柜距离为8 cm。彩妆背柜北面有7根宽约6 cm的木质支柱残骸，距离东侧卷帘门的距离分别为107 cm、170 cm、232 cm、295 cm、358 cm、420 cm、482 cm，其对应位置的残骸高度分别为22 cm、12 cm、10 cm、9 cm、11 cm、12 cm、11 cm，整体呈“V”字形状。在化妆品彩妆背柜与木质隔墙残骸之间的缝隙中，发现大量线路残骸（见图5-11）。

图5-11　彩妆背柜木柱残骸、底部线路

综上所述，化妆品店彩妆背柜烧损程度最重，呈向四周蔓延趋势，初步判断该起火灾起火点位于距离东侧卷帘门约125 cm至175 cm的化妆品彩妆背柜处。

（四）专项勘验

对化妆品店区域的电气线路进行勘查复原。化妆品店的电气线路由超市东北角分配箱接出，经吊顶上方，引至4号柱西侧，并在4号柱西面墙角下设有配电盒。百货大楼东北角分配箱因火势，内部空气开关已全部烧毁，无法辨认开关闭合情况。4号柱西面墙角下化妆品店配电盒全部烧毁，无法辨认内部情况。在化妆品店门口，两座石台基座之间有一长约90 cm的灯架残骸，其中部线孔处有长约14 cm的多股铜芯线残留，线上有熔珠痕迹，现场提取该线路残骸。在彩妆柜台与东侧香水橱柜之间地面有一地插，现场提取该地插（见图5-12）。

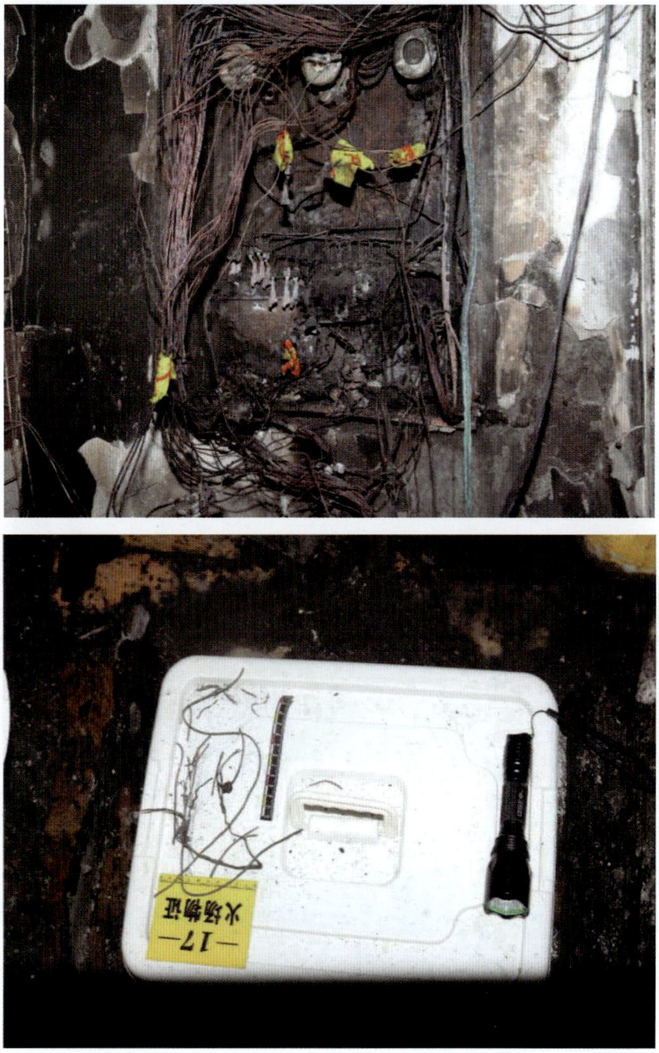

图5-12　配电箱、彩妆背柜处的电气线路

四、监控视频情况

百货大楼街对面（东侧）监控点位视频画面显示，化妆品店卷帘门下方缝隙处最先出现的火光呈点状，时间为2020年6月19日1时35分51秒，并逐渐扩大。应急管理部天津火灾物证鉴定中心对百货大楼街对面（东侧）监控点位视频画面分析，认为视频监控画面中显示百货大楼一层化妆品店的卷帘门下方的缝隙处最先透出火光，随后范围逐渐增大、亮度逐渐增强，第一次出现火光的时间为2020年6月19日1时35分43秒（经校准北京时间，为2020年6月19日1时35分46秒）。之后南部卷帘门下方缝隙也出现火光，然后火光从化妆品店卷帘门上方北部突破。根据光线直线传播原理，只有化妆品店彩妆背柜（位置不能高出彩妆台高度，不能低于彩妆台底部钢架镂空高度）最先起火，发出的光线通过彩妆台和香水背柜形成的夹角透出，在卷帘门处形成条状局部光区，光线经过地板漫反射，通过卷帘门下方缝隙透出，传至街对面摄像头，形成监控画面中的点状光源，表明火势最先出现在化妆品店彩妆背柜上（见图5-13、图5-14）。

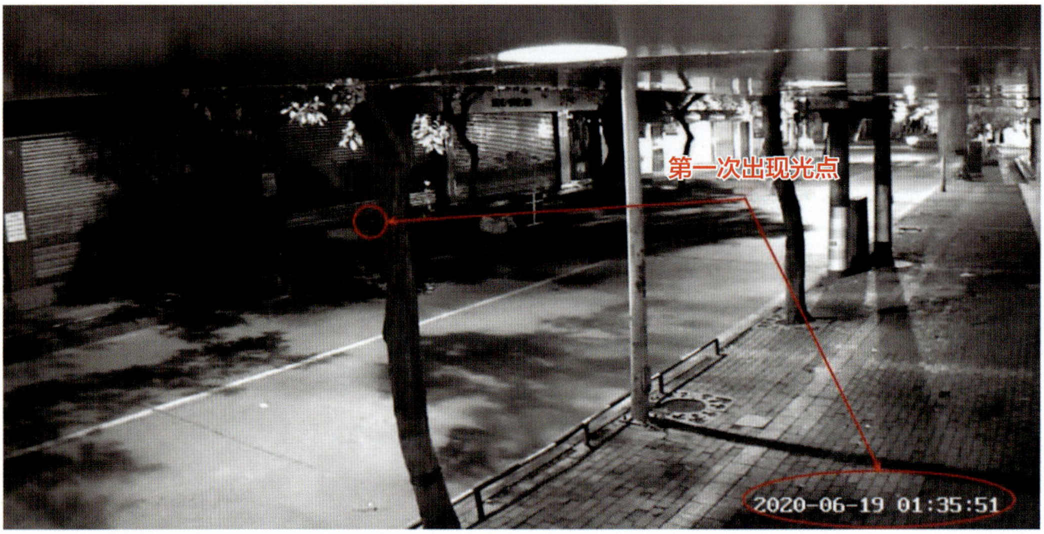

图5-13　监控点位中出现的点状光斑

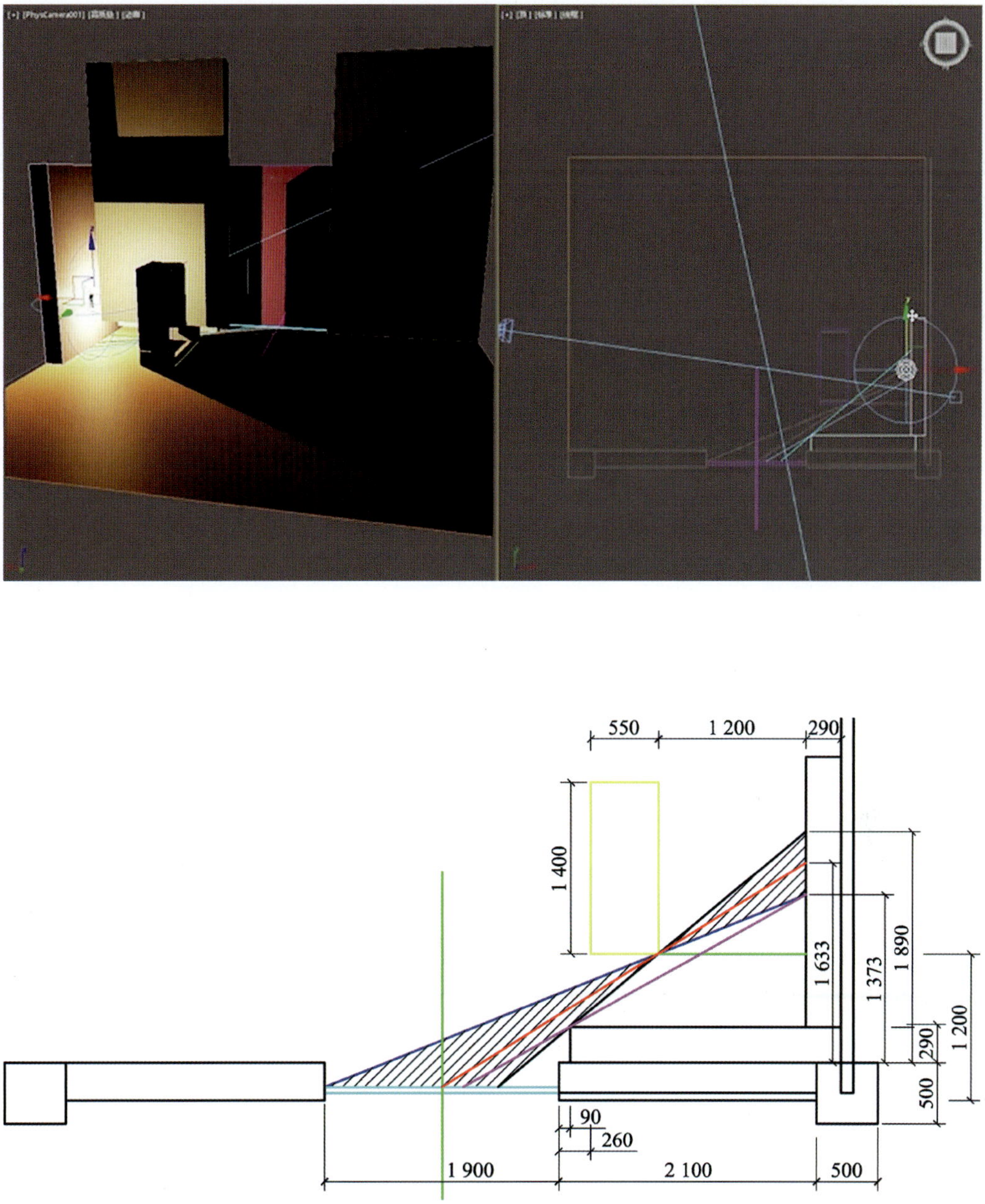

图5-14　光斑平面分析图、立面分析图

五、火灾认定

（一）起火时间

1．报警情况（调取报警通话录音）：谢某拨打“119”报警时间为2020年6月19日2时0分，在报警过程中，谢某反映火势已经很大，不能控制。

2．自动消防设施情况：百货大楼火灾自动报警系统最先报警时间为“2020年6月19日2时12分”（经校准为北京时间2020年6月19日1时52分），报警点位为百货大楼化妆品店区域。

3．监控视频情况：化妆品店的卷帘门下方的缝隙处最先透出火光的时间为2020年6月19日1时35分43秒（经校准为北京时间2020年6月19日1时35分46秒）。

综上，结合火灾发生蔓延规律，认定起火时间为2020年6月19日1时30分许。

（二）起火部位

1．现场勘验情况：（1）大楼一层全部过火，烧损程度较其他楼层重，表明火势最先可能发生在大楼一层；（2）大楼南北外立面无烟熏痕迹，东外立面有明显烟熏痕迹，自北向南第一个和第二个门面上部烟熏痕迹最重，表明火势最先可能发生在大楼一层大布山服装店或化妆品店；（3）一层化妆品店中物品完全烧毁，烧损程度最高，其余商铺内物品有部分残留，烧损程度相对较轻，表明火势最先可能发生在化妆品店；（4）化妆品店北部、大布山服装店南部区域楼板烧损程度较其余区域重，表明火势最先可能发生在大楼一层化妆品店或大布山服装店；（5）化妆品店区域吊顶轻钢龙骨部分掉落，大布山服装店、超市等其他区域吊顶轻钢龙骨保持完整，表明火势最先可能发生在化妆品店；（6）化妆品店卷帘门烧失严重，其上方的卷轴和金属框架变形严重，向南北两侧逐渐减轻，表明火势有从化妆品店向南北两侧蔓延的痕迹；（7）化妆品店、大布山服装店之间木质隔墙炭化程度南部重于北部，表明火势有从化妆品店向大布山服装店蔓延的痕迹。

2．监控视频情况：百货大楼一层化妆品店的卷帘门下方的缝隙处最先透出火光，随后范围逐渐增大、亮度逐渐增强，之后其南部卷帘门下方缝隙也出现火光，然后火光从化妆品店卷帘门上方北部突破。表明火势最先发生在化妆品店区域。

3．自动消防设施情况：百货大楼火灾自动报警系统显示，百货大楼一层化妆品店区域报警点位最先报警，表明火灾最先发生在化妆品店区域。

4. 调查询问情况：4名保安发现火灾时，均看见百货大楼一层化妆品店区域有火光，其余区域没有，表明火灾最先发生在化妆品店区域。

综上认定起火部位为百货大楼一层东北部化妆品店区域。

（三）起火点

1. 现场勘验情况：（1）化妆品店北墙上彩妆背柜中段塑料熔融物凝结在背柜底座上，东西段塑料熔融物凝结在南部地面上，表明火势最先可能发生在彩妆背柜；（2）化妆品店北墙上货柜残留底座由东向西彩妆背柜烧毁程度较护肤品背柜重，火势有从彩妆背柜向护肤品背柜蔓延的痕迹；（3）化妆品店东墙北段香水玻璃背柜底部烧损程度较北墙彩妆背柜轻，火势有从彩妆背柜向香水玻璃背柜蔓延的痕迹；（4）化妆品店中、西部货架上货物全部烧毁，其中东部中间货架北部横向隔板发生变形，向下倾斜，南部横向支架无明显变形，其余货架保持原状，该货架北侧躺椅全部烧毁，火势有从北墙货柜向躺椅、中西部货架蔓延的痕迹；（5）化妆品店中部吸顶式空调北部向下掉落，南部仍然固定在吊顶处，呈“悬吊”状态，火势有从北向南蔓延的痕迹；（6）化妆品店木质收银台烧毁严重，其北外立面木板残留物向北倾倒在地面，贴地面侧压有玻璃碎片，火势有从北向南蔓延的痕迹。

2. 监控视频情况：化妆品店卷帘门下方缝隙处最先出现的火光为点状，根据光线直线传播原理，只有化妆品店彩妆背柜（位置不能高出彩妆台高度，不能低于彩妆台底部钢架镂空高度）最先起火，发出的光线通过彩妆台和香水背柜形成的夹角透出，在卷帘门处形成条状局部光区，光线经过地板漫反射，通过卷帘门下方缝隙透出，传至街对面摄像头，形成监控画面中的点状光源。表明火势最先出现在化妆品店彩妆背柜上。

3. 调查询问情况：3名保安发现化妆品店有火光后进一步查看火情，发现化妆品店与大布山服装店之间的隔墙上靠卷帘门位置在燃烧，火苗已快到吊顶处，其余地方均未起火。据杨某描述，其使用灭火器第一次在彩妆台西南侧2 m左右位置蹲下灭火，当时彩妆台未起火，北墙上的彩妆背柜下部已被火覆盖，上部还未燃烧。表明火势最先出现在化妆品店彩妆背柜中部靠下部位。

综上认定起火点为百货大楼一层东北部化妆品店北墙上彩妆背柜中下部。

（四）起火原因

1．排除放火原因引发火灾。

（1）百货大楼一层东面卷帘门锁闭，人员无法进入。西面为施工工地，用木板分隔，人员难以进入，加之施工工地处有两名保安守夜，照明灯常亮，工地两名保安及大楼一层内部两名保安在火灾发生前均未发现有外来人员进入。经公安机关排查，百货大楼相关人员与他人均无明显矛盾和仇恨。排除外来人员进入百货大楼放火引发火灾的可能。

（2）根据公安机关排查，4名保安与百货大楼老板、经理、员工等相关人员均无矛盾，加之4名保安中范某、杨某、谢某3人长时间在百货大楼工作，有的甚至为百货大楼股东，百货大楼发生火灾均会损害4名保安的切身利益。排除守夜4名保安人员放火的可能。

（3）经过现场勘验和助燃物检测，现场及周边均未发现可疑物品、痕迹。

2．排除雷击引发火灾。

射洪市气象部门证实，火灾当晚，射洪市未出现雷电活动情况；走访询问和视频监控情况均显示，火灾当晚，起火建筑所在区域无雷电活动情况。

3．排除生活用火不慎引发火灾。

（1）商场晚上关门后，4名保安主要活动在超市区域，加之化妆品店区域所卖货品的特殊性，4名男性守夜人员在化妆品店活动的可能性小；化妆品店主要经营女性化妆、护肤、香水等物品，卫生条件相对要求较高，且化妆品店老板与4名守夜人并无直接聘用或者私人关系，在此区域进行生活用火方面活动，容易引发矛盾；根据现场情况，超市西面出口处正在进行施工作业，如果有生活用火方面的活动，选择此区域应是最佳；经走访询问了解，4名人员（两名年龄在60岁以上）均无在晚上进行相关活动的习惯。因此，商场晚上关门后，4名守夜人员在化妆品店区域进行生活用火方面活动可能性极小。

（2）根据现场走访了解，4名守夜人员发现火灾后，3名人员出现不同程度的应急反应：范某来不及穿裤子，忘记带手机；杨某忘记带手机；翁某忘记拿金店保险柜钥匙。这也印证了火灾发生前，4名人员应处于睡眠状态，而非在起火点处进行生活用火方面的活动。

（3）火灾发生前，范某于6月19日0时40分左右起床使用花露水，未发现异常情况；杨某于6月19日1时左右起床上厕所，未发现异常情况；范某（距离起火点最近）6月19日1时58分左右发现火灾时，火势已将化妆品店彩妆背柜中下部引燃，火势较大。如果是生活用火的遗留火种引发火灾，范某等三人起夜时应该发现。同时根据现场勘验，起火部位区域特别是起火点处未发现生活用火的相关物品及痕迹。

（4）经过公安机关刑侦部门对4名守夜人员进行加强询问，四人所反映的情况基本能够相互印证，与监控视频画面所反映的情况也基本吻合。

4．电气线路故障引燃周边可燃物蔓延成灾的起火原因认定。

（1）现场电气线路专项勘验显示，商场南面有一配电室，从配电室引出三组电到化妆品店西南角立柱上的配电箱，一组为三相电，标记为A相、B相、C相，化妆品店的线路从C相分出，共有3组，一组从化妆品店西南角进入，一组从化妆品店南面中间立柱处进入，一组沿着化妆品店南面、东面吊顶处敷设进入。

（2）调查询问显示，6月18日13时30分左右，化妆品店服务员薛某到配电箱处关掉两个空开，致使化妆品店照明电灯熄灭，一直到21时30分左右商场关门，化妆品店照明灯未再亮起（上述情况与监控视频画面显示一致）；商场关门后，杨某负责关闭商场内的电源，6月18日晚，杨某见化妆品店照明未亮，认为化妆品店区域的电处于关闭状态，就未再确认是否关闭，只是将超市等其他区域的照明、空调等电源进行了关闭，表明化妆品店区域至少还有一组电未关闭。

（3）现场勘验显示，化妆品店起火点处附近有一地插，提取后送往应急管理部四川火灾物证鉴定中心鉴定，结果显示该地插内部有电弧痕迹，表明火灾发生前，起火点周边有电气线路处于通电状态。

（4）走访询问显示，6月16日，射洪市出现大暴雨，导致百货大楼漏水，其中化妆品区域漏水严重，雨水主要从化妆品店西边吊顶处沿墙面下渗，地板被水浸泡，6月16日、17日化妆品区域断电停止营业。6月18日早上，电工恢复了化妆品区域用电，其门口的广告灯箱在9时23分出现了“自行亮起”的现象。

（5）现场勘验显示，化妆品店起火点位置发现多个核桃、花生壳的残留物，根据其外观特点可以判断为经过老鼠啃咬；化妆品店起火点位置电线较多，很多接头处采用剥开绝缘皮“绞接”的方式进行连接。上述情况将导致起火点处的铜导线裸露在外。

（6）在化妆品店起火点位置，发现数量较多、体积较小的铜导线熔珠，这与电气线路出现故障产生大量喷溅熔珠的特征相符。但因起火点处存放大量化妆品，热值很高，发生火灾后，熔珠在火焰高温环境下被严重破坏，已不能鉴别其最初的金相特征。

（7）化妆品店起火点处的彩妆背柜为木质结构，背柜中放有大量的化妆品（含包装）以及化妆用的材料等易可燃物，该处电气线路出现故障后足以引燃这些易可燃物，导致火灾发生。这与监控画面和人证反映的情况相吻合。

根据上述证据，综合分析认定起火原因为起火点处电气线路故障引燃周边可燃物蔓延成灾。

六、灾害成因分析

1．擅自改变建筑结构。1998年国企改制前，四川省射洪县百货公司未经相关部门审批，擅自在大楼天井上方加盖彩钢棚，将天井变为中庭，扩大防火分区。同时，未按照防火分隔要求进行分隔，扩大了火灾的蔓延燃烧范围，加大了火灾损失。

2．电气线路敷设不规范。2002年，百货大楼进行了第一次电气线路改造，在至2020年的18年间对局部的电气线路进行多次多处改造时，采用剥开绝缘皮“绞接”的方式进行连接，增大火灾危险性。

3．自动消防设施未处于自动状态。火灾发生时，火灾自动报警系统于2020年6月19日1时52分报警，因消防设施维保单位违规将火灾自动报警系统控制主机设置为手动状态，造成火灾发生时声光警报器未动作，延误了火灾报警时间。

4．智慧消防系统未发挥相应作用。百货大楼安装了智慧消防远程监控系统，且纳入了消防设施维保单位的服务内容。但火灾发生时，智慧消防远程监控平台虽接收到火灾信息，但平台未向有关人员发送火灾信息或拨打电话，延误了火灾报警时间。

七、火灾调查体会

1．多维运用证据。运用光的折射、反射原理，对起火点和起火时间的确定帮助很大；运用对现场录音的分析，在监控盲区对发生火灾时当事人的状态确定帮助很大。

2．部门联动取证。将应急管理部门的统筹协调优势、公安部门的技术侦查优势、消防部门的火场勘查优势有机结合起来，实时互通信息、共享资源，实现“整体大于部门之和”的效果。

3．专家指导调查。鉴于电气火灾调查的复杂性，调查中邀请了应急管理部四川火灾物证鉴定中心的专家到现场予以指导，迅速理清了调查思路，避免走弯道。

6. 泸州市江阳区泸州富康医院有限公司“7·19”火灾

一、火灾基本情况

- **起火单位：** 泸州富康医院有限公司。
- **起火地址：** 泸州市江阳区白招牌51号附1号。
- **报警时间：** 2020年7月19日23时31分。
- **火灾损失：** 此次火灾造成1人死亡，1人重伤，1人轻伤。过火面积约10 m^2，直接经济损失约48万元。
- **调查组织：** 火灾发生后，泸州市消防救援支队立即派出火调骨干力量会同江阳区消防救援大队、江阳区公安分局相关人员组成事故调查组，赶赴现场，开展火灾事故调查工作。

二、走访询问情况

调查询问组先后走访询问相关知情人20人（次），制作询问笔录15份，得到以下信息：

1. 报警人刘某：火灾发生当晚，刘某发现富康医院停电，在3楼楼道里面闻到了烟味，此时她碰到一个护士也说闻到了烟味。两人走下楼去查看，在楼梯间里看到很大的烟雾。随后，发现1楼15号病房里面火势很猛、烧得噼啪响，一名护工（罗某明）正在用水桶进行灭火，但是效果不佳。见此情况，她拨打了119报警电话（报警时间为2020年7月19日23时31分），然后跑上3楼去看她母亲和女儿有无异常情况，而后返回1楼，发现火已经被扑灭；23时35分，她接到消防队电话，告诉消防员火已经灭了，可以不用过来。

2．发现火灾、熟知现场情况人员詹某书：

（1）2020年7月19日21时左右，詹某书回到医院，在4楼和护工及病人聊天后（时间大约十分钟），到1楼打扫卫生（主要是打扫走道和卫生间），然后给14号病房陈某明（音）和另一个病人（记不清名字）换尿不湿，随后打扫15号病房卫生，离开时（2020年7月19日21时30分左右）将点燃的蚊香放置在叶某容病床西侧地面上，然后上楼洗澡。二十多分钟后，她下楼到病房检查再返回楼上。

（2）2020年7月19日23时左右，詹某书在2楼发现有烟，然后跑下楼发现1楼15号病房冒着黑色浓烟，在病房门口看见室内充满了烟，没有明火。进入病房后，她看见叶某容坐在床中间，床尾边上吊着的棉絮上还有火星。

3．发现火灾并参与火灾扑救人员罗某明：

（1）2020年7月19日22时9分左右，罗某明上完厕所后准备洗澡，但是看到洗漱间有人就排队等候。22时30分左右，他回到房间休息，期间看到护工詹某书在15号病房（此时15号病房内灯光未熄灭）、叶某容在上厕所，没有发现异常。23时15分左右，他闻到“胶臭”味，发现1楼楼道充满了黑色浓烟，并看见烟从15号病房飘出。他推开15号病房门发现病房内有浓烟伴有火苗，随后拿了灭火器准备灭火，但怕喷到老年人脸上，于是去15号病房窗户外面洗衣池处拿水管对着15号病房内冲水。此时护工罗某琼赶来帮忙灭火，大约过了8分钟，明火被扑灭。南城派出所民警赶到后，继续对15号病房冒烟处冲水，大约5分钟后，他们把病房里面的老人疏散到1楼楼道椅子上和2楼病房内。

（2）罗某明发现火灾时，1楼楼道灯还未熄灭，看见15号病房进门斜对面偏左的床上有火光，叶某容坐在床上靠在靠近窗户的墙上，脚一直在蹬火，看不清是床单还是被子起火，只能看清是火。

（3）罗某明灭完火以后，于2020年7月19日23时40分、23时44分、23时45分先后给门卫室、120急救中心（连续两次）打过电话。

三、现场勘验情况

调查组对现场进行勘验，提取现场痕迹物品4件，拍摄现场照片43张，制作现场图4份。

（一）环境勘验

1．起火建筑位于泸州市江阳区白招牌51号附1号，坐西朝东，东侧为白招牌59号1号楼，南侧为白云苑小区，西侧为白招牌7号楼，北侧为富康医院通道。建筑地上5层（第5层属于违章搭建），砖混结构，高度约15 m，面积约1550 m^2（见图6-1、图6-2）。

图6-1　富康医院门头

图6-2　起火建筑方位图

2．起火建筑四周未见可疑生产生活用火痕迹和攀爬损坏痕迹，建筑外立面未见烟熏和过火痕迹（见图6-3）。

图6-3　起火建筑外立面

（二）初步勘验

1．起火建筑1～4楼为病房区，共有35间病房、103个床位，其中1楼有9间病房、25个床位；2楼有8间病房、24个床位，另有1间中医康复治疗室、1间母婴室、1间财务室；3楼有8间病房、24个床位，另有1间药房、1间医护人员值班室；4楼有10间病房，30个床位；5楼有1间办公室、档案室和晾衣场。2、3、4、5楼均无过火和烟熏痕迹，1楼走道内仅15号病房房门外的上部墙面有轻微烟熏痕迹（见图6-4）。

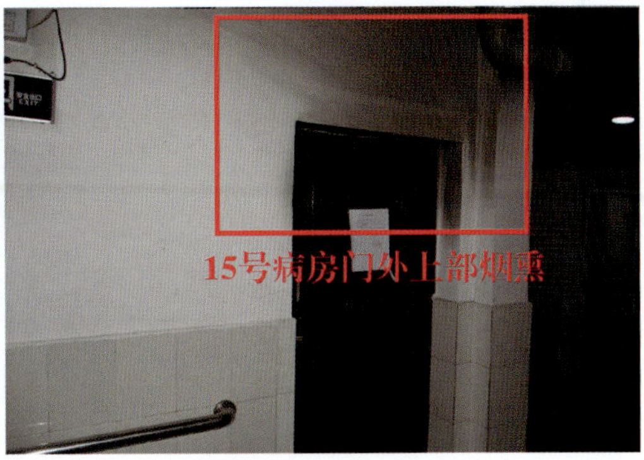

图6-4　起火建筑1楼走道及15号病房外烟熏情况

2．对1楼15号病房进行初步勘验。15号病房长3.7 m、宽5 m、高2.85 m，房门为钢质门，门宽0.92 m、高2 m。病房内有3张病床，病床长2 m、宽0.95 m、高0.55 m，靠南墙的是牟某珍床位，床头向东，床尾向西；靠东墙的是叶某容床位，床头向北，床尾向南；靠西墙的是沈某秀床位，床头向北，床尾向南。沈某秀病床床尾距离牟某珍病床床尾0.72 m；牟某珍病床床尾距离门口1.6 m，床头距离叶某容病床床尾0.75 m。病房内墙面及顶部整体烟熏痕迹较重，其中东墙墙面烟熏痕迹较其他墙面严重；叶某容病床严重烧损，仅残留有病床钢质骨架、木质床板及部分棕垫，其过火程度重于其他两张病床（见图6-5、图6-6）。

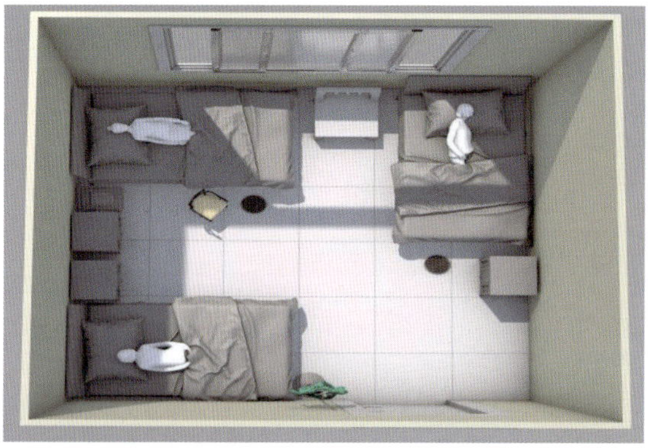

图6-5　15号病房平面图

图6-6　15号病房内烧损情况

（三）细项勘验

1．对15号病房叶某容病床及其附近区域进行细项勘验：

（1）叶某容与沈某秀病床之间，由西向东放置有木质坐便椅、塑料床头柜1和塑料床头柜2，其烟熏碳化程度东重西轻。床头柜1东南两面均有熔融变形痕迹，且南部变形严重，抽屉门部分烧损缺失。床头柜2保持完好，无过火痕迹；坐便椅下方有1塑料便盆，便盆东南部烧毁缺失，西北部保留完好（见图6-7）。

图6-7　叶某容与沈某秀病床之间区域烧损情况

（2）叶某容与牟某珍病床之间有一木质独凳，独凳表面过火严重，西北部炭化程度较深，西南部保持木材原样（见图6-8）。

图6-8　叶某容与牟某珍病床之间区域烧损情况

2．对叶某容病床床架进行细项勘验：

（1）病床东部床脚过火变色程度重于西部；床脚南侧发现一塑料盆及3瓶玻璃水，塑料盆上部过火熔融变形，玻璃水塑料瓶表面过火熔化，向北倾倒（见图6-9）。

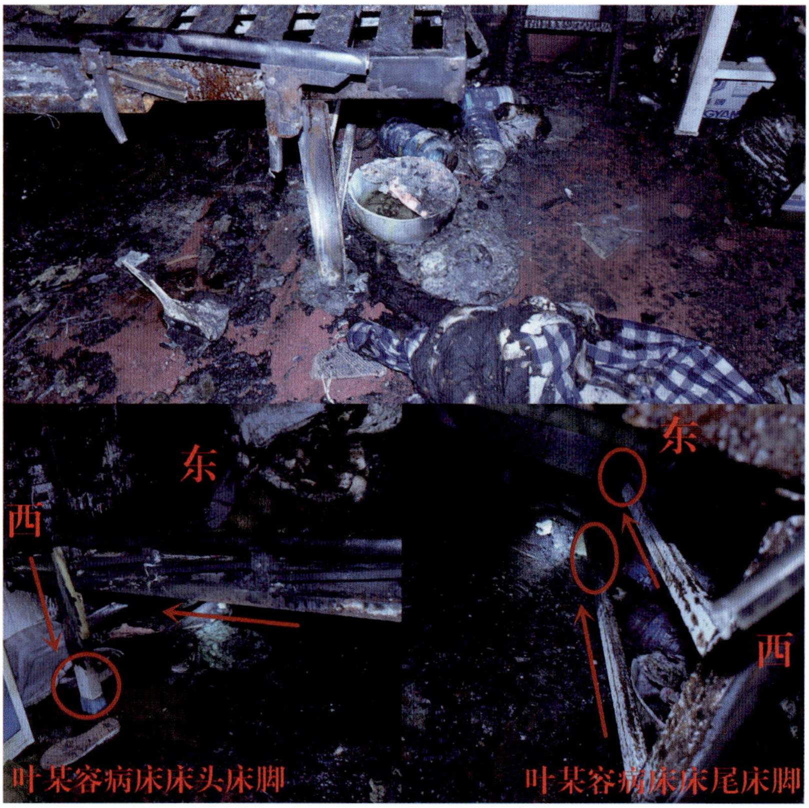

图6-9　叶某容病床床脚处烧损情况

（2）病床由下至上依次为钢质床架、棕垫、塑料防水薄膜、棉絮、床上用品；钢制床架烟熏痕迹严重；棕垫朝向地面一面有严重的烟熏痕迹，靠近床尾处有部分过火痕迹；棕垫上层塑料防水薄膜有部分烧损缺失；防水薄膜上方的棉絮及床上用品靠近床尾部分过火较为严重（见图6-10）。

（3）床架西部由西向东第1根竖梁表面过火严重，且靠近床尾部分氧化变色严重，竖梁上安装一铝制可伸缩扶手，扶手通过铝制伸缩杆与竖梁连接，由北向南第5根铝制伸缩杆部分烧损缺失，与烧损缺失部位对应的上方铝制扶手有轻微熔化变形，扶手其余部位保持完好。与铝制栏杆烧损缺失部位对应的下方钢制竖梁氧化变色最为严重，该处下方地面瓷砖炸裂，房间其余地面瓷砖未见炸裂。炸裂区域距北墙1.9 m、距西墙2.3 m、距东墙0.7 m、距南墙1.7 m（见图6-11）。

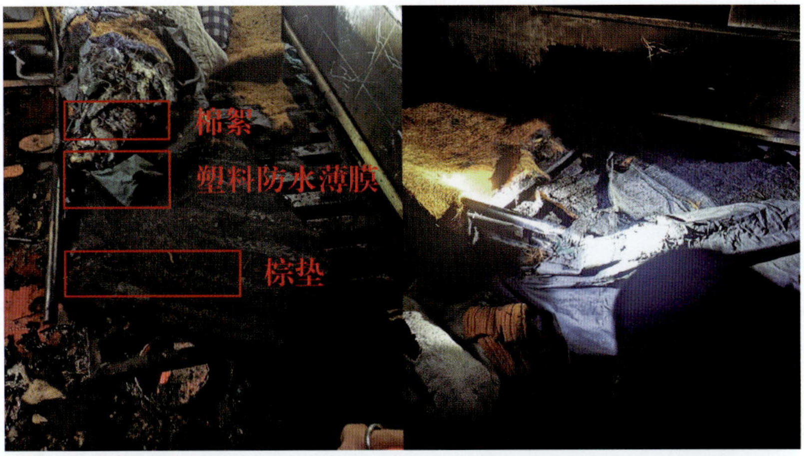

图6-10　叶某容病床上物品烧损情况

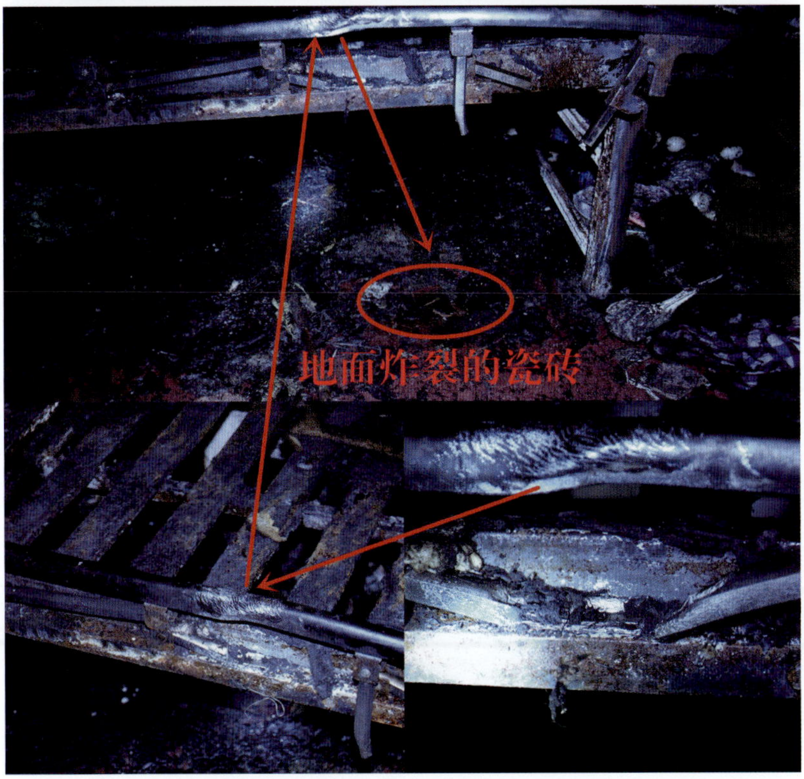

图6-11　叶某容病床西部铝制扶手烧损及地面瓷砖炸裂情况

（四）专项勘验

1．对叶某容病床下方地面瓷砖炸裂区域进行专项勘验：

（1）在叶某容床尾西侧0.5 m处发现并提取一铁质蚊香盘，编为1号物证（见图6-12）。

图6-12　叶某容病床西侧地面处的蚊香盘

（2）在叶某容病床床尾地面瓷砖炸裂区域内发现并提取2段未燃烧完全的蚊香，编为2号物证，在炸裂处瓷砖表面发现蚊香高温灼烧痕迹（见图6-13）。

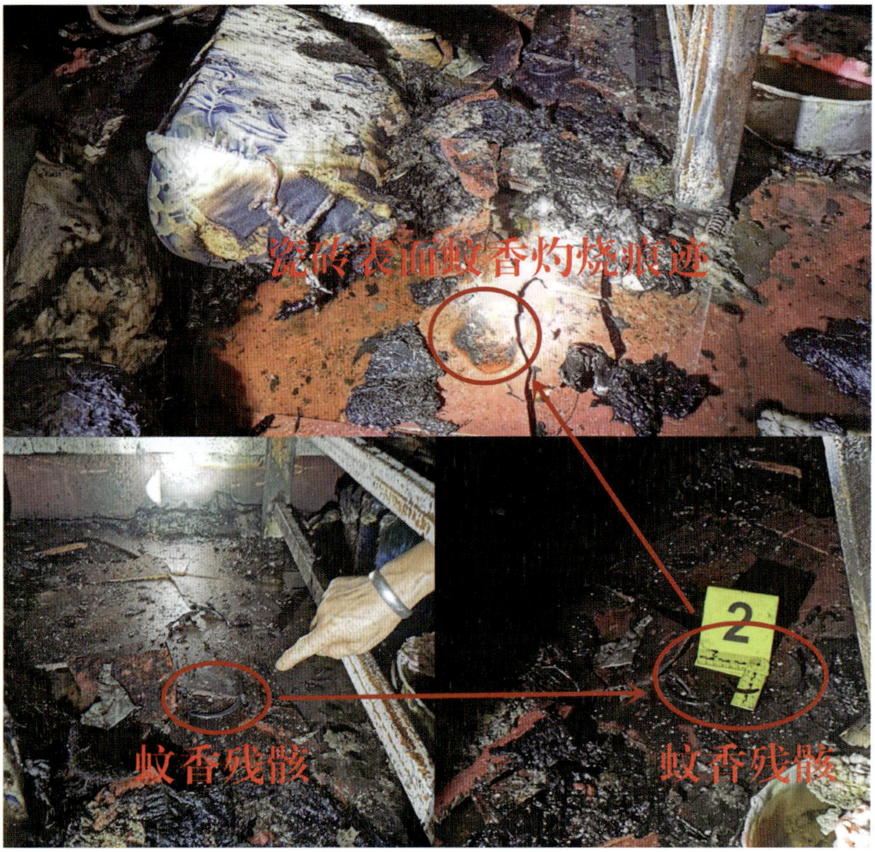

图6-13　叶某容病床地面蚊香残骸及瓷砖表面灼烧痕迹

2．扩大专项勘验范围，在牟某珍病床床尾地面发现2盒蚊香，其中1盒已使用大部分，另外1盒未开启；床尾地面塑料储物柜上发现2盒未开启使用的檀香（见图6-14）。

图6-14　牟某珍床尾地面处未使用的蚊香

（五）现场实验

1．实验目的。

验证蚊香能否引燃医用棉被。

2．实验时间、环境和地点。

2020年7月27日15时30分，在泸州富康医院有限公司1楼14号病房，该病房窗户处于半开状态，门未完全关闭，开启室内吊扇（根据询问笔录，火灾发生当晚，15号病房门窗及吊扇开启情况与上述内容一致）。

3．实验使用物品。

2盘新“正点”牌蚊香、1个蚊香盘、1个打火机、1床富康医院病人使用的医用棉被、1把吊扇、1盆水。

4．实验人员。

泸州市江阳区消防救援大队相关调查人员。

5．见证人员。

泸州富康医院有限公司负责人。

6．实验过程。

过程一：正点蚊香与医用棉被（被套内不含棉花）接触。

（1）开启室内吊扇（注：吊扇开启挡位与詹某书笔录描述一致）。

（2）窗户半开启（与询问笔录描述一致）。

（3）病房门虚掩（与询问笔录描述一致）。

（4）用打火机点燃蚊香，放置在蚊香盘内，将蚊香盘放置在病床旁边地面处，与现场勘验和询问结果相近的位置。

（5）2020年7月27日16时12分（执法记录仪时间比北京时间快26分钟，下同），把医用棉被一角放在蚊香上（内部无棉絮）。

（6）2020年7月27日16时22分，医用棉被表面有一直径约3 cm的烧洞，烧洞四周火星熄灭，棉被被套未持续燃烧。

过程二：正点蚊香与医用棉被（内含棉花）接触。

（1）开启室内吊扇（注：吊扇开启档位与詹某书笔录描述一致）。

（2）窗户半开启（与询问笔录描述相似）。

（3）病房门虚掩（与询问笔录描述相似）。

（4）用打火机点燃蚊香，放置在蚊香盘内，将蚊香盘放置在病床旁边地面处，与现场勘验和询问结果相近的位置。

（5）2020年7月27日16时24分，把医用棉被（内含棉花）放置在蚊香上（完全覆盖住蚊香）。

（6）2020年7月27日16时38分，冒出少量黑烟，医用棉被表面出现一直径约3 cm的烧蚀洞。

（7）2020年7月27日16时41分，医院棉被表面冒出少量火星。

（8）2020年7月27日16时50分，医用棉被冒出大量火星并产生大量黑烟。

（9）2020年7月27日16时54分，医院棉被完全引燃，出现火苗。

7．实验结果：

被点燃的正点牌蚊香与医用棉被（内含棉花）接触，能够将其引燃（见图6-15、图6-16）。

图6-15　实验过程一执法记录仪视频截屏

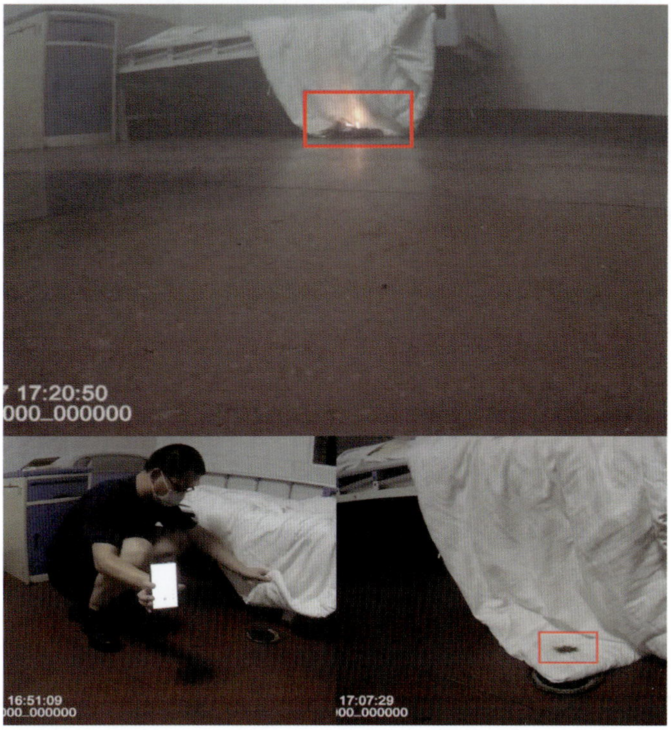

图6-16　实验过程二执法记录仪视频截屏

四、火灾认定

（一）起火时间

1．报警记录显示：2020年7月19日23时31分接到报警。

2．罗某明反映，2020年7月19日23时15分左右，他闻到“胶臭”味，发现1楼楼道充满了黑色浓烟。

3. 詹某书反映，2020年7月19日23时左右，她在2楼发现有烟，下楼查看发现1楼15号病房冒着黑色浓烟。

4. 根据现场实验，含有棉花的医用棉被与被点燃的正点牌蚊香接触并完全覆盖住蚊香，经过30分钟医用棉被被引燃，且发生持续燃烧。

根据上述证据，结合火灾发展规律，综合分析认定起火时间为2020年7月19日23时许。

（二）起火部位

1. 最先发现起火的罗某明、詹某书等人证实，1楼15号病房内最先起火，并且看见叶某容病床上有火光。

2. 现场勘验显示，起火建筑内仅有1楼15号病房内过火，其余地方均未过火；15号病房内，叶某容病床烧损最为严重，火势从叶某容病床向四周蔓延痕迹明显。

根据上述证据，综合分析认定起火部位位于泸州富康医院有限公司1楼15号病房叶某容病床处。

（三）起火点

现场勘验显示，叶某容病床东部床脚过火变色程度重于西部；床尾部分烧损程度较床头重；病床下部炭化程度重于上部，床尾地面处地板炸裂，炸裂区域距北墙1.9 m、距西墙2.3 m、距东墙0.7 m、距南墙1.7 m。

根据上述证据，综合分析认定起火点位于叶某容病床地面距北墙1.9 m、距西墙2.3 m、距东墙0.7 m、距南墙1.7 m区域。

（四）起火原因

1. 排除放火。

调查显示，15号病房内3名老人，2人全身瘫痪、无行为能力，1人半身瘫痪、行为能力较弱。泸州市江阳区公安分局根据走访排查、现场调查和尸体检验情况，排除人为放火引发火灾的可能。

2. 排除雷击引发火灾。

泸州市江阳区气象局出具的7月8日—7月9日气象资料显示，火灾发生当天该地区无雷电天气。走访询问显示，火灾发生前医院所在区域无雷电现象。

3．排除电气线路故障引发火灾。

现场勘验显示，15号病房内的电气线路均未在起火点处，且未发现相关故障痕迹。

4．排除吸烟引发火灾。

走访询问证实，15号病房内3名患者均不吸烟。

5．蚊香引燃棉被继而引燃周围可燃物蔓延成灾的起火原因认定。

（1）现场勘验显示，在起火点处发现2段未完全燃烧的蚊香残骸，同时在牟某珍病床床尾地面发现2盒未使用的蚊香；起火点处炸裂瓷砖表面有蚊香的高温灼烧痕迹；2段蚊香残骸附近发现绿色、红色塑料燃烧熔融物及棉絮残骸；15号病房内部尤其是起火部位烟熏痕迹浓重，且呈现出以起火点为中心的炭化区，阴燃特征明显。

（2）走访询问证实，2020年7月8日21时30分左右，护工詹某书在15号病房内点了蚊香，放置在房间叶某容病床西侧地面后离开；叶某容能独立起床在床边的坐便椅上解手，叶某容平时好动，曾出现过将被子踢落至床边的现象。

（3）现场实验表明，被点燃的正点牌蚊香与医用棉被（内含棉花）接触，能够将其引燃。

根据上述证据，综合分析认定起火原因为泸州富康医院有限公司工作人员在1楼15号病房内使用蚊香进行驱蚊，蚊香引燃掉落至床尾的棉被继而引燃周围可燃物蔓延成灾。

五、灾害成因分析

1．护工詹某书消防安全意识薄弱，暴露出泸州富康医院有限公司在消防管理中主体责任不落实，未建立管理体系，未确定消防安全责任人和消防安全管理人，未对新上岗员工进行消防安全培训。

2．虽然护工詹某书使用蚊香时将蚊香放置在叶某容病床西侧0.5 m处的地方，但未考虑到病人叶某容生性好动，也未意识到棉被及其他可燃物掉落到被点燃的蚊香上能被引燃的后果。同时，火灾前护工詹某书打开了吊扇，加速了房间内部的空气流通，加剧了蚊香引燃棉被的速度。上述问题暴露出泸州富康医院有限公司对明火的使用失控、管理不到位，用火用电行为不规范，防火检查巡查流于形式。

3．泸州富康医院有限公司未按照养老院的设置要求，严格控制床位数量。同时，对于无自理能力的老人，医院未严格落实护理人员陪睡的要求；致使在火灾发生后，病房内丧失语言能力的瘫痪老人不能在第一时间呼救和逃生。

4．罗某明距离15号病房仅几米，却未能第一时间发现起火并报警，且从发现起火至火灾被扑灭的整个过程中，医院工作人员始终没有疏散转移病房内的人员，也没有报警，而是在火被扑灭后才将病人转移出来，致使15号病房内的病人伤势进一步加重。同时，整个火灾扑救过程仅有罗某明和另一护工前来灭火，医院其他人员未参与灭火，延误了灭火和救人的最佳时机。上述问题暴露出泸州富康医院有限公司消防安全“四个能力”建设严重滞后，灭火演练和培训教育没有针对性。

5．该医院修建年代久远，建筑防火性能较低，加之病房内堆放了大量可燃物，为火灾的发生发展创造了有利条件。上述问题暴露出行业主管部门未按照《泸州市消防安全责任制实施办法》履行管行业必须管安全的要求，在日常监督检查中不深不细，未发现该医院存在的安全隐患，且未向行业主管部门通报共享情况。

六、火灾调查体会

1．要敢于面对各方压力。此起火灾虽然过火面积小，却造成了1人死亡、2人受伤的严重后果，而且发生在医养结合的人员密集场所，是典型的“小火亡人”事故，引发的社会关注度较高。调查初期，政府领导多次催促要求马上拿出起火原因，但是消防救援机构本着严谨细致、客观公正的态度，反复对现场进行勘验、对相关当事人开展调查询问，最终准确地认定了这起火灾，也为后期事故追责、民事赔偿奠定了基础，从而圆满化解了社会矛盾。

2．不轻易相信“片面之词”。这起火灾起火部位（点）十分明确，同时在调查初期，医院方面有关人员就已经承认是蚊香引起的火灾，但是调查人员并没有就此止步，而是对现场进行了深入细致的勘验，最终将起火点缩小到一个较为精准的范围。同时火调人员在起火点处地面瓷砖表面找到蚊香灼烧痕迹、蚊香及蚊香盘残骸等强有力的物证，将物证与人证充分结合，形成了完整的证据链，这都充分展现了火调人员耐心细致的工作作风。

3．要善于运用实验手段。在火灾原因认定环节，由于没有监控视频等最为直接有力的证据，为了进一步验证相关推理和分析，火调人员采取了现场实验的手段，以事实说话，通过实验证明蚊香确实能将棉被引燃，极大增强了火调人员的信心。

九小场所

7. 乐山市市中区九妹凤爪店“10·2”火灾

一、火灾基本情况

- **起火单位：** 乐山市市中区九妹凤爪店。
- **起火地址：** 乐山市市中区府街62号。
- **报警时间：** 2017年10月2日1时18分。
- **火灾损失：** 过火面积830 m^2，直接经济损失27万余元。
- **调查组织：** 火灾发生后，原乐山市公安消防支队立即组织支队、大队有关人员成立调查组，按照调查询问、现场勘验、损失统计、综合协调的任务分工开展调查工作，原四川省公安消防总队派出火灾调查技术骨干迅速赶赴现场指导调查。

二、走访询问情况

火灾扑灭后，调查组迅速对相关知情人进行调查走访、组织现场指认，共制作询问笔录26份。

1．第一目击者黄某反映，当晚正在睡觉，突然听到有像放炮的声音，醒来后看到斜对面乐山市市中区九妹凤爪店（以下简称九妹凤爪店）卷帘门处有烟和火光冒出。

2．第一时间扑救火灾的保安张某反映，发现火灾时九妹凤爪店卷帘门处燃烧猛烈，该卷帘门已经塌落，一层店铺及二层阁楼处均有明火；西侧潮流服装店卷帘门处已经燃烧，九妹凤爪店火势更大。

3．保安员组长杨某反映，火灾发生当晚保安张某一直在附近巡逻，火灾发生前后九妹凤爪店后门无人员进出。

4．九妹凤爪店管理人高某某反映，该店主要经营小吃，店内有冰柜、展示柜、拌面机、真空机等多个用电设备，冰柜内存有生鲜食材，需24小时运行，所以闭店后店内并不断电。10月1日22时10分左右闭店，离开时店内用电正常，离开前关闭了店内的电灯和天然气总开关。

三、现场勘验情况

（一）环境勘验

1．起火建筑位于乐山市市中区府街62号，坐北朝南，主体地上2层、局部设阁楼，砖木结构。起火建筑东侧为沃尔玛停车场入口，南接府街，西侧为乐山市中心城区嘉欣服装店（府街52号），北侧为县街小学府街校区（见图7-1）。

图7-1　起火现场无人机航拍图

2．起火建筑门牌号依次为乐山市市中区府街50、54、56、58、60、62、64号、府署巷4、6号。其中府街50号为王某某私房，54、56号为乐山市中心城区情缘内衣府街店（以下简称情缘内衣店），58号为爱宝日用杂货店，60号为时尚潮流服装店，62号为九妹凤爪店，64号为李某某首饰店，府署巷4号为九妹凤爪店东厨房，6号为郑某某私房（见图7-2）。

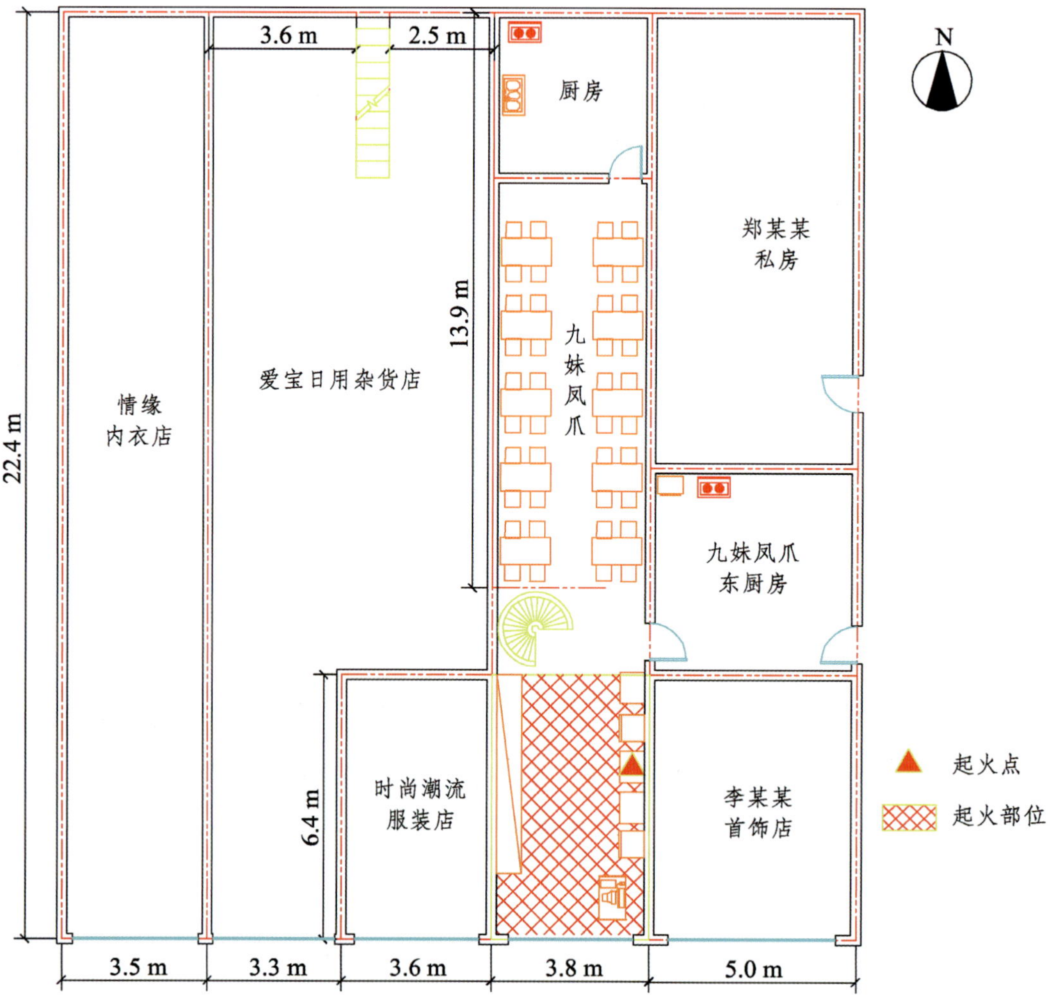

图7-2　起火现场各店铺分布情况

3．为方便勘验描述将现场划分为11个区域：1号区域为九妹凤爪店南部（九妹凤爪店钢架结构区域以南部分），2号为九妹凤爪店钢架结构区域，3号为九妹凤爪店北部（九妹凤爪店钢架结构区域以北部分），4号为九妹凤爪店东厨房，5号为李某某首饰店，6号为时尚潮流服装店，7号为爱宝日用杂货店东北部，8号为爱宝日用杂货店西北部，9号为爱宝日用杂货店南部，10号为情缘内衣店，11号为郑某某私房（见图7-3）。

图7-3　起火现场各区域编号及位置情况

4．1号区域屋顶完全垮塌，仅剩一根木质横梁；2号区域顶部钢结构变形严重；3号区域南部屋顶彩钢板完全烧毁塌落，北部大部分烧毁塌落，彩钢板自南向北变色变形逐渐减轻；4号区域西部屋顶完全垮塌，东部屋顶部分垮塌；5号区域屋顶基本完好，西南角屋顶垮塌；6号区域屋顶基本完全垮塌，有少数木质横梁残留；7号区域北部屋顶彩钢板表面有过火痕迹、未垮塌；7号区域东南角与1号、2号、6号区域上部阁楼交接处横梁垮塌严重；8号区域北部屋顶未完全垮塌；9号、10号区域屋顶基本垮塌，木质横梁残留较为完整；11号区域西南角屋顶部分垮塌。

（二）初步勘验

1．对4号区域进行勘验。该区域西墙南部烟熏痕迹重于北部。西墙上开设有一通向2号区域的门洞，门洞上方烟熏痕迹重，靠近门洞的物品有明显过火痕迹，北侧远离门洞的物品仅有轻微烟熏痕迹。门洞门框上部有明显炭化痕迹，自西向东炭化程度逐渐减轻；门框北部烟熏和炭化痕迹严重、表面瓷砖脱落，门框南部烟熏痕迹较轻、表面瓷砖未脱落（见图7-4）。

2．对5号区域进行勘验。该区域南墙外立面西部上方烧损严重，从一层西部斜向上至二层东部顶端有燃烧痕迹，过火区域呈倒三角形状。二层顶部塑料顶棚完全烧毁，一层东部无燃烧痕迹（见图7-5）。

图7-4　4号区域燃烧情况

图7-5　5号区域燃烧情况

3．对1、6、9、10号区域正对府街一面进行勘验。1号区域卷帘门上方的卷轴掉落至地面，变形最为严重，其余店面卷帘门上方的卷轴未掉落，其中6号区域卷轴变形较重，10号区域卷轴轻微变形，9号区域卷轴基本完好、未变形（见图7-6）。

图7-6　1、6、9、10号区域正对府街一面各店铺卷帘门上方卷轴变形情况

4．对1号区域进行勘验。该区域内部物品全部被烧毁，墙皮脱落程度严重，部分墙面出现开裂现象（见图7-7）。

图7-7　1号区域烧损情况

5．对2号区域进行勘验。该区域内部物品全部烧毁，顶部钢架结构变形严重，部分钢管呈扭曲状。

6．对3号区域进行勘验。该区域内部部分物品烧毁，墙面墙皮脱落程度重，墙面残留有烧毁的木质构架。

7．对6号区域进行勘验。该区域内部大部分物品被烧毁，堆积残留物底部有部分保持完好的衣物，未见过火痕迹，墙面墙皮脱落程度严重。6号和7号区域中间隔墙上安装有一扇门，门正对7号区域一面全部过火、炭化程度较重，门的上部烟熏及炭化程度较重、下部烟熏痕迹较重；该门正对6号区域一面上部轻微炭化，门扇中部有部分区域无明显烟熏痕迹（见图7-8）。

图7-8　6号区域（上）
7号区域（下）门的烧损对比情况

8．对7号区域进行勘验。该区域内部物品烧毁严重，货架全部坍塌。该区域南墙从外到内分别是纸面石膏板、木架结构、砖墙，南墙纸面石膏板完全掉落，木架结构上半部分完全烧毁，暴露的砖墙面部分烟熏严重，整面南墙烧损程度自上而下、自东向西逐渐减轻；东墙南部纸面石膏板完全掉落，北部石膏板基本保持完好，未脱落，整面东墙烧损程度自上而下、自南向北逐渐减轻（见图7-9）。

9．对8号区域进行勘验。该区域西墙墙面木架结构顶端靠近横梁处大部分被烧毁，残留的木架结构自上而下炭化程度逐渐减轻，木架结构以内的墙面上部烟熏痕迹重，中部和底部有少量烟熏痕迹，西墙北部钢质货架外形大部分完好，整面墙体烧损程度自上而下、自南向北逐渐减轻。北墙货架上有部分物品残留，自上而下未完全过火物品逐渐增多。该区域一层与二层之间的顶板基本完好，仅有部分石膏板脱落，顶板内木条完好，表面有轻微烟熏痕迹（见图7-10）。

图7-9　7号区域烧损情况

图7-10　8号区域烧损情况

10．对9号区域进行勘验。该区域内部物品大部分烧毁，墙面残留有木质货架，一层与二层之间的横梁大部分未垮塌（见图7-11）

11．对10号区域进行勘验。该区域内部物品部分烧毁，墙面石膏板大部分完好，石膏板上端靠近横梁处烧损，墙体烧损程度自上而下逐渐减轻，一层与二层之间的横梁大部分未掉落垮塌（见图7-12）。

图7-11　9号区域烧损情况

图7-12　10号区域烧损情况

12．通过以上勘验，可见1、2、3、7号四个区域燃烧垮塌严重。7号区域地面物品残留堆积物下方部分物品未完全烧毁（见图7-13），东南角墙面货架部分被烧毁，墙面上部残留的货架木条上部炭化程度重于下部（见图7-14）。

图7-13　7号区域内部烧损情况

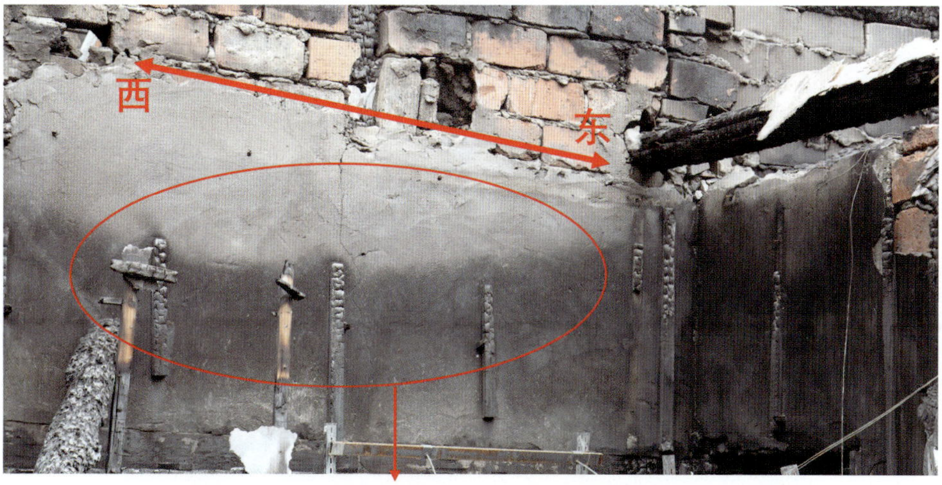

图7-14　7号区域东南角墙面货架烧损情况

3号区域西墙上部木柱烧损自南向北炭化程度逐渐减轻（见图7-15）。2号区域靠东墙有一冰柜，整体外形完好，西立面整体变色呈现自下而上、自南向北的斜坡痕迹（见图7-16）。

图7-15　3号区域西墙木柱烧损情况

图7-16　2号区域冰柜烧损情况

（三）细项勘验

1．对1号区域进行细项勘验。该区域西部建有一个操作台，操作台东面正对冷藏保鲜柜的部位烟熏痕迹重，表面瓷砖脱落（见图7-17）

图7-17　1号区域西部操作台烧损情况

2．该区域中部靠近卷帘门处地面有一收银台残骸，收银台北部烧毁程度重于南部（见图7-18）。垮塌堆积于地面的二层阁楼楼板，上部无明显烟熏痕迹，下部烟熏炭化程度较重（见图7-19）。

图7-18 收银台烧损情况

图7-19 1号区域阁楼楼板正反面烧损对比

3．该区域东部紧靠东墙自南向北分别陈放1号冰柜、真空机、冷藏保鲜柜、2号冰柜和拌面机。1号区域电气线路、设备分布还原情况如图7-20所示。

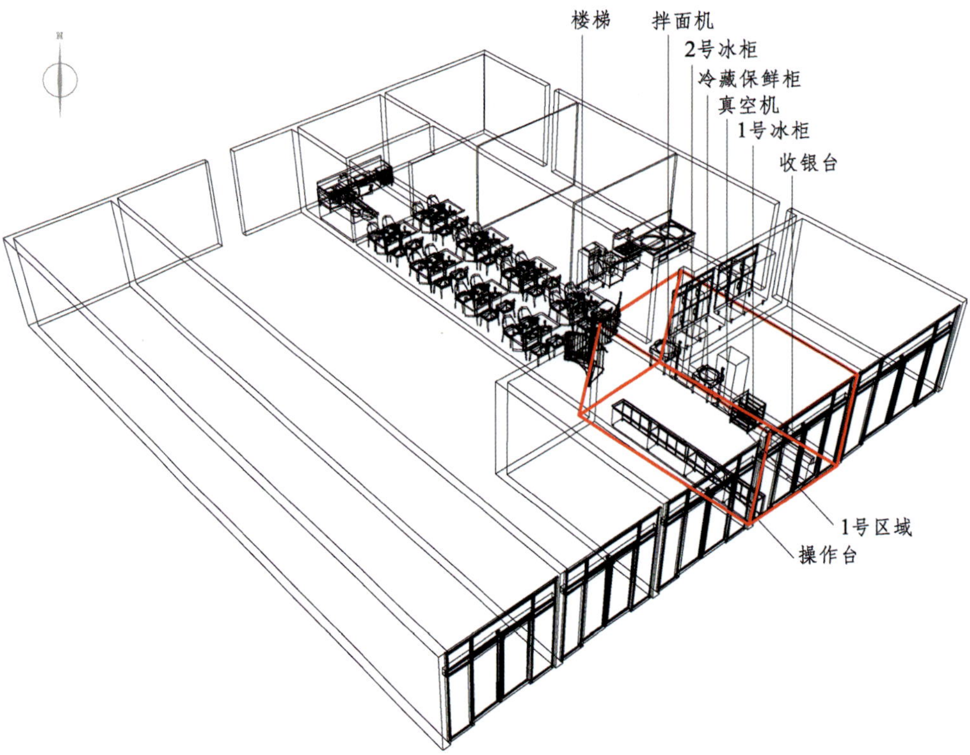

图7-20　1号区域电气线路、设备分布还原图

4．1号冰柜北部保温材料全部烧毁，南部保温材料有部分残留，烧损程度自北向南逐渐减轻（见图7-21）。真空机外形基本完好，变色严重。冷藏保鲜柜整体变色变形严重。2号冰柜上工作台处放置有一个金属盆，金属盆南面烟熏痕迹重，烧损程度自北向南逐渐减轻（见图7-22）。将2号冰柜箱门复原，冰柜箱门变色变形程度自南向北逐渐减轻（见图7-23）。

图7-21　1号冰柜烧损情况

图7-22 2号冰柜上金属盆烧损情况

图7-23 2号冰柜箱门烧损情况

（四）专项勘验

1．对真空机进行专项勘验。打开真空机背面铁板，内部分为上下两层，上层为内部线路，烟熏痕迹较轻；下层为真空泵，烟熏痕迹较重。机体内部未见可燃物残骸（见图7-24）。

图7-24 真空机内部情况

2．对冷藏保鲜柜进行专项勘验。冷藏保鲜柜变色变形严重，完全垮塌，柜体内的保温材料全部烧毁（见图7-25），冷藏保鲜柜背面紧靠的东墙有明显烟熏痕迹，呈“V”字形（见图7-26）。

图7-25　冷藏保鲜柜烧损情况

图7-26　冷藏保鲜柜背面墙体痕迹

3．现场提取冷藏保鲜柜柜体（19号物证）、真空机主体（22号物证），提取冷藏保鲜柜、真空机的电源线（12、13、14号物证），提取配电箱内导线（15号物证）（见图7-27）。

图7-27　12、13、14、15、19、22号物证现场提取照

四、视频分析情况

调查过程中，调查人员共提取、分析天网监控视频2段，监控视频资料显示：

1．2017年10月2日1时18分左右，九妹凤爪店店内有火光从卷帘门下方透出，火光连续闪动两次。

2．2017年10月2日1时23分左右，九妹凤爪店门市卷帘门下有明火冒出，其他门市部位无异常现象。

3．2017年10月2日晚九妹凤爪店闭店后至明火出现之前无人员进出该店。

五、火灾认定

（一）起火时间

1．2017年10月2日1时24分，乐山市“119”指挥中心接到杨某报警。

2．天网监控视频资料显示，2017年10月2日1时18分左右，九妹凤爪店店内有火光从卷帘门下方透出，该店附近其他店铺无异常现象。

3．2017年10月2日1时22分左右，第一目击者黄某发现有烟气和火光从九妹凤爪店透出。

根据上述证据，综合分析认定起火时间为2017年10月2日1时18分左右。

（二）起火部位

1．天网监控视频资料显示，2017年10月2日1时18分左右，九妹凤爪店内有火光从卷帘门下方透出，该店周围其他店铺无异常现象。1时24分左右，有明火从九妹凤爪店卷帘门内冒出，九妹凤爪店中部与爱宝日用杂货店东南角相邻阁楼处有明火冒出，其他店铺卷帘门处无异常现象。

2．走访询问显示，第一目击者黄某发现火灾时，九妹凤爪店卷帘门内有明火，其他店铺尚未发现明火；乐山银基商业物业服务有限责任公司物管保安张某发现火灾时九妹凤爪店卷帘门处燃烧猛烈，卷帘门塌落，阁楼上下梁均有明火，西侧时尚潮流服装店卷帘门已经燃烧。

3．现场勘验显示，爱宝日用杂货店、时尚潮流服装店、李某某首饰店、九妹凤爪店内的燃烧痕迹、烟熏痕迹等均反映火势系从九妹凤爪店店内南部区域东墙处向四周蔓延。

根据上述证据，综合分析认定起火部位为乐山市市中区九妹凤爪店店内南部东墙处。

（三）起火点

现场勘验显示，九妹凤爪店店内南部东墙冷藏保鲜柜处烧损情况最为严重，以其为中心向四周蔓延痕迹明显；该冷藏保鲜柜背部墙面烟熏痕迹重，呈“V”字形。

根据上述证据，综合分析认定起火点位于乐山市市中区九妹凤爪店店内南部靠东墙距卷帘门2.9 m的冷藏保鲜柜处。

（四）起火原因

1．排除人为放火的可能。

监控视频资料及走访询问显示，10月1日晚上九妹凤爪店闭店后至火灾发生前，无人员进入该起火店铺，该店铺周围无异常现象；该店铺店主、房东与相关人员无矛盾纠纷。

2．排除雷击引发火灾的可能。

乐山市气象台气象证明、监控视频资料及走访询问等均显示，10月1日晚至3日晚起火建筑所在区域未出现雷暴天气。

3．排除生活用火不慎、遗留火源的可能。

走访询问及现场勘验均显示，九妹凤爪店内无遗留火源以及生活用火情况，且店内下班人员离开后直至火灾发生间隔时间较长，不符合此类火灾发生发展的一般规律。

4．九妹凤爪店店内南部东墙距卷帘门2.9 m处的冷藏保鲜柜电气线路故障引发火灾的起火原因认定。

（1）监控视频资料显示，火灾最初出现两次较为明显的火光闪动，与电气火灾的特点相符；

（2）现场勘验及走访询问均显示，店内总电源开关未关闭，该冷藏保鲜柜处于通电状态，其所处位置与起火点相符，且周边有冰柜、真空机以及墙面木质装饰物等可燃物；

（3）四川火灾物证鉴定中心鉴定报告显示，九妹凤爪店店内南部靠东墙距卷帘门2.9 m处的冷藏保鲜柜压缩机附近的痕迹物证中，19-1#、19-2#、19-3#、和19-5#样品为一次短路熔痕；店内门口东墙配电箱处的痕迹物证中，5-1#、5-2#、5-3#、5-4#样品为二次短路熔痕。

根据上述证据，综合分析认定起火原因为乐山市市中区九妹凤爪店店内南部靠东墙距卷帘门2.9 m处的冷藏保鲜柜电气线路故障引燃周边可燃物蔓延成灾。

六、灾害成因分析

1．建筑内部火灾荷载过大。九妹凤爪店内存放了大量食物半成品、桶装食用油、纸质食品包装等，旁边一墙之隔的爱宝日用杂货店、时尚潮流服装店等店铺存有大量化纤衣物、塑料材质产品、可燃包装材料，墙上敷设木质货架，爱宝日用杂货店二层作为仓库更是堆满各类货品，建筑内易燃可燃物多，导致火灾发生后迅速蔓延扩大。

2．建筑结构存在先天隐患。一是建筑耐火等级低，起火建筑系存在超过百年的砖木结构建筑，起火后燃烧猛烈、蔓延迅速，易形成立体火灾，且因为房屋结构差，容易发生垮塌；二是店铺之间未做防火分隔，起火建筑密度大，各店铺紧密相接，房间之间仅以砖木墙体分隔，九妹凤爪店与爱宝日用杂货店之间二层阁楼相连处，仅以石膏板敷设在木质结构上进行分隔，发生火灾蔓延迅速难以控制。

3．火灾初期扑救不够及时。视频监控及走访询问均显示，由于火灾发生于半夜，店铺无人值守，门窗紧闭，且未安装火灾自动报警系统、自动喷水灭火系统等消防设施，发现火灾时火势已经蔓延到爱宝日用杂货店，九妹凤爪店内处于猛烈燃烧状态，错过火灾初期最佳扑救时机。

七、火灾调查体会

1．有效运用视频资料可以事半功倍。本起火灾因发现时火势已经蔓延扩大，在走访询问初期，无法根据知情人指认完全确定最初起火店铺。现场勘验显示，爱宝日用杂货店与九妹凤爪店均过火严重，九妹凤爪店店主坚持认为火势是自旁边爱宝日用杂货店蔓延到九妹凤爪店的，调查一度陷入困境。最终通过对监控视频数据的运用，反复比对分析，还原现场点位，最终发现并确定最早是在九妹凤爪店卷帘门近地面处，出现两次较为明显的火光闪动，从而认定九妹凤爪店最先起火，九妹凤爪店店主听取分析后也未再对此提出异议。

2．现场勘验必须一丝不苟清理见底。本起火灾过火面积较大，房屋完全垮塌、内部杂物繁多，现场清理工作量实属浩大。且由于天气炎热，现场大量食品残骸腐烂变质，恶臭弥漫、蛆虫遍地，勘验工作开展无比艰难。调查人员秉持严谨求实的精神，吃苦耐劳、孜孜以求，在起火部位清理完所有杂物，最终找到被压在最底部的冷藏保鲜柜残骸，进而还原全部真相。无论过程再苦再难，认真对待每一个现场，踏实做好每一步勘验，才能确保得到最科学准确的结果。

3．老旧场所消防安全应当持续关注。老旧场所各类先天性隐患多，一旦发生火灾容易造成火烧连营，损失惨重。消防救援部门应当督促场所内人员加强用火、用电、用气管理，推动政府部门开展电气线路改造工作，持续推广独立式感烟火灾探测器、自动喷水灭火局部应用系统等消防设施的安装工作，同时还要持续加强针对性消防安全宣传工作。

8. 自贡市大安区林家新能源汽车有限公司“1·30”较大火灾

一、火灾基本情况

- **起火单位：** 林家新能源汽车有限公司。
- **起火地址：** 自贡市大安区马吃水路238号。
- **报警时间：** 2018年1月30日3时36分。
- **火灾损失：** 过火面积约31 m^2，共造成林某（丈夫）、赵某敏（妻子）、林某全（长子）、林某鑫（次子）4人死亡，直接经济损失38万余元。
- **调查组织：** 火灾发生后，原自贡市公安消防支队迅速启动火灾调查应急预案，组织开展火灾事故调查。1月30日至2月1日，由全国、全省火灾调查专家组成的调查组先后到达现场参与、指导火灾调查工作。

二、走访询问情况

鉴于起火的林家新能源汽车有限公司销售店铺（以下简称销售店铺）内4人全部在火灾中死亡，调查人员通过搜索相关人员微信朋友圈等网络平台、提取分析视频监控资料、开展大量调查走访工作，排查获取相关知情人员信息，开展调查询问、制作询问笔录34份。火灾相关人员关系如图8-1所示。

1. 梁某某（火灾第一报警人，马路对面夜宵经营者）反映，2018年1月30日凌晨3时30分左右，其发现位于自贡市大安区马吃水路238号的销售店铺发生火灾。

2．佘某、林某（林家新能源汽车有限公司员工反映），1月29日晚，两人在销售店铺内调试新能源汽车到23时许离开。佘某于24时左右到位于销售店铺西侧100米左右的林家新能源汽车有限公司维修点为林某等人制作夜宵。销售店铺里面没有生火用具，销售店铺和新能源汽车有限公司维修点都有使用“热得快”烧水的习惯。

3．潘某某反映，1月29日晚上，潘某某、古某某（潘某某爱人）同赵某某一起在销售店铺旁边的茶坊打牌；24时左右，潘某某、赵某某来到销售店铺；1月30日1时30分左右，潘某某、古某某一起离开。未见店内有生火做饭工具，夜宵是从林家新能源汽车有限公司维修点做好了拿过来的。吃夜宵期间4人一起泡过脚，虽然林某、赵某某并未离开座位，但提出来的水仍然是烫的。以前潘某某、赵某某也曾在店里面泡过脚，是用电热棒（热得快）对水进行加热的。

4．林某某（林家新能源汽车有限公司员工）反映，平时销售店铺里都是用电热棒对水进行加热。因为店内原来的电热棒（热得快）损坏，1月27日，刚刚购置了新的电热棒（热得快）。

5．王某某（杂货店老板）反映，1月27日，林某某以每个10元的价格在其店内购买了两个相同款式的电热棒（热得快）。

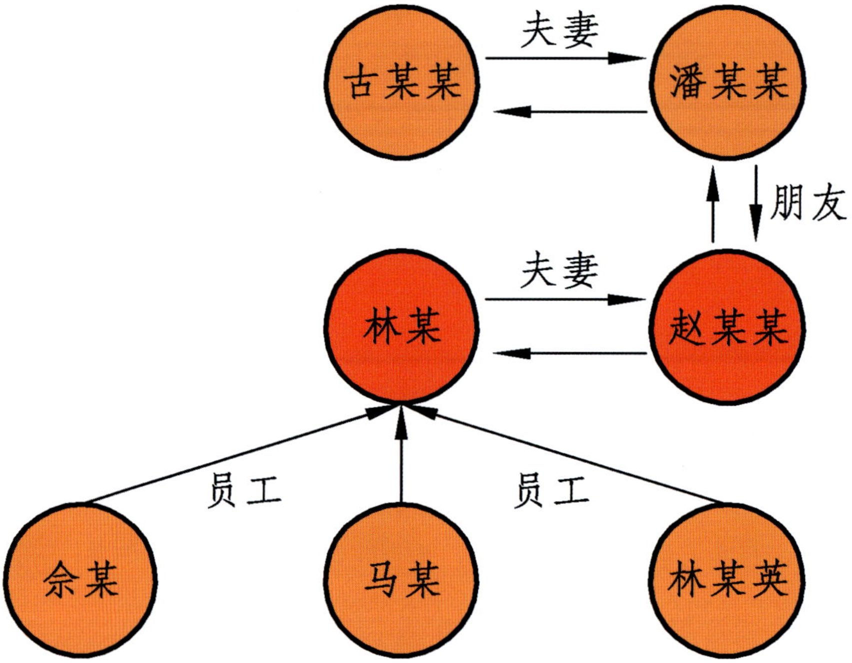

图8-1　火灾相关人员关系图

三、视频分析情况

调查组在走访排查中提取监控视频2段（时长7小时2分）、微信朋友圈视频1段（时长10秒），经对视频进行分析，结合调查询问情况，重建了当事人火灾前行为轨迹。

1．销售店铺外部监控视频显示，1月29日23时，佘某、马某调试完汽车后离开销售店铺；1月30日0时1分，赵某某、潘某某来到销售店铺（见图8-2）；0时14分，赵某某、潘某某二人离开销售店铺前往新能源汽车维修点拿夜宵；0时22分，古某某端夜宵到达销售店铺；0时31分，赵某某、潘某某二人端夜宵回到销售店铺；1时11分，古某某、潘某某二人离开销售店铺（见图8-3、8-4）。

图8-2　0时1分外部监控视频图像截屏

图8-3　1时11分外部监控视频图像截屏

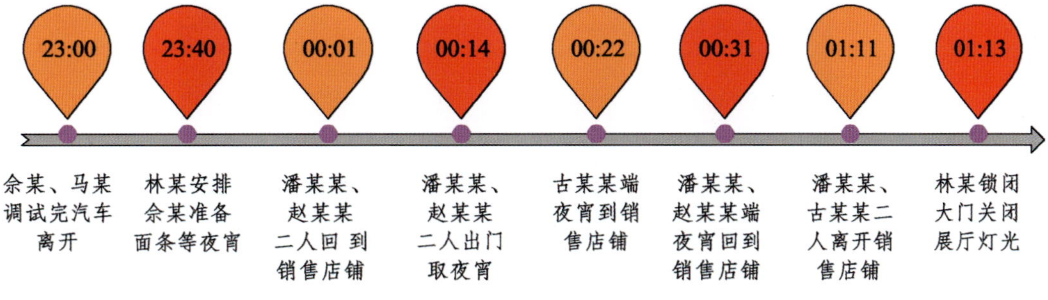

图8-4　火灾相关人员行为时间轴

2．赵某某的微信朋友圈视频显示，林某、赵某某、潘某某、古某某在销售店铺吃夜宵期间曾用热水泡脚（见图8-5）。

图8-5　赵某某微信朋友圈视频图像截屏

3．销售店铺内部监控视频显示，1月30日1时13分，林某关闭销售店铺大门并关闭销售店铺灯光（见图8-6）；3时28分，店内监控画面右下角开始出现肉眼可以识别的亮光并逐渐显现室内轮廓，2时30分到达最亮并保持稳定亮度，3时32分监控视频断电（见图8-7）。

图8-6　1时13分内部监控视频图像截屏

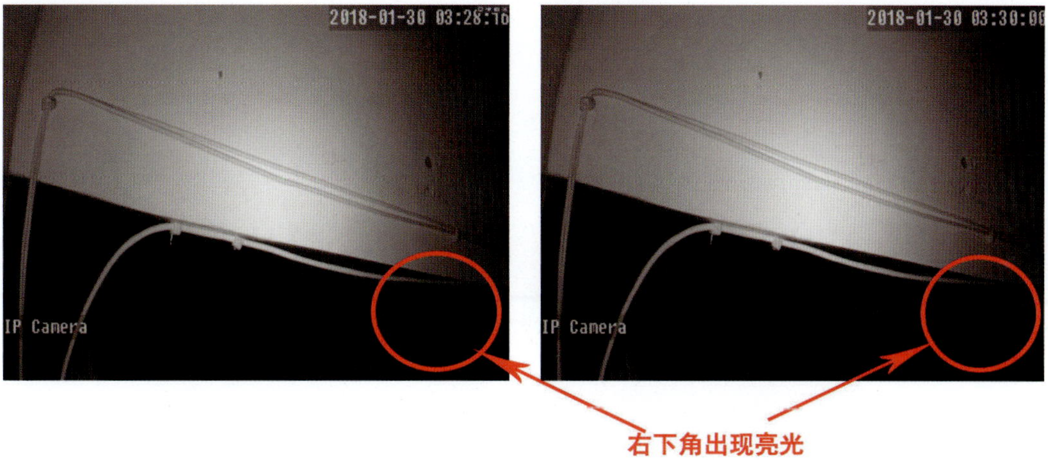

图8-7　3时28分、3时30分内部监控视频截屏对比

四、现场勘验情况

现场勘验组对现场进行了3次勘验，共拍摄现场照片90张，制作现场图10份，提取电热棒（热得快）残骸、电器线路残留物、塑料熔融滴落物等10件物证，并将相关物证送往原公安部四川火灾物证鉴定中心进行技术鉴定。

（一）环境勘验

销售店铺位于自贡市大安区马吃水路238号，北面为石院子巷，南面为马吃水路，西临自贡明成物资有限公司，东临皇庭盛宴酒楼。所在建筑系砖混结构多层公共建筑，共4层，1层为临街商铺，2～4层为皇庭盛宴餐饮用房。火灾仅在销售店铺内蔓延，未波及其他部位（见图8-8）。

图8-8　着火建筑正、背面照片

（二）初步勘验

1．销售店铺建筑面积126 m^2（二楼夹层面积31 m^2），一层南部为新能源汽车展厅，停放有4辆新能源电动汽车，车头向南；西北部为办公区、东北部为洽谈区；夹层北部为办公室、南部为休息区（见图8-9～8-11）。

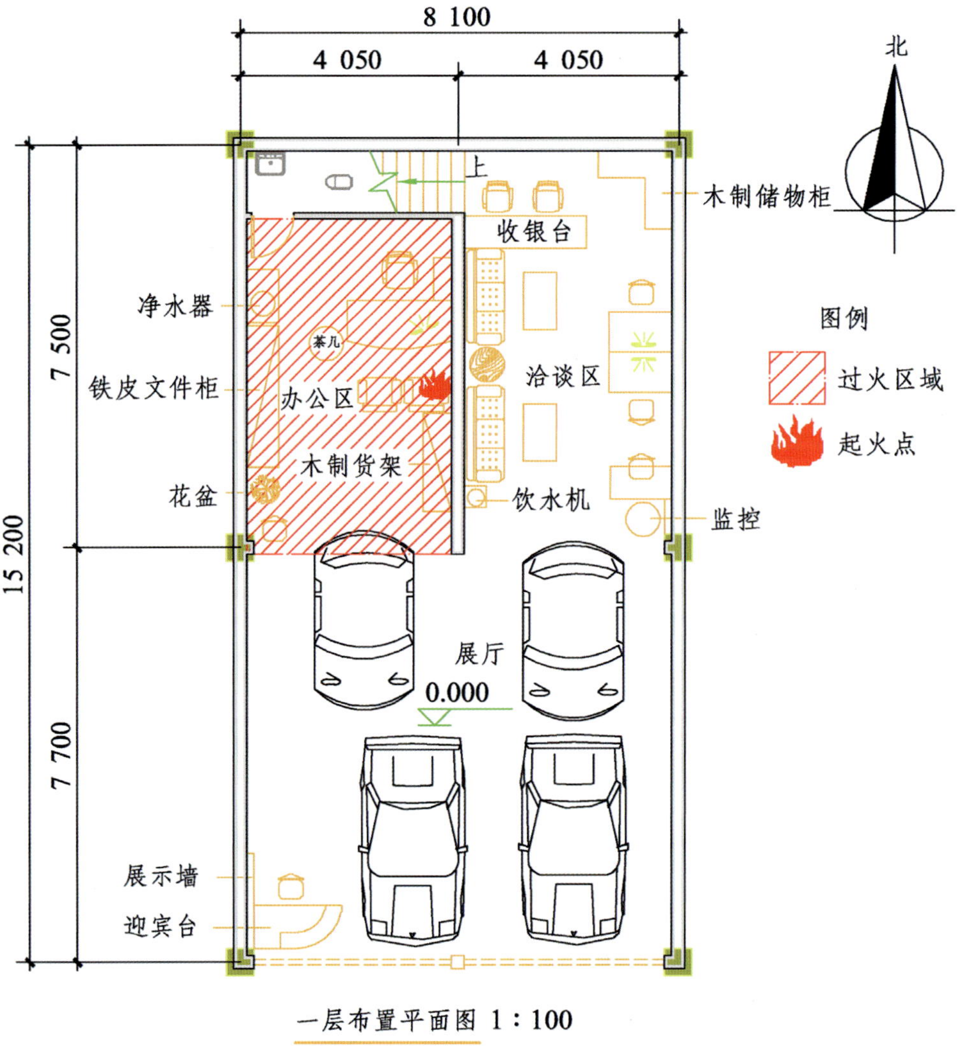

图8-9　火灾现场一层平面图

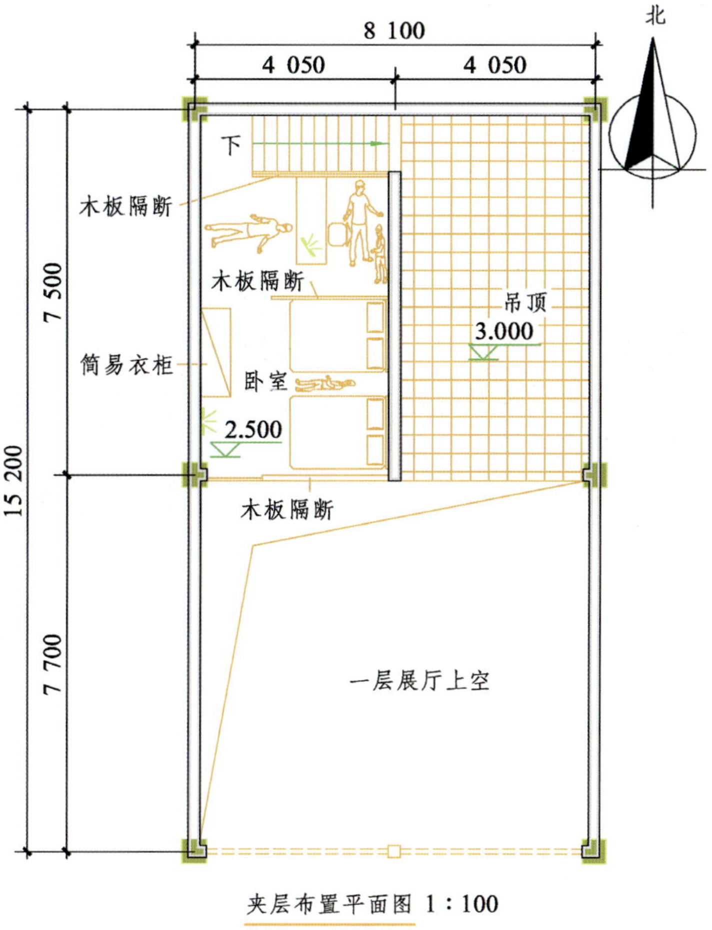

图8-10　火灾现场夹层平面图

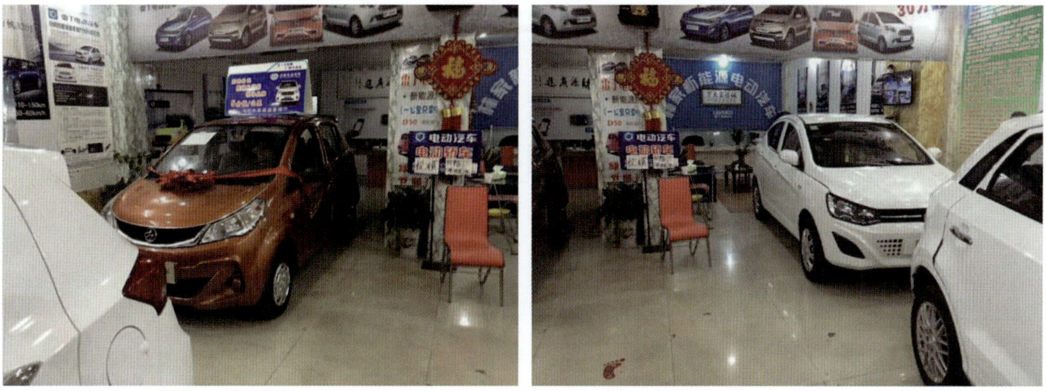

图8-11　火灾前展厅内部概貌

2．销售店铺外LED广告牌烧损情况西部重于东部，汽车展厅顶棚烧损情况西部重于东部（见图8-12）。

图8-12　销售店铺南侧概貌

3．新能源汽车展厅西墙表面抹灰烧损剥落程度重于东墙，位于西北角紧邻办公区的新能源汽车过火烧损，烧损情况北重南轻；其余3辆新能源汽车均未过火。办公区与洽谈区隔墙侧面上呈现斜茬痕迹。新能源汽车展厅吊顶西部烧损塌落严重，横梁西部烧损剥落严重，并有明显的“白点”痕迹特征（见图8-13）。

图8-13　展厅电动车烧损情况，吊顶、横梁过火情况

4．夹层南部休息区有烟熏痕迹，上部轻度过火。夹层北部办公室有烟熏痕迹，窗帘隔断保持完好（见图8-14）。

图8-14　夹层休息区内烟熏、过火情况，办公室内烟熏情况

5．对办公区和洽谈区进行勘验。办公区过火痕迹明显，家具设备烧损严重，烧损情况南部重于北部，位于东南部的沙发、木质货架完全烧毁。洽谈区烟熏严重，无明显过火痕迹（见图8-15）。

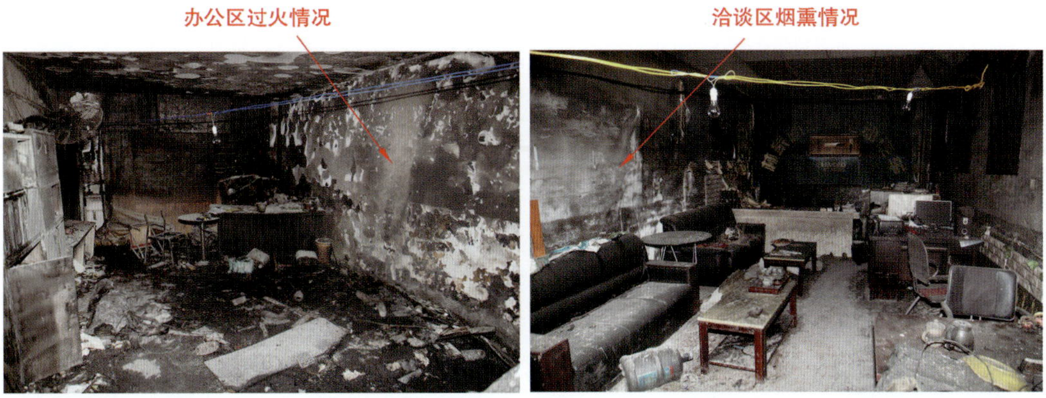

图8-15　办公区过火情况，洽谈区烟熏情况

6．对新能源汽车展厅内西北部新能源汽车进行勘验。可见该车发动机舱至B柱处仅轻微过火，驾驶舱内织物、内饰全部烧毁仅剩金属骨架；C柱至车尾烧损严重，车尾铝制车牌漆面脱落，未见缺失、变形（见图8-16）

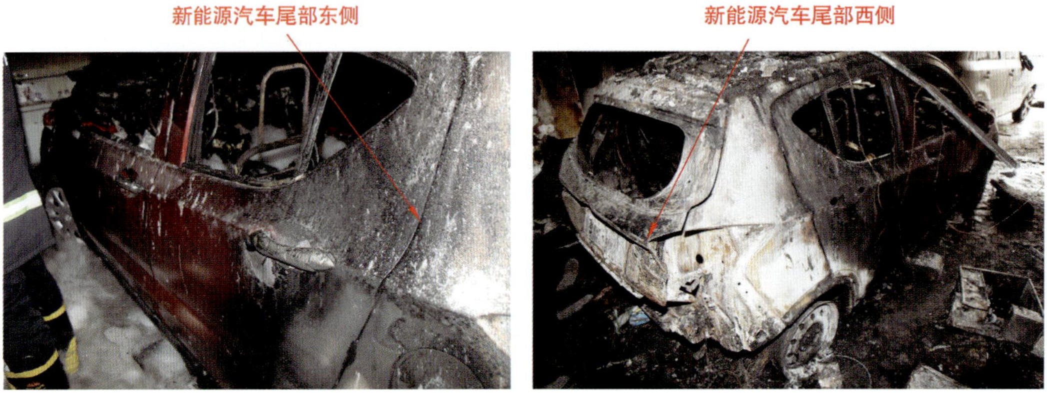

图8-16　展厅西北部新能源汽车尾部过火情况

7．对西北部新能源汽车底盘进行勘验。可见汽车底盘蓄电池及电气线路完好，电池接线柱完好，无短路、过热、火烧痕迹，电池背部、边缘无开裂、泄漏、电弧等痕迹（见图8-17）。

图8-17　新能源汽车底盘及电池情况

8．西北部新能源汽车尾部北上方横梁装饰板材北部烧毁情况比南部更重，北部出现灰化现象（见图8-18）。

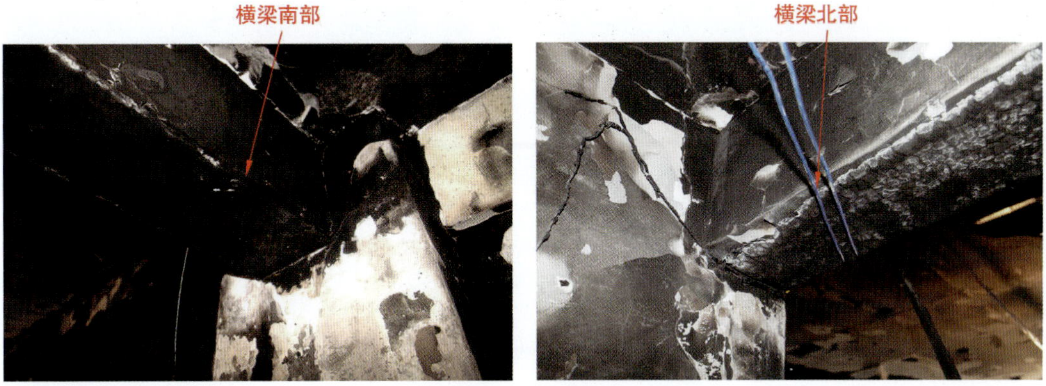

图8-18　新能源汽车上方横梁南、北部对比

（三）细项勘验

1．对办公区东部办公家具进行勘验。可见办公家具过火烧损痕迹南北轻、中部重，东北部处玻璃茶几保存完好，东南部处花盆单面过火（见图8-19）。

图8-19　办公区北部办公桌、茶几烧损情况，南部花盆过火情况

2．办公区内西墙表面过火剥落情况上重下轻。东墙表面过火剥落情况和物品烧毁情况重于西墙，东墙中部出现了“V”字形燃烧图痕（见图20）。

图8-20　办公区西部墙面及家具，东部墙面过火情况

3．采用逐层勘验法对“V”字形痕迹下方进行勘验，发现电热棒（热得快）残骸一个。电热棒（热得快）上方发现插座残留物，电热棒（热得快）插片与插座弹片处于插合状态（见图8-21、图8-22）。

图8-21　“V”形痕迹下方电热棒残骸

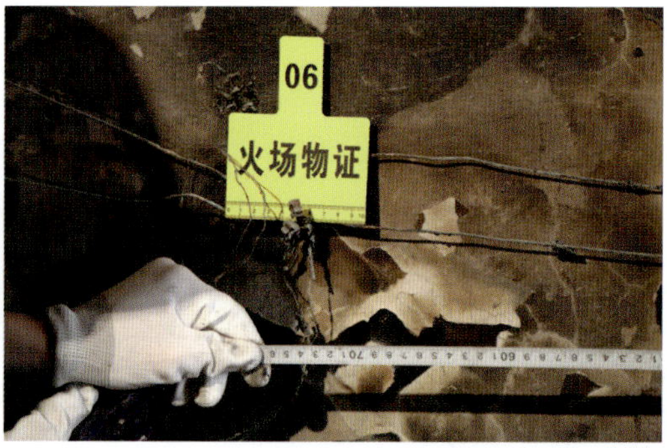

图8-22　电热棒上方插座残骸

4．逐层发掘，在电热棒下方发现烧损的沙发扶手挡板，挡板上粘附有绿色塑料熔融物（见图8-23）。其周围地面残留物上也有相同材质的绿色塑料熔融物（见图8-24）。

图8-23　电热棒下方木制残骸及绿色熔融物

图8-24　地面处绿色熔融物残骸

（四）专项勘验

对电气线路进行专项勘验，发现办公区电气线路为单组导线接入（见图8-25）。销售店铺空气开关在火灾中动作（见图8-26）。

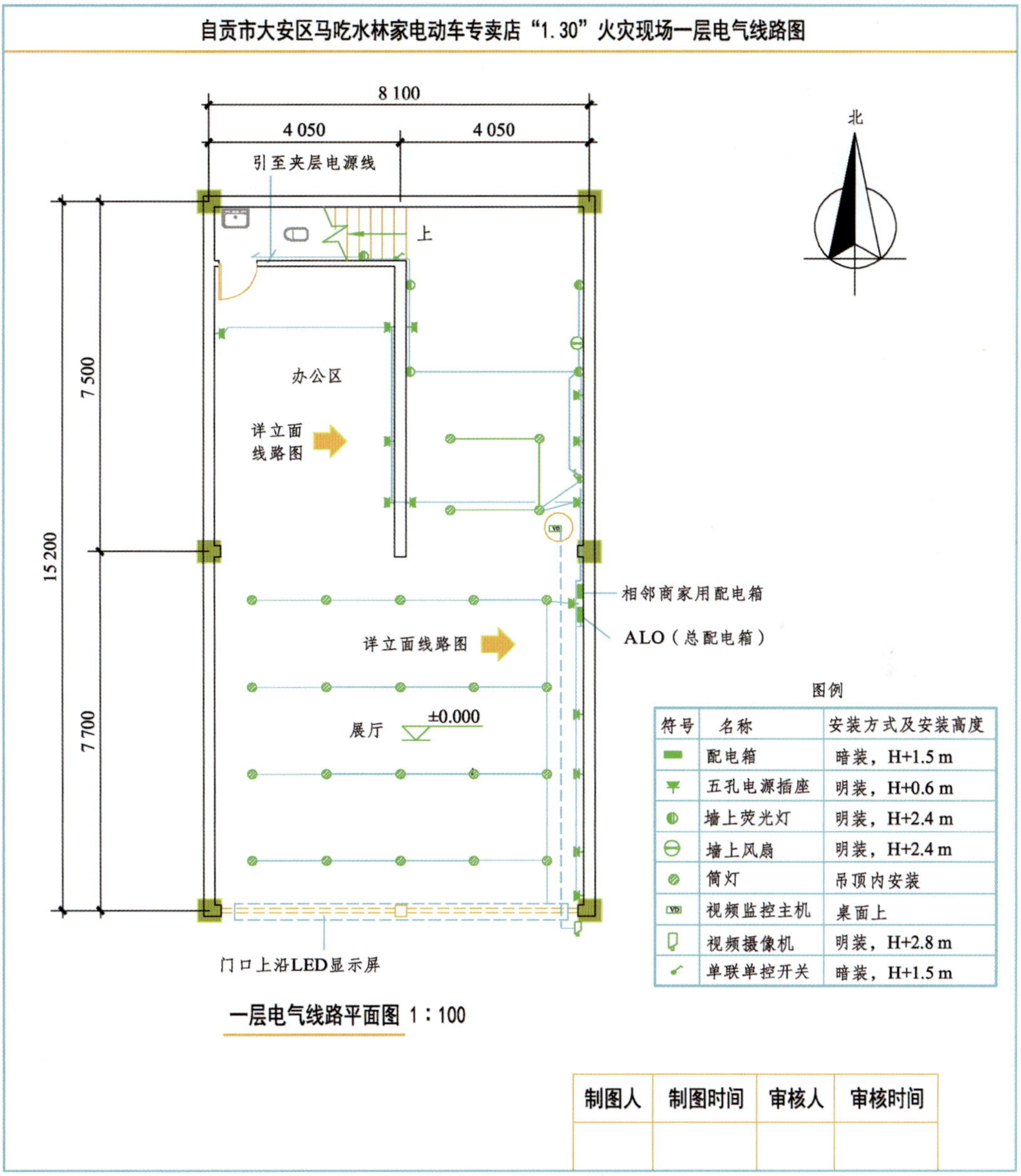

图8-25　销售店铺一层电气线路复原图

图8-26　销售店铺内空气开关

五、现场实验情况

实验时间：2018年2月1日19时57分—21时。

实验地点：自贡市大安区马吃水路238号。

实验目的：还原火灾成因，准确分析火灾发展蔓延情况。

实验准备：底部直径24 cm的洗脸盆一个，1500W的电热棒（热得快）一只，办公沙发一部，执法记录仪一台，摄像机一台，秒表一个。洗脸盆、电热棒（热得快）与销售店铺火灾前使用的均在同一处购买、款式相同；沙发取自销售店铺办公区，与洽谈区火灾前摆放的沙发款式、质地相同。

实验过程：2018年2月1日19时57分，在“1・30”火灾现场的原办公室内，将一个电热棒（热得快）以与沙发扶手（宽度18 cm）平行方向横放于水深0.5 cm的塑料洗脸盆中，电热棒（热得快）约六分之一没入水中，尾部未与洗脸盆直接接触，接通220 V交流电源。

2分40秒，电热棒（热得快）周围生成大量水汽，电热棒（热得快）中部及上部发红。

3分钟，电热棒（热得快）整体发红，脸盆中央底部的水呈圆形干涸，脸盆底部裸露，之后，盆底裸露面积不断扩大，电热棒（热得快）呈白热化。

3分45秒，盆底中央塑料起火燃烧，火苗逐渐扩大，向四周蔓延（见图

8-27）。

5分11秒，沙发木质扶手被点燃，开始燃烧。盆底四周还有水，燃烧发出滋滋滋的响声。

5分57秒，水盆壁开始熔融鼓包，之后，水盆壁迅速熔融，盆中剩余的水流向鼓包处。

6分52秒，火势开始逐渐减弱，电热棒（热得快）由红色转为黑灰色，沙发木质扶手明火熄灭。

8分38秒，脸盆与电热棒（热得快）接触点没有熔融，检查插线板连接正常，空气开关没有跳闸。

10分，火势进一步减弱，脸盆左侧开始有熔融的胶体滴落到沙发扶手壁上。

12分20秒，盆底有四处不相连的燃烧点。

13分26秒，电热棒（热得快）头部开始燃烧。

14分38秒，仅存电热棒（热得快）头部和尾部两处燃烧点。

15分08秒，电热棒（热得快）头部电线开始燃烧。

15分56秒，电热棒（热得快）头部电线短路打火，爆出火花和声响，同时室内电灯熄灭，空气开关跳闸。

16分13秒，电热棒（热得快）头部位置脸盆烧穿。

17分37秒，火势减弱。

19分48秒，电热棒（热得快）尾部盆体开始有熔化的胶体带着火星滴落，滴落速度不断加快，并在地面继续燃烧（见图8-28）。

20分41秒，滴落物在沙发扶手正立面流淌燃烧。

21分，沙发扶手右侧壁被点燃，火势逐渐扩大。

23分58秒，着火的熔融胶体滴落在沙发座位上，沙发一角被点燃，经过2分钟，沙发上火势逐渐扩大。

27分30秒，沙发上火势达到此次实验最大，房间上空充满浓浓的黑烟。

27分36秒，实验人员开始灭火。

实验结论：在实验过程中，火势发展蔓延受电热棒（热得快）损坏时间节点影响较大，火灾的发生时间受到盆中水位高低影响，沙发扶手面板上的塑料滴落痕迹与火灾现场提取的物证上的痕迹基本一致。此次实验成功模拟了电热棒（热得快）因使用不当引燃塑料脸盆继而引燃沙发导致火灾发生。

图8-27　实验中电热棒引燃塑料盆

图8-28　塑料盆熔融滴落物引燃沙发

六、火灾原因认定

（一）起火时间

1．最早发现火灾的人（第一报警人）的证言显示，其发现火灾的时间为2018年1月30日3时30分左右。

2．销售店铺内部监控视频数据分析显示，自3时28分开始监控画面右下角出现亮光并显现室内轮廓，2时30分到达最亮并保持稳定亮度，3时32分监控视频断电。

3．火灾现场实验显示，同型号热得快从起火到导线发生二次短路时间间隔为12分钟左右。

根据上述证据，综合分析认定起火时间为2018年1月30日3时20分许。

（二）起火部位

1．余某、马某、潘某某、古某某等知情人均证实，起火前相关人员活动区域为销售店铺一层办公区。

2．销售店铺内部监控视频数据分析显示，最先出现火光处为一层办公区。

3．现场勘验显示，一层办公区过火，与其紧邻的电动汽车尾部及轿厢过火，其余区域未过火，相关痕迹表明火势由办公区东部沙发处向四周蔓延的特征。

根据上述证据，综合分析起火部位为林家新能源汽车有限公司（林家电动车专卖店）一层办公区东部沙发处。

（三）起火原因

1. 排除放火引发火灾的可能。

（1）销售店铺员工林某英、马某、佘某三人反映，林某、赵某某没有明显的仇人，亦未受到过放火威胁。

（2）最后离开现场的古某某、潘某某反映，两人离开销售店铺时，林某将卷帘门拉下锁闭，未见可疑人员进入店铺。

（3）销售店铺内、外监控视频显示，林某将卷帘门关闭后无可疑人员进出销售店铺。

（4）自贡消防特勤中队参与灭火救援的人员反映，销售店铺卷帘门破拆前，未见外力破坏痕迹。

（5）现场勘验显示，销售店铺仅南侧卷帘门一处有出口，未见外力破坏痕迹，未发现室内存在放火痕迹物证。

（6）法医尸检报告显示，四具尸体体表无暴力致命外伤，在火场中均存在呼吸活动，符合一氧化碳中毒死亡特征。

根据上述证据，综合分析，排除放火可能。

2. 排除电动汽车故障引发火灾的可能。

（1）展厅4台新能源汽车，仅西北部新能源汽车过火，其余3台车仅有热辐射表面变形痕迹。该车停放于办公区正前（南）方，办公区北部背景墙炭化程度由西向东逐渐加重，该车车尾上方横梁装饰木板炭化情况由西向东逐渐加重（东部出现了烧失、灰化情况），与汽车引发火灾痕迹不相符。

（2）该车烧毁情况自车顶到车底、自车尾到车头逐渐减轻，车尾铝制车牌未缺失、变形（铝制品熔点为660℃）；对车底后部动力电池组进行勘验，未见电池组外壳破损、过火痕迹。

根据上述证据，综合分析，排除新能源汽车故障引发火灾的可能。

3. 排除用火不慎和遗留火源引发火灾的可能。

（1）古某某、潘某某反映，事发当天烟抽完了，进入销售店铺后二人与林某、赵某某均未吸烟。现场勘验显示，起火点处有一垃圾桶底部残骸，未见该处阴燃起火特征，起火部位附近沙发填充物为聚氨酯泡沫，引发火灾所需时间较短，与死者自休息到火灾发生相距时间较长的情况不符，且周边其余物品均不能被烟头点燃。

（2）古某某、潘某某、马某、佘某、林某英反映，销售店铺从未生火做饭，都是在附近新能源汽车有限公司维修点做饭吃或做好后拿到销售店铺。现场勘验显示，销售店铺内未安装天然气管道、灶具、火盆等物品，无生火痕迹。

综上，排除生产生活用火不慎和遗留火种引发火灾的可能。

4．排除小孩玩火、雷击和燃放烟花爆竹引发火灾的可能。

（1）古某某、潘某某证言及销售店铺内、外监控、附近监控视频均反映，火灾发生前后，起火店铺及附近区域无小孩玩火、燃放烟花爆竹情况。

（2）气象资料显示，起火时自贡市城区无雷击发生。

综上，排除小孩玩火、雷击和燃放烟花爆竹引发火灾的可能性。

5．电热棒（热得快）引燃周围可燃物引发火灾的起火原因认定。

（1）相关证人证言显示，该店人员有使用电热棒烧水习惯，且多采用直接将接通电源的电热棒放入塑料盆内的方法烧水；火灾发生当晚，林某、赵某某、古某某、潘某某4人曾在沙发和办公桌区域洗脚。

（2）起火部位处发现的绿色塑料熔融物，经公安部四川火灾物证鉴定中心鉴定，电热棒本体、沙发立板及地面处的塑料熔融物为同一物质。

（3）现场实验显示，电热棒干烧可以引燃塑料盆，其起火形成的痕迹特征与现场情况一致。

（4）起火部位处发现提取的电热棒及其导线，经公安部四川火灾物证鉴定中心鉴定，导线熔痕为二次短路熔痕。

（5）现场勘验显示，电热棒插座和监控主机电源为同一空气开关控制；视频资料显示，3时28分监控画面右下角开始出现肉眼可以识别的亮光并逐渐显现室内轮廓，表明现场已经起火；3时32分，店铺内外视频画面同时消失，经分析可知系因火烧电热棒电源线致其发生二次短路空气开关跳闸断电所致。

根据上述证据，综合分析认定，该起火灾起火原因为电热棒（热得快）干烧引燃塑料脸盆进而引燃周围可燃物蔓延成灾。

七、灾害成因分析

1．当事人消防安全意识淡薄，用电习惯不良，长期使用无保护装置的热得快烧水，且疏于管理，为火灾事故的发生埋下了隐患；火灾发生当日，最后关门断电的林某生前有吸毒史（尸检报告显示其血液中检出甲基苯丙胺），以及熬夜打牌的不良生活习惯，致其精神状态不佳，未切断热得快电源，最终引起了火灾事故的发生。

2．发生火灾的店铺属于典型“三合一”场所，业主违规搭建夹层，用于下商上住，所使用的建筑及装修材料耐火等级低，导致火势迅速蔓延，且生活区与营业区连通，无防火分隔，燃烧产生的大量烟气迅速向上层生活区蔓延，阻断疏散路线。4名死者被救援人员发现时，均已逃离睡床，且死者林某倒在距上下层楼梯不到2米的位置，死亡的直接原因是烟气导致的窒息。

3．火灾发生在凌晨3时20分许，时至深夜，着火店铺周围行人较少，且店铺所在建筑未设置火灾联动报警装置，致使火灾未能在初期被及时发现。3时36分，马路对面夜宵经营者梁某某发现着火店铺卷帘门处有浓烟冒出，并拨打报警电话，此时火势已发展扩大，错失救援最佳时机。

八、火灾调查体会

1．参加火灾调查的各小组应当强化协作，及时有效沟通、会商，才能提高调查效率。本次调查中，现场勘验组和调查询问组第一时间互通信息，摸清了起火前当事人行动轨迹，为科学认定火灾事故原因打下坚实基础。

2．现场痕迹、调查询问、监控证据应当相互印证、相互支撑。此次火灾调查多个调查组尽可能多地搜寻多方面证据，形成了相互印证、相互补充的证据体系，确保了认定结论科学、准确。

3．在现场勘验中面对烧毁的关键物证，要善于使用同款物品进行比对研究。对此次引发火灾的同款电热棒进行拆解研究发现，该款电热棒虽使用三孔插座，但实际上接地插片并未连接导线，证实了该款电热棒产品质量低下、无保护的特性。

9. 越西县普雄镇普雄街156号鑫吉五金商贸店“7·27”较大火灾

一、火灾基本情况

- **起火单位**：鑫吉五金商贸店。
- **起火地址**：越西县普雄镇普雄街156号。
- **报警时间**：2020年7月27日23时24分。
- **火灾损失**：造成3人死亡，过火面积约130 m^2，直接经济损失21.28万元。
- **调查组织**：火灾发生后，凉山州消防救援支队、凉山州公安局刑侦部门、越西县公安局立即组成联合事故调查组，开展调查工作。四川省消防救援总队启动全省西部片区跨区域火灾调查联动机制，派出工作组参与指导调查工作。

二、走访询问情况

调查询问组对周边群众开展走访45人次，对关键证人进行询问取证，共制作询问笔录15份。同时收集火灾当日周边建筑视频监控及群众拍摄的视频、照片，协调电力、气象、通信部门出具辅助资料。经过询问知情人得到以下信息：

1．最先到达火灾现场的人、报警人、受灾户亲戚许某某：

（1）许某某在起火现场对面经营烧烤店，2020年7月27日23时20分，许某某在烧烤店门口看到鑫吉五金商贸店起火，立即拨打“119”报警电话，并赶到起火建筑卷帘门门口，同时呼喊起火，有4人一起赶到。从卷帘门上部看到里面有明火，当时二、三层还没有明火，听到王某某（死者2）在楼上喊帮忙灭火的声音，然后大家返回取水灭火，卷帘门被打开时，店铺内的火已经烧到一层顶部。

（2）当日20时许，程某吉（死者1）到许某某烧烤店交蓄电池车钥匙后回家睡觉，一家三口人一直在家，未外出。

2．最先到达火灾现场的人、参与火灾扑救的人、受灾户侄儿程某：最先发现并到达火灾现场的有许某某、程某及2名烧烤店客人，到达现场时起火建筑卷帘门锁闭打不开，王某某在三层窗户边将钥匙扔下，将卷帘门打开后，发现门口附近一圈已经起火，其他区域未看到明火。

3．最先参与火灾扑救的李某某、何某某：与许某某、程某等四人第一时间到达起火建筑卷帘门门口，从卷帘门上方的孔洞可以看到里面有明火；卷帘门锁闭，居住在三层的王某某扔下钥匙后，打开卷帘门，发现面对卷帘门右边的货架附近有明火，地上的自行车起火，其余部位均未看到明火。平时经常到起火户家购买灯泡和水管，最先发现起火的位置原来放的是一排长插座，钉在木板上，可以移动。

4．通过走访询问还了解到，该起火建筑内共住有3人，分别是男主人程某吉（死者1）、女主人王某某（死者2）、儿子程某豪（死者3），其中男女主人共住一个房间，程某豪单住一个房间。

三、现场勘验情况

调查组开展现场勘验、制图、拍照等工作，提取痕迹物证13件，制作现场勘验笔录1份，拍摄现场照片80张，制作现场图9份，提取视频监控1段。

（一）环境勘验

1．鑫吉五金商贸店位于普雄镇普雄街156号，东侧为普雄街街道，西侧为阿苏尼布经营的普雄法律服务招待所，南侧为马海热布经营的小面馆，北侧为王某莲经营的速食餐馆。现场航拍照片如图9-1所示，方位图如图9-2所示。

图9-1　现场航拍照

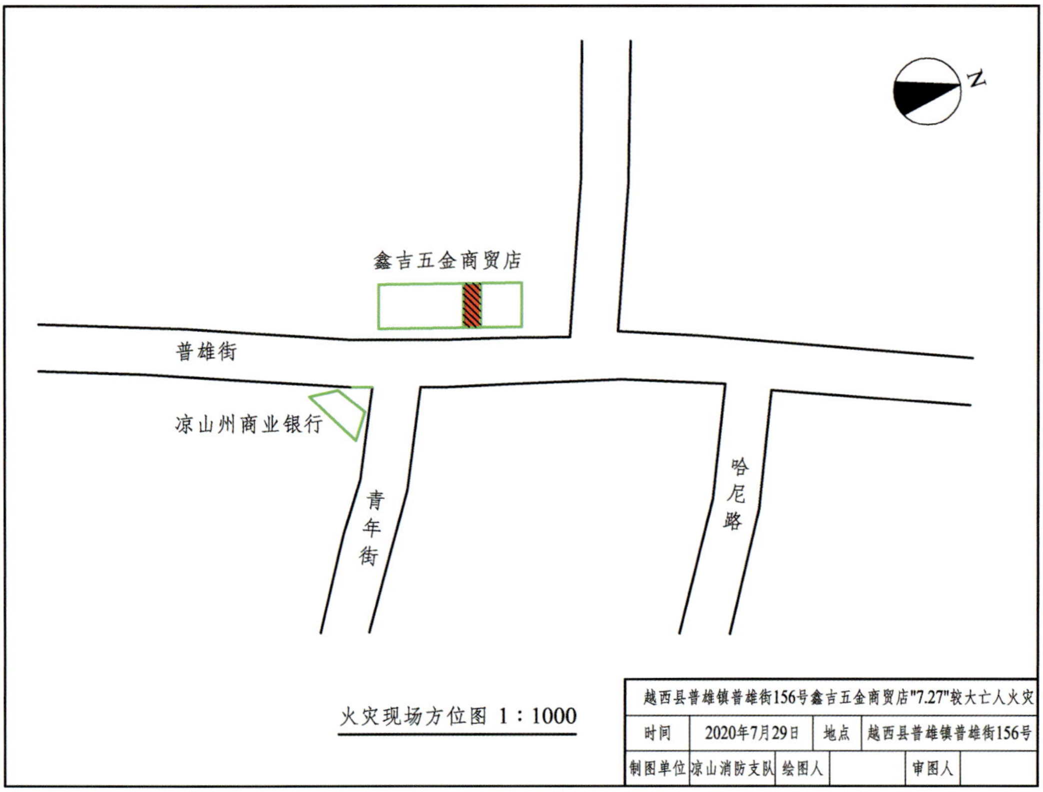

图9-2　现场方位图

2. 起火建筑坐西朝东，地上3层，砖混结构，每层由南向北分隔成六间房，建筑总建筑面积513 m^2。起火的商贸店位于该建筑由南向北一、二层第四间房，三层第四、五间房，总面积132.48 m^2。其中，一层为店铺，主要用于经营储存五金、百货等，建筑面积29.88 m^2；二层为五金、百货等储物间，建筑面积34.20 m^2；三层为住宿和储物间，建筑面积68.40 m^2。商贸店仅设一部楼梯，位于店内最西端，一层店铺卷帘门为唯一出口，二层、三层窗户均安装了铁质防护栏。商贸店1～3层全部过火，四周未发现可疑生产生活用火痕迹，未发现可疑的攀爬损坏痕迹，建筑上方无高压电线经过。商贸店俯瞰照如图9-3所示。

图9-3　商贸店俯瞰照

（二）初步勘验

1. 对商贸店一至三层东外立面进行初步勘验：一层店铺卷帘门活动帘板烧毁垮塌，散落于地面，卷帘门卷轴中部向下弯曲；二层东部窗下外墙瓷砖全部脱落，墙砖表面有烟熏痕迹。相邻的普雄街154号和158号无过火痕迹（见图9-4）。

图9-4　商贸店东外立面面照

2．对商贸店一层店铺内部进行初步勘验：

（1）一层南部、北部靠墙沿东西方向设置两组长300 cm，宽30 cm，高195 cm的钢结构货架，货架上部沿南北方向搭架五根钢管，钢管之间由东向西间距分别为150 cm、150 cm、110 cm、110 cm；一层店铺平面图、复原图如图9-5所示。

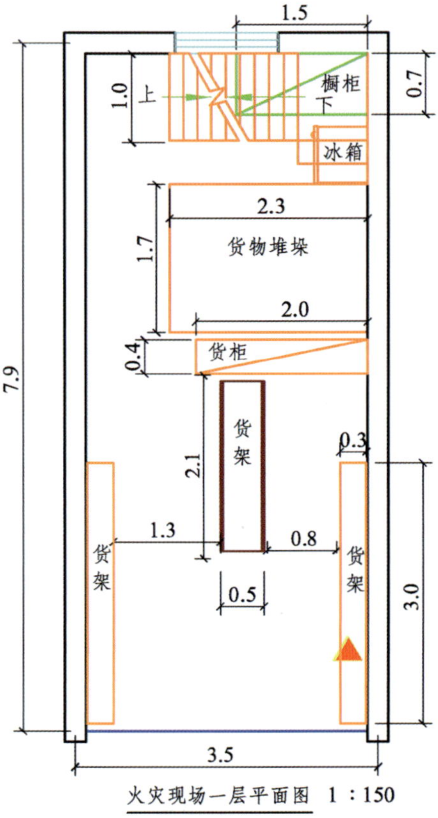

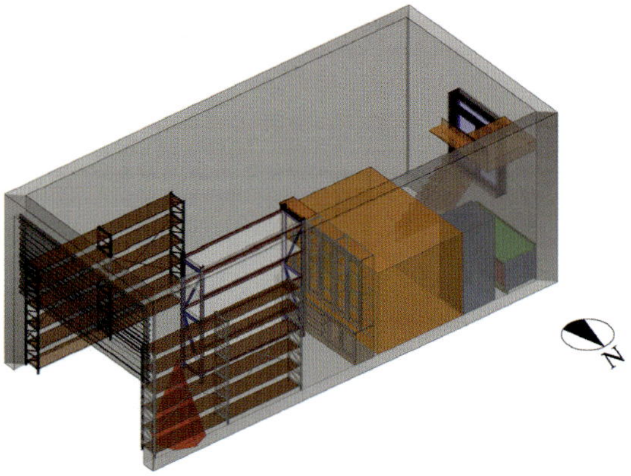

图9-5　一层店铺平面图、复原图

（2）一层靠东部的两根钢管过火向下弯曲，弯曲程度较为严重，靠西部的三根钢管无弯曲。两组钢结构货架分别各六层，货架上有锯条、PVC管道接头、电线线圈、油漆等五金杂货残留物。钢管弯曲情况如图9-6所示。

图9-6　一层店铺内钢管弯曲情况

（3）一层中部货架西侧与楼梯间之间为一间厨房，厨房周围过火轻于店铺入口，货架上残留物及地面残留物烧损程度由东向西逐渐减轻。店铺顶板由一横梁隔为东西两格，东格抹灰层大面积脱落仅四周少量残留，西格抹灰层未脱落、有烟熏痕迹，墙面均有较为严重的烟熏痕迹。一层店铺顶板烧损情况如图9-7所示。

图9-7　一层店铺顶板烧损情况

（4）一层南北货架靠东部位过火变形，北墙货架较南墙货架变形严重，北墙烟熏痕迹重于南墙，北墙货架上方货物烧毁程度由东向西逐渐减轻，货架上方货物向店铺中间垮落，地面堆积大量货物过火残留物。墙面烟熏情况如图9-8所示。

图9-8　一层北墙、南墙烟熏情况对比

3．对商贸店二层内部进行初步勘验：二层中间用隔墙分为2个隔间，西部隔间堆放的PVC管件、油漆等全部烧毁，东部隔间堆放的自行车轮胎及五金百货纸质包装表面过火。死者程某豪尸体位于西部隔间地面。二层平面图及立面复原图如图9-9所示。

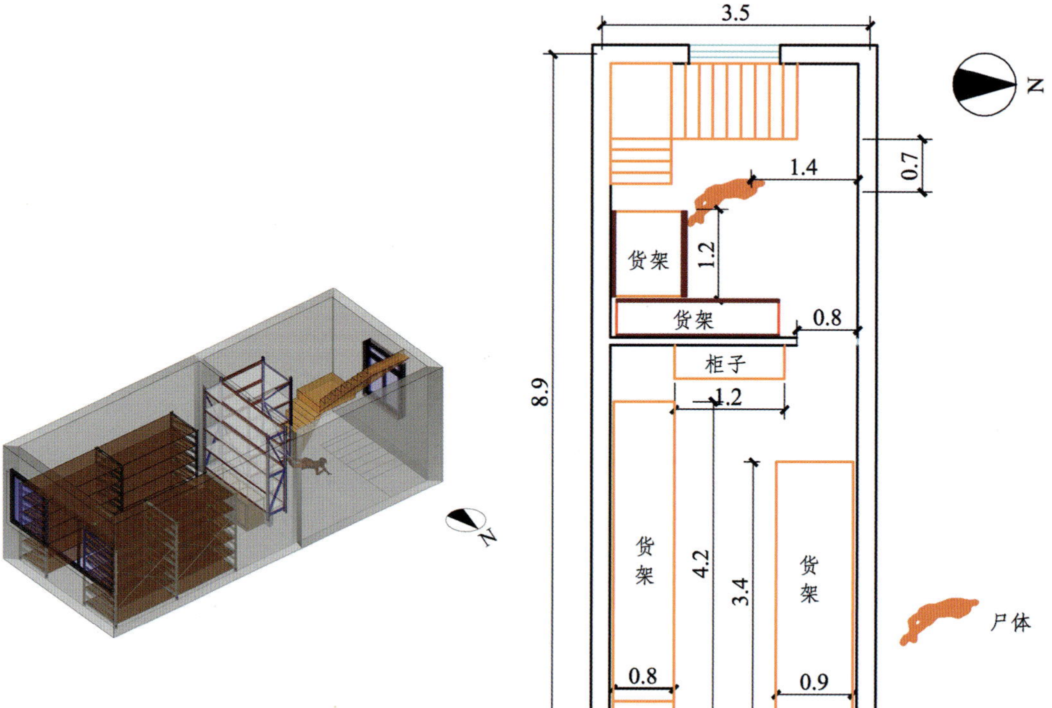

图9-9　二层平面图及立面复原图

4．对商贸店三层内部进行初步勘验：三层用隔墙分为四个隔间，东部临街两间为卧室，西部两间分别为卫生间和储物间，均全面过火，整体烧损程度轻于二层，死者程某某尸体位于东北卧室，呈俯卧状，上身处于床尾东南角，下身处于床外，头朝西南，距南墙130 cm、距东墙170 cm，脚朝东北，距西墙60 cm、距东墙80 cm，尸体长度160 cm。距死者头部西南方向15 cm处发现一部手机，作为物证进行了提取；死者王某某尸体位于东南卧室，呈侧卧状，头朝西南，距东墙170 cm、距南墙120 cm，脚朝东南方向，距南墙90 cm、距东墙50 cm，尸体长度140 cm。三层平面图及立面复原图如图9-10所示。

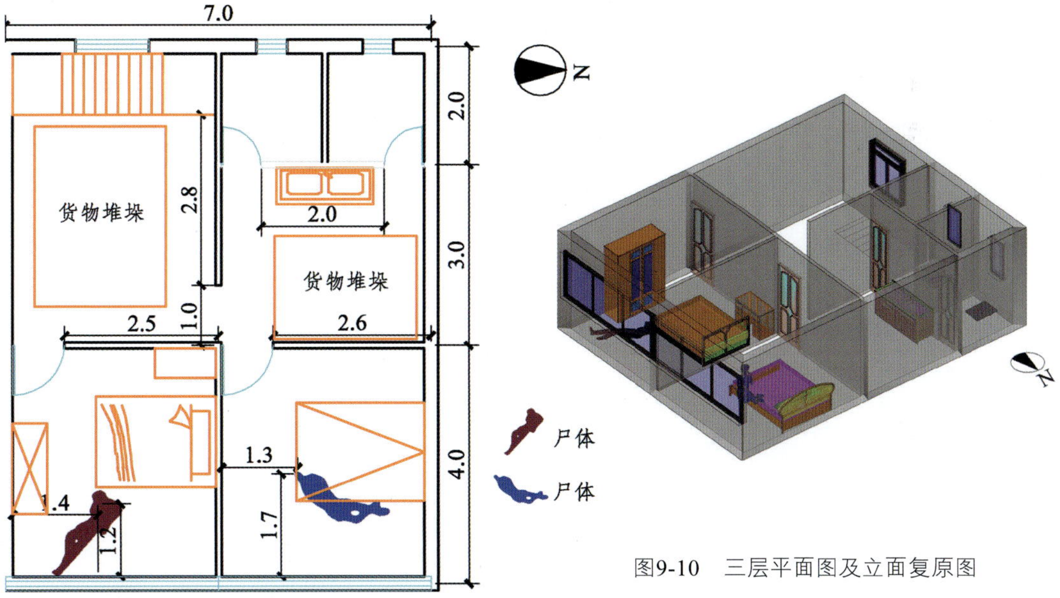

图9-10　三层平面图及立面复原图

（三）细项勘验

1．对商贸店一层店铺北部货架附近区域整体进行细项勘验：

（1）北部货架共6层（从下至上编号为①～⑥层），受火烧高温影响，严重变形。货架上货物大部分向南垮塌，货架南部下方有较厚的堆积层。残留在货架上的货物主要堆积在第①、②、⑤、⑥层，第③、④层横向支撑板全部烧失，上面无残留物（见图9-11）。

图9-11　一层店铺北部货架南侧堆积物情况

（2）堆积层表面有松散的货品残留物和吊顶抹灰层残骸，最上层为成捆线圈的残留物（距卷帘门100 cm、距北侧墙面70 cm，原为第⑤层货物），残留物表面发现蓝色塑料滴落附着物，对应其上方有线形流淌状滴落物，该滴落物为第⑥层货架PVC管材高温过火融化滴落（见图9-12）。

图9-12　货架第⑥层PVC管熔融滴落至下方线圈表面

2．对商贸店一层店铺北部货架进行逐层勘验：第⑥层货架摆放物品主要为PVC塑料管，PVC管受高温烘烤流淌向下滴落，上表面过火较轻；横向石膏板底部过火重于上部表面，石膏板靠卷帘门部分（东）烧穿，西部未烧穿。第⑤层货架摆放物品主要为罐装油漆、铜芯线圈，距卷帘门60 cm以东横向支撑石膏板全部烧失，放置的罐装油漆掉落到下方；放置的线圈表面绝缘层基本烧失，部分掉落、部分残留在货架上；钢架向下弯曲呈“V”字，“V”字形最低点距卷帘门83 cm，距地面125 cm。第④层货架靠卷帘门方向横向支撑板烧失，货物全部掉落；钢架向下变形，向下弯曲的最低点距卷帘门83 cm，距地面96 cm。第③层货架上有少量残留物，靠卷帘门方向横向支撑板烧失，表面为塌落的油漆罐；货架存在钢架弯曲情况，弯曲点被上方掉落的油漆罐等残留物埋压，弯曲点距卷帘门75 cm，距地面56 cm。第①②层货架上堆积残留物较多，货架轻微向下弯曲。货架烧损情况如图9-13、图9-14所示。

图9-13　北部货架烧损情况

图9-14　残留物清理后北部货架钢架弯曲变形情况

3．将货架清理完毕后，对货架及其周边进行细项勘验：

（1）货架钢结构靠近卷帘门方向（东）严重变形，其中第③、④、⑤层变形弯曲最重，且对应弯曲点位置、弯曲方向基本一致。货架变形情况如图9-15所示。

图9-15　北部货架变形情况

（2）货架距地0.8 m和1.1 m处，沿东西方向架设2根钢管，用于放置成卷农用塑料薄膜，钢管上可燃物呈现由上至下、由东至西逐渐减轻的过火痕迹。过火痕迹如图9-16所示。

图9-16　钢管过火痕迹照

（3）第②③层货架之间，北墙上有竖向木工板，木工板表面过火，上有一处灰化痕迹，其碳化烧损程度较木工板其他部位严重。该木工板下方对应处存在一处倒“V”字形，缺口长13 cm，宽7 cm，其下方横向隔板对应处有烧穿痕迹，其余部位完整。将木工板取下，其背面过火较轻，在对应处存在由上至下的红色流淌痕迹。现场提取该木工板，编为13号物证（见图9-17、图9-18）。

图9-17　竖向木板烧损炭化情况

图9-18　竖向木板上灰化痕迹及其背面流淌痕迹

（四）细项勘验

1．对该店铺的入户线路进行勘验。该店铺电表位于门口北立柱上方，由电表处引出一组铜芯线，向上敷设入户，入户后一组向上穿过楼板连接敷设至二层以上；另一组向下敷设，经过闸刀开关分出两股，其中一股通过墙内暗敷至墙插，另一股向其他区域敷设。经还原，墙插连接至少2个插线板，插线板电源线缠绕放置在货架上。一层店铺电气线路复原图如图9-19所示。

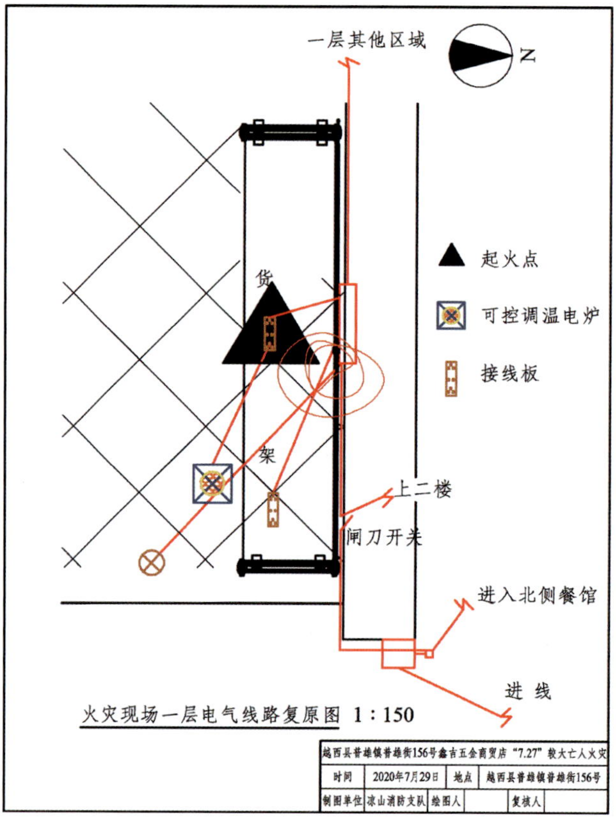

图9-19　一层店铺电气线路复原图

2．对一层店铺北部货架进行专项勘验：

（1）在货架第③层、第④层，距卷帘门62 cm，距地面85 cm处发现一插座和一组多股铜芯线，该铜芯线粘附在第③层货架与北墙相邻的钢架上，对该处进行清理发现铜芯线有挤压的痕迹，粘附处的钢结构与周边有明显的变色痕迹。挤压变色痕迹如图9-20所示。

图9-20　铜芯线与钢结构接触点挤压变色痕迹

（2）沿该股铜芯线进行清理，发现该股铜芯线的布线为：东侧卷帘门外经卷帘门卷轴上方穿入，在店铺东北部由上向下敷设，经货架东侧第③层、第④层之间接入，现场对该插座和铜芯线分别提取编号为7号、8号物证。在该处与下方竖向木工板之间发现一插片残留物，该插片残留物表面色泽光亮，有蓝紫色的变色痕迹，对该处继续进行清理，发现三个插片，现场将插片残留物提取编号为10号物证（见图9-21）。

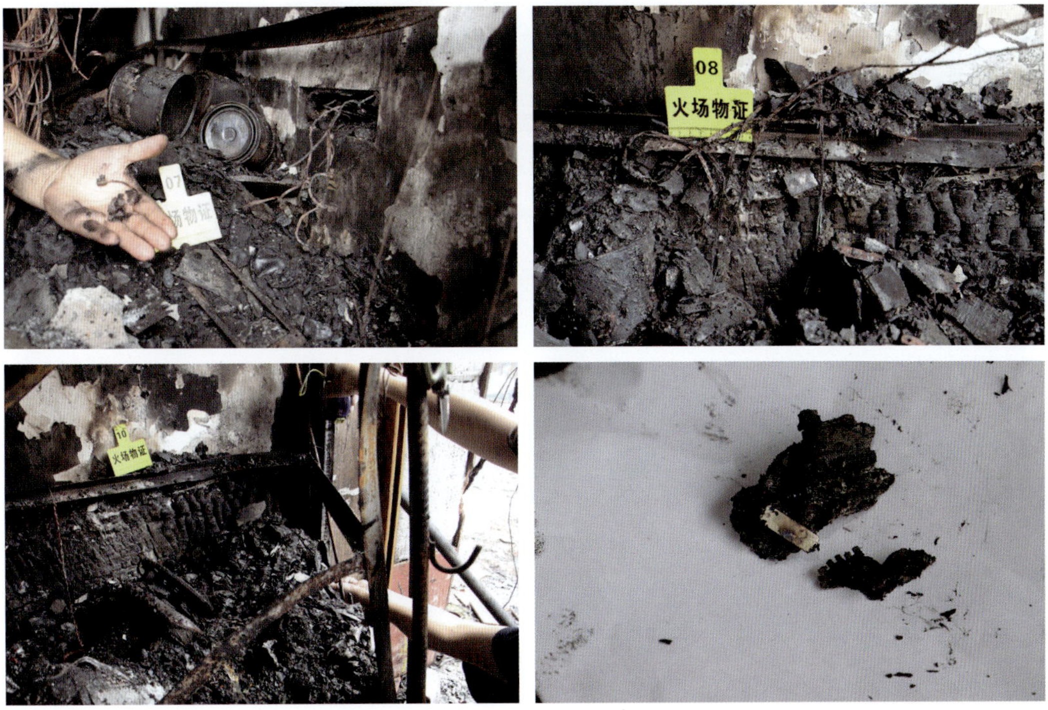

图9-21　对7、8、10号物证进行固定提取

四、视频分析

火灾发生后，调查组立即组织调取周边监控视频，并通过技术手段破解受灾户网上云监控视频，对视频内容开展分析。分析发现，2020年7月27日23时14分44秒，位于商贸店一层店铺卷帘门东南角外墙上方的监控视频拍摄到一层店铺内有连续闪烁的白色光亮，5秒后视频监控画面丢失（见图9-22）。

图9-22　一层店铺卷帘门处监控视频闪光瞬间截图

五、物证检验鉴定

在勘验过程中，调查组共提取13件痕迹物证，并送应急管理部消防救援局四川火灾物证鉴定中心进行鉴定。鉴定结论为：2-1#、3-1#和3-2#号样品体视外观和金相组织符合标准描述的电弧熔痕代表性特征，判定为电弧熔痕样品。

六、火灾认定

（一）起火时间

1．凉山州“119”指挥中心接警记录显示，2020年7月27日23时24分接到报警。

2．报警人许某某反映，最先发现起火的时间为23时20分许。

3．一层店铺卷帘门处监控视频显示，2020年7月27日22时50分54秒，程某某关闭起火建筑卷帘门，23时14分44秒监控画面出现第一次电弧闪光，23时14分48秒监控画面出现第二次电弧闪光，随后监控画面消失。

4．鑫吉五金商贸店街对面农商银行监控画面显示，23时15分58秒监控画面中能看到起火建筑内有火光。

根据上述证据，结合火灾发展规律，综合分析认定起火时间为2020年7月27日23时15分许。

（二）起火部位

1．最先发现起火的许某某、程某等四人证实，最先是从卷帘门上方看到起火建筑一层店铺内有火光，打开卷帘门后发现面对卷帘门右手边有明火，其余部位和二、三层均未起火。

2．现场勘验显示，一层物品烧损程度较二层、三层重，沿街外墙一层和二层之间瓷砖脱落严重；一层店铺东部吊顶脱落，西部吊顶完好，火势呈现由东向西蔓延；一层店铺内北部货架烧损重于南部，东部烟熏明显重于南部；店铺上方5根钢管靠东2根弯曲。

根据上述证据，综合分析认定起火部位位于鑫吉五金商贸店一层店铺内东北部。

（三）起火点

1．现场勘验显示，一层店铺内，靠北墙的货架严重变形，⑥层货架中第③、④、⑤层过火最为严重，东西方向钢架、钢管均变形严重向下弯曲；③层货架靠北墙处有电线经过，且与钢架之间接触，接触点有挤压和明显的变色；在第③层处木工板有明显的炭化、灰化痕迹，木工板底部有倒“V”字痕迹，对应点有烧穿痕迹。

2．王某某、何某某、李某某、程某等人均反映，发现火灾时店铺内北侧挨着卷帘门处有火，其余地方没有火。

3．一层店铺卷帘门处监控视频显示，一层卷帘门上方监控画面最初显示火光时，火光从卷帘门上部孔洞透出，根据现场位置复原，火光发出位置位于一层东部北侧货架上。

根据上述证据，综合分析认定起火点位于一层店铺内东北部货架中部。

（四）起火原因

1．排除放火。

调查显示，户主与周围邻居关系融洽，建筑门窗没有人为破坏痕迹，起火点处未发现助燃物质。越西县公安局根据走访排查和现场调查情况，排除人为放火引发火灾的可能。

2．排除雷击引发火灾。

（1）越西县气象部门证实，火灾当天，越西县普雄镇未出现雷电活动情况。

（2）监控视频资料和走访询问均显示，火灾当天，起火建筑所在区域无雷电活动。

3．排除生活用火不慎及吸烟。

（1）现场勘验显示，起火点处未发现处于使用状态的生活用火物品及相关痕迹。

（2）走访询问证实，程某吉一家三口均不吸烟。

（3）一层店铺卷帘门处监控视频显示，火灾发生前，起火点处并未发现生活用火和冒烟情况。

4．电气线路故障引燃周围可燃物蔓延成灾的起火原因认定。

（1）现场勘验和走访询问均显示，在起火点处存在用电线路及插线板等用电器。

（2）在越西县供电有限责任公司调取的用电记录显示，起火点处电气线路起火前处于通电状态。

（3）一层店铺卷帘门处监控视频显示，火灾发生前，商贸店一层店铺内先后出现4次电弧闪光现象，紧接着就出现火光。

（4）物证鉴定报告显示，在起火点处提取的铜导线等残留物存在故障痕迹。

（5）现场勘验显示，起火点周围存在大量塑料薄膜、胶皮线圈等易可燃物，电气故障发生后足以引燃这些物品，然后蔓延成灾。

根据上述证据，综合分析认定起火原因为起火点处电气线路故障引燃周围可燃物蔓延成灾。

七、灾害成因分析

1．起火建筑使用人擅自改变房屋使用性质，将使用性质为住宅的二层改变为仓库，存放大量五金、百货易燃物品，增加火灾荷载，且未采取有效措施将住宅与商用部分进行防火分隔。

2．起火建筑内疏散通道不畅通，一层、二层及疏散楼梯等部位堆放大量货物，严重占用疏散通道；该建筑每一个窗口均设置铁质防护栏，但未在防盗栏上预留紧急逃生窗口，导致火灾发生后无法逃生。

3．该建筑为村民自建房，用电存在私拉乱接情况，且均未采取穿管、阻燃电线等有效措施，使用空气开关型号为DZ47-100，瞬间动作电流值需达到500A左右，不能有效发挥保护作用。

4．乡镇、社区消防安全宣传不到位，经走访普雄街大部分居民，均表示未接受到关于城乡火灾防控的消防安全知识。

八、火灾调查体会

1．组织严密、分工明确至关重要。火灾发生后，第一时间成立调查组，明确组内分工，定期召开碰头会，分析疑难点，确保更快更准地判断调查方向。在短短的3天内，制作15份笔录，9份现场图，提取大量的视频监控，制作三维动画还原火灾发生经过，准确地认定起火原因，达到事半功倍的效果。

2．派出所火调职能非常关键。此起火灾发生在少数民族地区，地域不熟，语言不通，当地派出所在调查走访中的作用非常明显，有效地协助排查到关键的证人和信息；在协调处理火灾扑救、视频监控调取等方面也发挥了重要作用。

3．科技手段应用在未来火灾调查工作中不可或缺。在此次火调中，调查人员运用电子数据手段，从烧毁的摄像头内提取到关键证据；通过电表数据分析确定起火时间；利用三维动画模拟火场情况。这一系列科技手段为本次火灾调查工作提供了强有力的支撑，指明了调查方向。

仓储物流场所

10．西昌市宽鸿钒钛开发试验厂库房“10 · 2”较大火灾

一、火灾基本情况

- **起火单位：**西昌市宽鸿钒钛开发试验厂。
- **起火地址：**西昌市小庙乡娇子路烟厂3号门斜对面。
- **报警时间：**2016年10月2日9时2分。
- **火灾损失：**过火面积6551 m^2，直接经济损失约4000万元。
- **调查组织：**该起火灾过火面积大、持续时间长、受灾户数多、经济损失大，社会影响大。火灾发生后，原凉山彝族自治州公安消防支队立即启动火灾调查应急预案，组织开展此次火灾事故调查。火灾事故调查组由支队防火监督处、原西昌市公安消防大队、西昌市公安局小庙派出所有关人员组成，分成现场勘验、调查询问和损失统计三个工作小组。因该案疑难复杂，原四川省公安消防总队专家亲临现场指导。

二、走访询问情况

调查询问组走访询问了报警人、火灾时在现场的证人、火灾当事人、安装和维修库房电路的电工等知情人共30人（次）。

1．知情人唐某、李某等人均证实，当日8：50左右，火从27、28号摩托车库房烧了起来，起火时27、28号库房卷帘门正常锁闭，无法看清起火点的具体位置。27、28号库房内平时无人，仅在货物进出时才开启卷帘门。

2．知情人唐某、曾某证实，发现火灾时，库房区仍处于通电状态，总电源是人为关闭的。

3．27、28号库房租赁者谭某及其库管员王某证实，火灾前一天10月1日王某等人进过库房发货，并于11时许离开。王某等人离开后至火灾发生时再无人员进入库房。

4．库管员王某等人反映，27、28号库房的电路仅有两组照明线从南墙上的钢立柱沿支撑横梁向北敷设；28号库房卷帘门东立柱旁还有1个插座，用来插接28号库房门口的电风扇。除此之外，再无其他电路敷设。

三、现场勘验情况

调查人员共进行了2次现场勘验，绘制火灾现场图2张，拍摄现场照片58张。现场提取痕迹物证11件。

（一）环境勘验

起火建筑位于西昌市小庙乡娇子路烟厂3号门斜对面，北邻西昌市市政管理处库房，南临林地，西临娇子路，东隔水沟和空地与某厂房相邻；该建筑系西昌市宽鸿钒钛开发试验厂库房区，单层简易钢结构，外墙下部为水泥空心砖，上部和屋面为彩钢瓦（见图10-1）。

图10-1　现场方位图

该库房平面布置呈“山”字形，“山”头向西（见图10-2）。库房门均采用卷帘门，进大门北侧第3道卷帘门为1号库房门，向东沿库房走向依次编号，最后一道卷帘门编号为125号库房门。

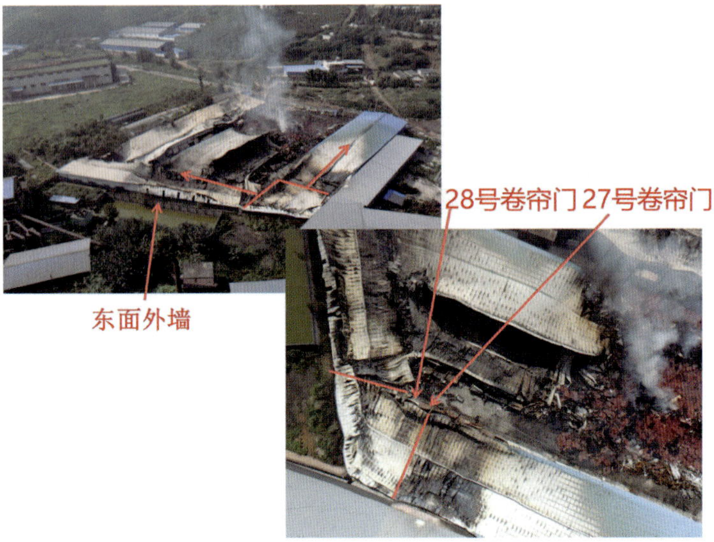

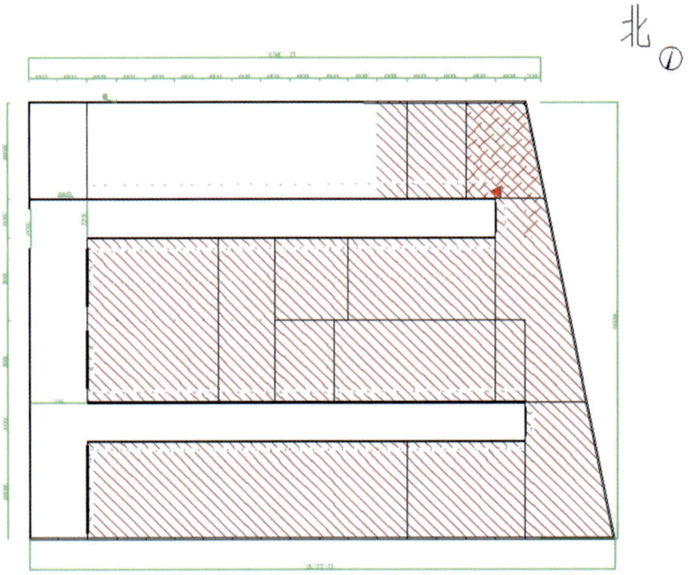

图10-2　“山”字形仓库区示意图

该库房区四面外墙未见过火痕迹。20号库房以西仅受烟热熏烤未过火，其余库房全部过火。钢屋架整体向28号库房东南角倒塌，屋面彩钢板烧损变色程度由28号库房向西、向南渐轻，29号库房后门正对的屋面彩钢板外边缘全部变色，其余尚有部分本色残存（见图10-3）。

图10-3　外墙

（二）初步勘验

1．22号库房内瓷砖残留物烧损程度东重西轻（见图10-4）。

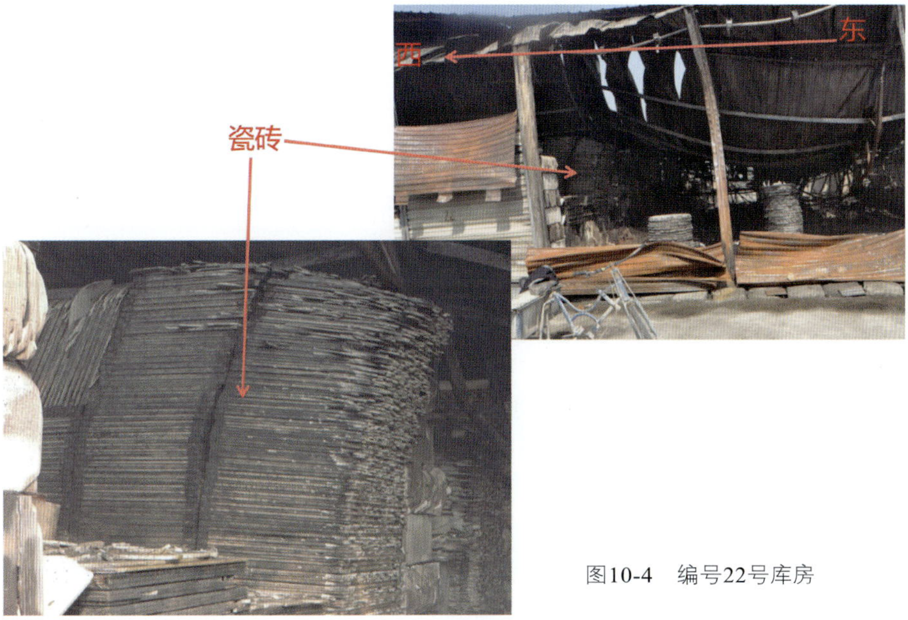

图10-4　编号22号库房

2．23、24号库房内的钢管货架未变形，其东侧25、26号库房内的钢管货架向东弯曲变形（见图10-5）。

图10-5　编号23、24号库房

3．25、26号库房内堆放的货物烧损、炭化程度东重西轻（见图10-6）。

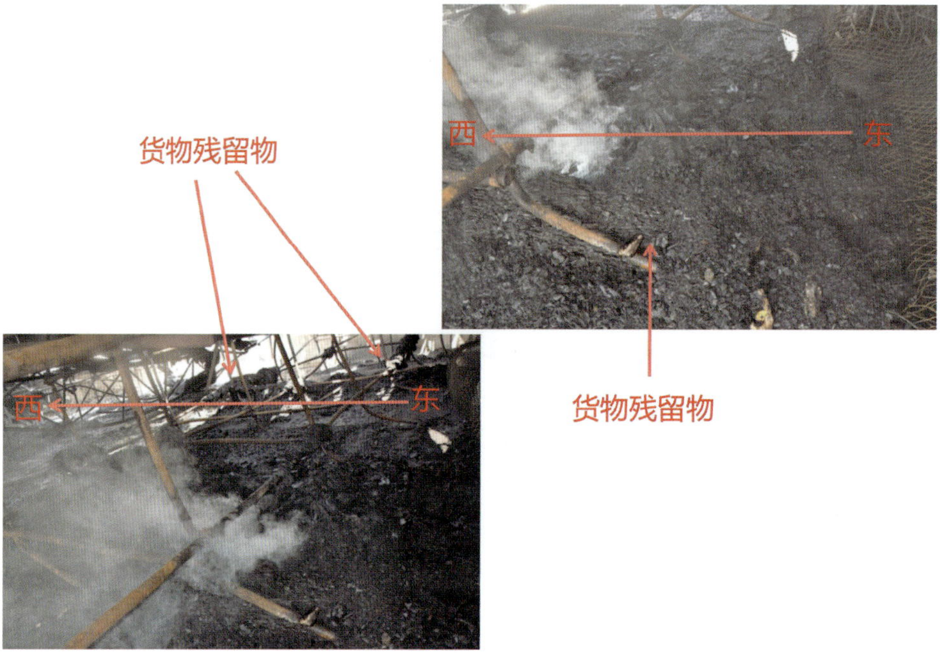

图10-6　编号25、26号库房

4．28号与29号库房间的彩钢板隔墙向北侧（28号库房）弯曲变形，其烧损程度东段重西段轻。在东段烧损较重部位，同一块彩钢板烧损变色程度北重南轻（见图10-7）。

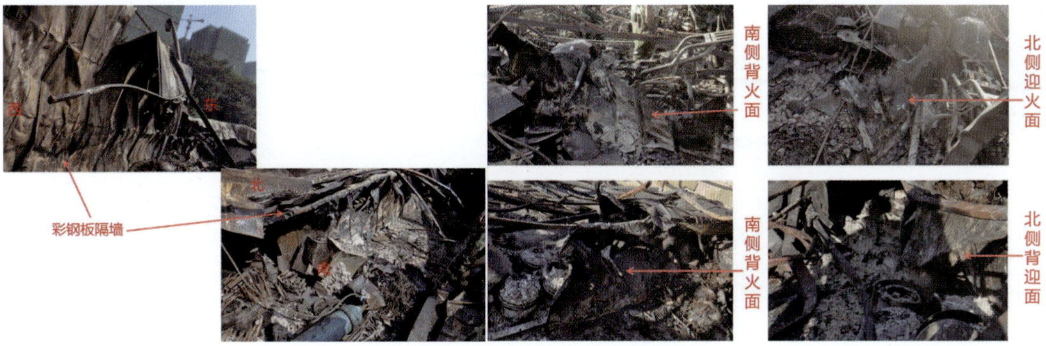

图10-7　编号28、29号库房

5．29号库房北墙边距西侧卷帘门600 cm处，一截竖向钢管残留物烧损、变色程度北重南轻（见图10-8）。

图10-8　编号29号库房

6．29号库房北墙边距西侧卷帘门790 cm处，水箱残留物烧损、变色程度北重南轻。29号库房东墙后门处两根钢质立柱上有烟痕，烟痕沉积北重南轻（见图10-9）

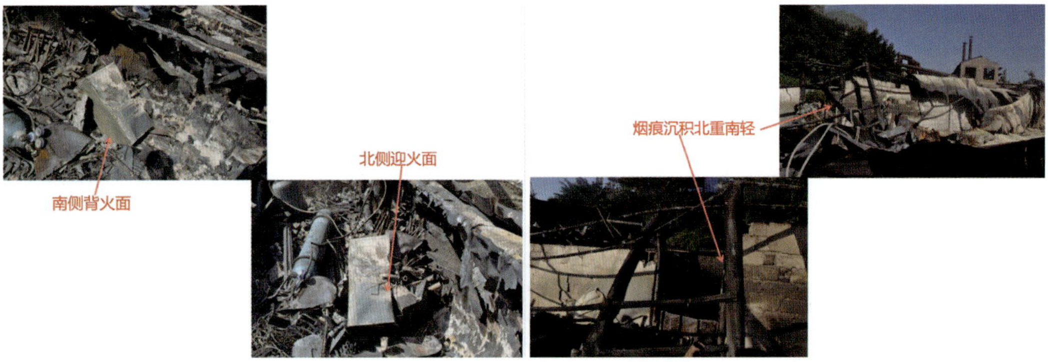

图10-9　编号29号库房

7．27、28号库房内主要堆放摩托车及组件，其烧损程度较重，摩托车的可燃包装物及可燃部件大部分灰化，只有贴在地上的一层炭化（见图10-10）。

图10-10　编号27、28号库房

根据上述痕迹证据，初步判断起火部位在27、28号摩托车库房内。

（三）细项勘验

1．27、28号库房支撑屋面房彩钢板的东西走向钢梁向东南角弯曲变形，其烧损、变色程度东南角较重（见图10-11）。

图10-11　编号27、28号库房

2．27、28号库房北墙至东墙由南向北第二根钢立柱以北的内墙面烧损、变色程度比较均匀，部分墙面有少许烟痕；东墙由南向北第二根钢立柱以南至南墙的内墙面烧损、变色程度较重；南墙东段彩钢板隔墙严重烧损，西段残存在原来的位置上（见图10-12）。

图10-12　编号27、28号库房

3．27号库房进门处金属隔网（与26号库房之间的分隔）边的数辆摩托向东侧倾倒，28号库房东北角一辆摩托车向南侧倾倒（见图10-13）。

图10-13　编号27号库房

4．28号库房门口附近东侧地面可见工具箱、电风扇、电机、千斤顶、桶底、摩托车配件及4辆整车残留物，其烧损程度较重，地面有白灰，南墙彩钢板靠近摩托车部位有烟痕（见图10-14）。

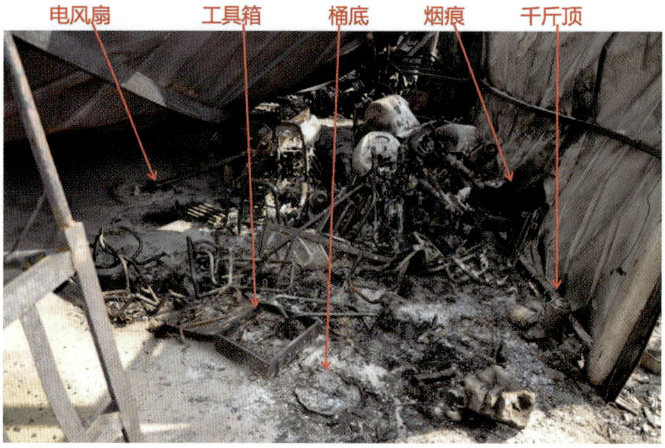

图10-14　编号28号库房

5．28号库房东南角的东墙边发现摩托车润滑油残留物，其上方墙面有少量烟痕；南墙边有一摩托车举升机（人力）残留物，附近地面混凝土有炸裂痕；南墙东段北侧地面纸质灰化物较多，东南角区域地面有润滑油流淌痕。28号库房南墙附近内侧（北侧）地面，从卷帘门东立柱往东至东墙位置的可燃物较多，烧损最为严重（见图10-15）。

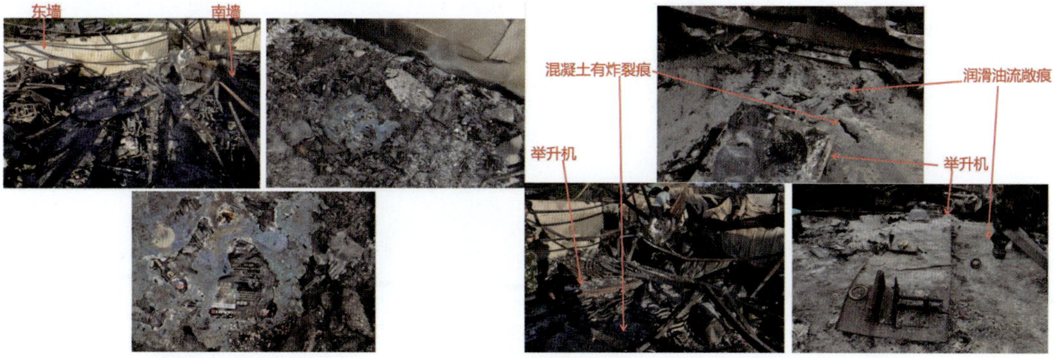

图10-15　编号28号库房

根据上述痕迹证据，初步判断起火点位于28号摩托车库房南墙附近内侧（北侧）从卷帘门东立柱向东至东墙位置的地面。

（四）专项勘验

1．27、28号库房进户电表位于28号库房卷帘门东立柱北侧的彩钢板上，火灾中电表箱掉落，彩钢板上残留了安装电表的孔洞，电表箱安装孔洞距地面250 cm（见图10-16）。

图16　编号27、28号库房

2．28号库房卷帘门北侧，距卷帘门东立柱100 cm处地面，发现白色塑料桶底残留物1个，直径30 cm，现场进行了物证提取，物证编号1号（见图10-17）。

图10-17　物证1号

3．28号库房卷帘门北侧，距卷帘门东立柱60 cm处地面，发现电线残留物若干段、电器残留物1个，电线绝缘层烧失，金属导体残存，部分导体上有熔痕，现场进行了物证提取，物证编号2号（见图10-18）。

图10-18　物证2号

4．28号库房卷帘门北侧，卷帘门东立柱下地面，发现电表及空气开关残留物一个、电线数段，其绝缘层烧失，金属导体大部分残存，现场进行了物证提取，物证编号3号（见图10-19）。

图10-19　物证3号

5．28号库房卷帘门北侧，距卷帘门东立柱95 cm处地面，发现大功率转换插座一个及其电源线数段，其绝缘层烧失，金属导体残存，部分导体上有熔痕，现场进行了物证提取，物证编号4号（见图10-20）。

图10-20　物证4号

6．28号库房卷帘门北侧，距南侧钢板隔墙30 cm、距西南侧卷帘门东立柱40 cm处地面，发现电机残留物1个，现场进行了物证提取，物证编号5号（见图10-21）。

图10-21　物证5号

7．28号库房卷帘门东立柱内发现铝芯电线若干段，其绝缘烧失，铝导体残存，现场进行了物证提取，物证编号6号（见图10-22）。

图10-22　物证6号

8．28号库房卷帘门东立柱附近，在北侧和东侧地面炭化物中，发现电线及电器残留物若干段（个），电线绝缘层烧失，金属导体残存，现场进行了物证提取，物证编号7号（见图10-23）。

图10-23 物证7号

9．28号库房卷帘门东立柱至东墙立柱之间的中部立柱内，发现铝芯电线若干段，其绝缘烧失，铝导体残存，现场进行了物证提取，物证编号8号（见图10-24）。

图10-24 物证8号

10．28号库房卷帘门东立柱发现铜芯电线1段，其绝缘烧失，铜导体残存，现场进行了物证提取，物证编号9号（见图10-25）。

图10-25　物证9号

11．28号库房东侧门柱至东墙立柱之间中部立柱上的南北向屋架边，距中部立柱475 cm处地面，发现铝芯电线及铝质熔珠若干段（个），其绝缘烧失，铝导体残存，现场进行了物证提取，物证编号10号（见图10-26）。

图10-26　物证10号

12．28号库房东南角南墙边、摩托举升机与东墙之间地面，发现电风扇残留物1个，附近地面未见电源线或插线板残留物。28号库房门口附近东侧地面，发现烟头残留物2个，紫云烟盒残留物1个（见图10-27）。

图10-27　编号28号库房

对现场提取的物证进行分析后，将其中2～4号、6～10号物证送公安部消防局四川火灾物证鉴定中心进行技术鉴定。

四、火灾认定

（一）起火时间

1．2016年10月2日9时1分，原凉山彝族自治州公安消防支队指挥中心接张某报警称，位于西昌市小庙乡袁家山村娇子路烟厂3号门斜对面的西昌市宽鸿钒钛开发试验厂库房发生火灾。

2．据走访询问：首先发现起火的唐某反映，她于当日8时55分发现了火灾，当时火已经窜到屋顶了，火在往东侧及南侧蔓延；报警人张某反映，他看到火灾时，里面有一大股火，然后烟子很大，之后他报了警；曾某反映，他上班登记（8时30分）后，搬了两次货，大概在当日8时40分至50分发现了火灾，然后去关总电源。

根据以上调查获取的证据，结合火灾发生发展规律，认定起火时间为2016年10月2日8时50分许。

（二）起火部位

1．据走访询问：唐某反映，最先是听到“嘭”的一声响，然后她就从2号门里面沿南墙边往东侧看，看到27、28号门的摩托车仓库起火，她就把头探出来，看到火已经从屋檐边蹿出来了；李某反映，他看的时候是摩托车仓库起火，火势向南蔓延到五金仓库，紧接着往西蔓延烧到家电仓库，然后向四处蔓延开，起火的那家摩托车库房租赁者是谭某；张某反映，他听到唐某喊起火了，就跑过去看，看到在进院门正对的路尽头东北角那家（库房）里面有火，（库房）里面放了些摩托还有别的东西；曾某反映，他看到烟子是从屋檐边窜出来的，具体位置就是正对大门通道的东北角；陆某反映，火灾发生时他在现场，听到外面吵得很，他就出去看了一下，看到正对大门通道的东北角有烟子，他没有走近去看，后来就去上厕所了，回来后就开始往外搬他们库房里的贵重物品；何某反映，起火的具体位置没看到，只是看见进大门正对的那个通道最里面冒的烟。

2．从临近工地塔吊师傅处获得的一张图片显示，火灾初起时27、28号摩托车库房的火势最猛。

根据现场勘验和走访询问情况，综合分析认定起火部位为西昌市宽鸿钒钛开发试验厂27、28号摩托车库房内，起火点为28号摩托车库房南墙附近内侧（北侧）从卷帘门东立柱向东至东墙位置的地面。

（三）起火原因

1．排除放火、自燃、生产生活用火不慎和遗留火种、小孩玩火、雷击、燃放烟花爆竹等引发火灾的可能性。

（1）27、28号库房租赁者谭某反映，没有明显的仇人，亦未受到过放火威胁；库房的出租方所有业主均未受到过放火威胁；火灾时在现场的唐某、李某等人反映，火灾发生时27、28号库房卷帘门是关好的，未见可疑人员进入火灾现场；

经现场勘验，27、28号库房的外墙未见外力破坏痕迹，室内亦未发现放火的痕迹物证。故排除放火因素。

（2）现场未发现自燃物质；27、28号库房内的新摩托车电池没有安装好，电路也没有接通，其做法与行业内通行的做法相符，在这种情况下摩托车不可能自燃。故排除自燃因素。

（3）现场发现两个烟头和一个紫云烟盒，但谭某、王某反映27、28号库房10月1日有人进入过，并于当日11点后离开，此后至火灾发生时再无人员进入；火灾现场未见阴燃起火形成的大量烟痕；唐某、何某等人在发现火灾前，亦未察觉烟气等异常情况。火灾现场除烟头外，未见其他生产生活用火形成的痕迹物证。故排除生产生活用火不慎和遗留火种因素。

（4）火灾现场人员均反映火灾发生前后，起火建筑及附近区域无小孩玩火、无人燃放烟花爆竹，亦未听见雷声；气象资料显示，起火时西昌城区无雷击发生：现场勘验时未发现小孩玩火和烟花爆竹燃放后形成的残留物，也未发现雷击后形成的痕迹物证。可以排除小孩玩火、雷击和燃放烟花爆竹引发火灾的可能性。

2．大功率转换插座故障产生电弧和高温引燃可燃物起火成灾的火灾原因认定。

（1）唐某反映，她拿起手机充电器准备插在插线板上给手机充电，还没插上充电器就从仓库里面看到东侧起火了，此时插线板通电指示灯是亮起的；曾某反映，听到唐某在喊“起火”的时候他在搬货，搬货出来时路过办公室看到计算机屏幕是亮的。这表明，火灾发生时库房区处于带电状态。

（2）经原公安部消防局四川火灾物证鉴定中心进行鉴定分析，鉴定结论为：在4号物证中提取1个熔痕，编号为4-1#样品，4-1#样品为电弧作用形成的电热熔痕；在6号物证中提取3个熔痕，编号为6-1#至6-3#样品，6-1#至6-3#样品为一次短路熔痕。其余物证有的未找到有鉴定价值的样品，有的只找到火烧熔痕样品。

（3）谭某自2013年6月租赁27、28号库房。库管员王某反映，他们使用该库房已经有两三年时间，火灾前27、28号库房原有电气线路（6号物证位于库房原有电气线路上）未发生过故障，他购买安装的插线板（4号物证，大功率转换插座）亦未发生过故障，故4-1#样品和6-1#至6-3#样品为火灾时或火灾后形成。

（4）6号物证的发现位置位于28号库卷帘门东立柱内，铝芯线的短路点在钢管内，即使铝芯线先短路，由于钢管的保护作用，铝芯线的短路故障并不能引发火灾事故。库管员王某反映，他接插线板（4号物证，大功率转换插座）是把空气开关的出线头拔出来，再把插线板的多股软线线头在空气开关的出线头上缠了两圈，才将空气开关的出线头塞进空气开关出线孔，再把（出线孔上的）螺丝拧紧，这种接法符合常理，并且表明4号物证处于进户电表后的空气开关保护之下。6号物证的铝芯线也处于进户电表后的空气开关保护之下，该铝芯线短路后，空气开关会动作，使空气开关后面的线路处于断电状态。假设6号物证的短路故障引发了火灾，则火烧到4号物证时4号物证应处于断电状态，也就不可能产生电热熔痕，这种假设与鉴定报告相矛盾。故6号物证的短路故障仅仅证明火灾时该铝芯线处于通电状态，此次火灾事故并非由6号物证的短路故障引发。

（5）4号物证先发生故障产生电弧引燃附近可燃物，此时空气开关未动作，6号物证在4号物证故障后保持通电状态：当火将6号物证绝缘层烤坏，6号物证才发生短路，密闭的钢管中（相对于火焰直接灼烧的环境，处于低温状态）发生的短路无论是一次短路还是二次短路，都呈现一次短路的特征。因此，在6号物证中发现一次短路熔痕，这与鉴定结论是相符的。4号与6号物证的关系如图10-28所示。

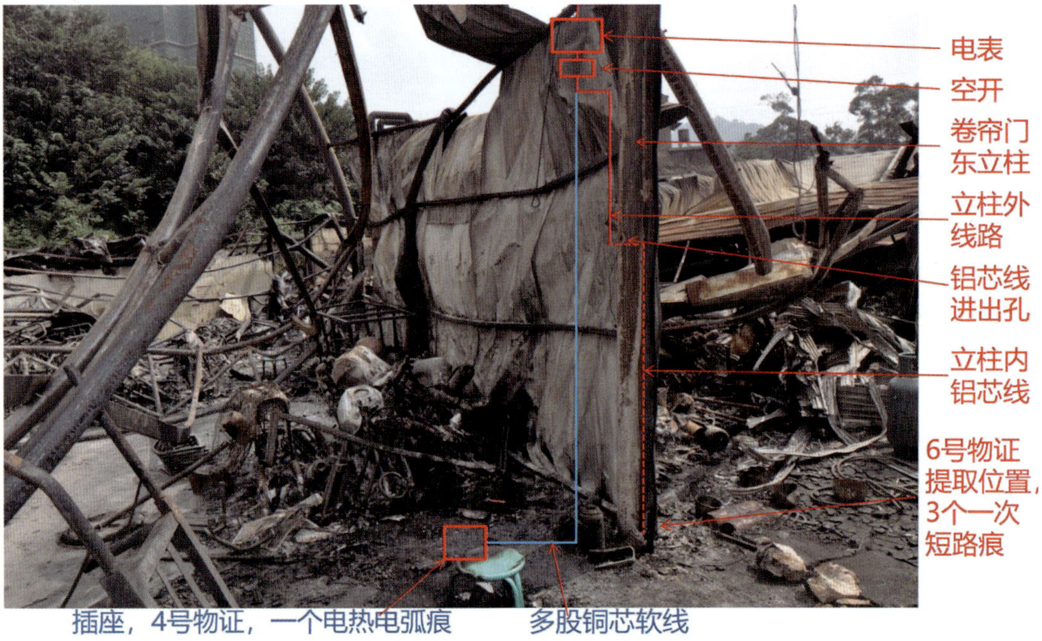

图10-28　电气复原图

（6）经现场勘验，4号物证被发现的位置有大量可燃物，且与起火点位置相符。4号物证的故障点位于大功率转换插座的一个铜片上，故障点处铜片被电弧熔蚀了2/3，这样的高温足以引发此次火灾。

根据上述证据，综合分析认定起火原因为28号库房卷帘门北侧距卷帘门东立柱95 cm处地面的大功率转换插座故障，产生电弧和高温，引燃可燃物引发本次火灾。

五、灾害成因分析

1．27、28号仓库管理员王某违规安装电气线路，并将大功率转换插座置于可燃物上，库房锁闭时又未按相关规定关闭电源，最终造成插座电气故障引发火灾，是此次事故的直接原因。

2．该仓库的建设未按国家建设工程管理法律法规，到相关行政管理部门办理手续，产权方的私搭乱建行为未受到有效监管。

3．该仓库的产权方未按当时国家消防技术标准《建筑设计防火规范》（GB50016—2014）进行设计和施工，致使仓库建成后存在严重的先天性火灾隐患：（1）建筑的耐火等级达不到国家消防技术标准要求“丙类2项仓库的耐火等级不应低于三级，而简易钢结构仓库墙体低于四级耐火等级标准”，火灾后，由于墙体的耐火极限低，火灾能透过墙体迅速蔓延。（2）未实施有效的防火分隔，整个仓库区连片建设，未分区设置，且库内未划分防火分区，租户与租户之间有的采用金属网分隔、有的采用彩钢板分隔，火灾发生后，因未采取有效的防火分隔措施，烟热迅速横向流动，较短时间内仓库就大部分过火。（3）未设置排烟设施，整个仓库区未设置排烟口，火灾时产生的大量烟热无法外泄，加剧了烟热的横向流动，加速了火灾的横向蔓延。（4）未设置必要的灭火设施器材，该仓库未设置室内外消火栓给水系统和足够的灭火器，导致无法有效扑救初起火灾。

4．该仓库的产权方和承租方未按《仓储场所消防安全管理通则》（GA1131—2014）的有关规定进行管理，消防安全主体责任不落实，致使该仓库存在大量火灾隐患，最终养患成灾：（1）火源管理不严，仓库区内未设置禁止吸烟、禁止使用明火标志，火灾现场勘验时发现27、28号库房内有烟头，在丙类仓库内吸烟或使用明火，违反有关规定。（2）电气线路、电器产品的敷设、设置不符合规定，该仓库内电气线路采用铜芯线、铝芯线混接，部分电气线路未穿管敷设，仓库使用、管理人员私拉乱接，在仓库内为手机充电、使用计算机、电视等家电产品，在照明灯和电气线路下方堆放可燃物，由于存在上述违规行为，电气线路和产品的任何一点出现故障，均可引发火灾事故。（3）承租方货物随意码放，未分垛、分类存放，与墙体和架空线路未留安全距离，增大了该仓库的火灾危险性。（4）未制订消防安全管理制度、灭火应急预案、未明确消防安全组织和岗位职责，未落实防火检查、巡查措施，仓库消防安全管理和防范措施的缺失，使该仓库处于一种不设防的状态。

六、火灾调查体会

1．基层火调人员缺乏电气知识，给调查电气火灾造成了极大的困难。总队专家组莅临指导，为顺利复原电气线路、准确分析认定火灾原因提供了极大的帮助。

2．本次火灾事故认定当事人谭某某（27、28号库房租赁者）聘请了一位律师，以“故障的大功率插座仅是一个起火的点位，导致该插座故障的原因才是火灾原因”为由，向原凉山彝族自治州公安消防支队申请复核。支队以“认定电气故障原因非公安机关消防机构法定职责，公安机关消防机构的法定职责是认定火灾原因。火灾原因认定只需要证明引火源、起火物、燃烧能够持续并成灾即完成任务”为由，维持了原认定。基于火灾原因调查的复杂性，我们认定的火灾原因，只能根据所掌握的证据来得出结论。

3．刑事责任追究方面，公安机关认为库房房东（多个合伙人），27、28号库房租者谭某某、库管员王某某均对本次火灾负有重要责任，应当追究其刑事责任，以示惩戒。但检察机关只批准逮捕了直接责任人库管员王某某，其余人员让受灾户追究其民事责任，火灾刑事案件的办理与追责工作任重而道远。

11. 成都市武侯区佳灵路53号成都西部汽车城股份有限公司唯驿综合楼“3·6”较大火灾

一、火灾基本情况

- **起火地址：**成都市武侯区佳灵路53号。
- **报警时间：**2019年3月6日19时31分许。
- **火灾损失：**过火面积600平方米，造成4人死亡，24人受伤（6人重伤，18人轻伤），直接经济损失350万元。
- **调查组织：**火灾发生后，应急管理部、四川省、成都市主要领导先后作出重要批示，四川省消防救援总队立即启动全省火灾事故调查集中调警机制，从全省调集火灾调查骨干力量共25人组成调查组赶赴现场开展事故调查工作。期间，应急管理部消防救援局指派全国火灾调查专家到现场进行指导。起火单位航拍如图11-1所示。

图11-1　起火单位航拍

二、走访访问情况

火灾发生后，事故调查组先后调查走访相关人员20人，制作询问笔录27份。

1．据荣华丰汽配部仓库库管员张某富反映：他离店前在洗手台洗手，听到仓库内有“啪啪”声，发现位于仓库卷帘门一侧（西部）仓库的货架上部有火光。

2．据港宇物业值班保安曾某全反映：当他跑上楼看到浓烟从唯驿综合楼二楼仓库里面冒出来。

3．据港宇物业电工张某高反映：他看见汽配仓库上边缘空隙有火苗窜出，当时他所在的板房还没着火；火苗窜出部位在3-2-12、3-2-16住户正下方。

4．据港宇物业保安张某反映：当天19时37分接到班长杨某军的电话说起火了，他就立刻骑电动自行车到起火建筑前，从主楼梯（东）跑上二楼平台随后跑到食堂门附近，此时仓库中间区域明火和烟已经很大，3间板房靠近仓库的部分（东部）着火了，板房前（西）部还未燃烧。

5．据唯驿综合楼三楼住户男友郑某良反映：19时40分左右闻到烧焦味，推开窗户看到斜对面二楼有1.5～2 m高的明火。

6．据唯驿综合楼3-2-10住户王某反映：他洗澡出来，闻到一股焦臭味，拉开窗帘看到窗外有灰色烟冒上来，是楼下冒上来的烟。

7．据衣冠庙消防救援中队指导员胡某反映：他带领通信员、一班班长到二楼平台进行火情侦查时发现二楼库房已经发生猛烈燃烧，它前面（西侧）的三间板房还未全部着火，只是板房后面靠库房的地方（板房东部）已经被点燃。

三、现场勘验情况

（一）环境勘验

起火建筑位于成都市武侯区佳灵路53号，该建筑北临长益路，西侧为成都西部汽车城股份有限公司内部停车区，东临核桃堰路，南侧为成都西部汽车城股份有限公司内部道路（见图11-1）。建筑呈“U”形布置，钢筋混凝土框架结构，总建筑面积12750 m^2，共分A、B、C三区，建筑东部为B区，共7层；B区北侧为A区，共8层；B区南侧为C区，共9层。建筑一层为商铺，共14间；A区二至三层为办公用房，四至八层为公寓；B区二层为荣华丰汽配仓库（以下简称“仓库”），三至八层为内廊式公寓。B区二层西侧为连接A、B、C三区的平台，平台南部和北部设有彩钢夹芯板搭建的雨棚，其中南侧雨棚下方为彩钢夹芯板搭建的板房；平台西部设有彩钢夹芯板搭建的板房，其用途为成都西部汽车城股份有限公司售后服务中心办公用房。C区二层（平台南侧）为员工食堂。B区二层仓库全部过火，B区东、西外墙外立面自二层起有明显烟熏痕迹、呈“V”字形，东外墙外立面烟熏较轻，西外墙外立面烟熏较重；B区三层中部设南北向内走道，走道西侧共计8个房间，由北向南依次编号为3-2-2、3-2-6、3-2-8、3-2-10、3-2-12、3-2-16、3-2-18、3-2-20，其中3-2-10、3-2-12两个房间全部过火。A区南外墙外立面自二层起有烟熏痕迹，北外墙外立面无烟熏痕迹。C区南北外墙外立面无烟熏痕迹（见图11-2、图11-3）。

图11-2　唯驿综合楼东南西北各外立面概貌

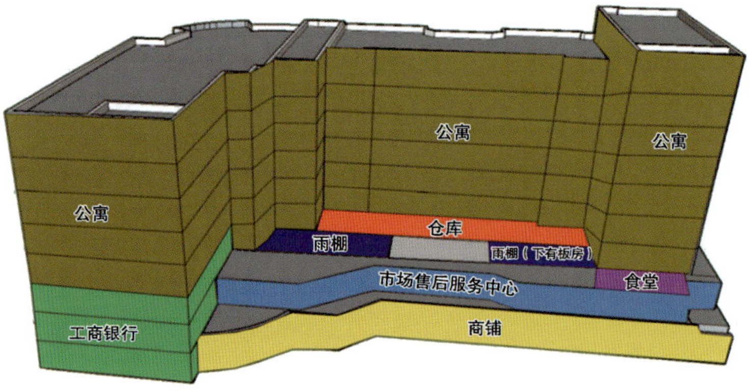

图11-3　唯驿综合楼三维复原图

（二）初步勘验

B区二层仓库西墙墙体向西倒塌。仓库北侧楼梯间三至八层烟熏痕迹明显，楼梯间西南角设有电缆井，二至八层均过火，八层楼梯间烟熏、过火痕迹明显。仓库南侧食堂卫生间北部局部过火，烟熏痕迹明显；食堂其余部位未过火，无烟熏痕迹。仓库雨棚顶部彩钢板变色痕迹自东向西逐渐减轻。B区3层3-2-10、3-2-12两个房间靠西的金属窗框受热变形，且向西突出，房间下方屋檐外墙瓷砖受热局部脱落，四至八层西外墙外立面瓷砖完好，仅有烟熏痕迹；仓库东部窗户烧损严重，B区三至八层窗户受损程度自下而上逐渐减轻（见图11-4、图11-5）。南侧雨棚下方的板房局部过火，东、北部重，西、南部轻，板房东侧墙体向东倒塌；北侧墙体向北倒塌；西侧墙体向西倒塌；南侧墙体向东倒塌；板房顶部东侧受损较重。

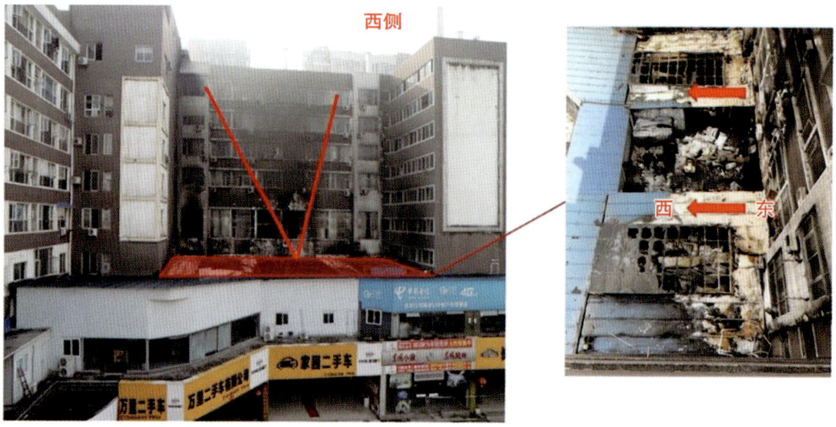

图11-4　西外墙外立面二层以上“V”形痕迹及二层平台板房彩钢屋顶过火情况

图11-5 西外墙外立面二层以上“V”形烟熏痕迹及3-2-10、3-2-12金属窗框变形痕迹

（三）细项勘验

二层平台南北两侧雨棚，东高西低，东部与B区西外墙相连，东部高3.78 m、西部高3.37 m，南侧雨棚下方板房南北长11.55 m，东西宽5.85 m，板房东外墙距二层仓库西外墙1.76 m，南侧距食堂北外墙2.28 m，板房自北向南分隔有三个房间（依次编号为1、2、3号房间），1号、2号房间烧损较重，3号房间未过火，有烟熏痕迹。1号房间东墙向东侧倒塌，倒塌层次自下而上依次为彩钢夹芯板、配电箱（安装于1号房间东侧彩钢夹芯板上）、仓库西墙墙体；2号房间西侧门窗向西倒塌，北侧自西向东依次摆放有床头柜、双人床、电冰箱、洗衣机等，均过火烧损。3号房间未过火，局部有烟熏。二层仓库西起第二排立柱自南向北编号为A1～A9，西起第三排立柱编号为B1～B9，西起第四排立柱编号为C1～C8。A6、B6柱西侧烧损较轻，留有保险杠、铝合金钢圈、翼子板、散热片等汽车配件燃烧残留物，A3柱与A6柱之间区域受损较重，金属货架变形严重，该区域顶部楼板受热露筋（见图11-6、图11-7）。

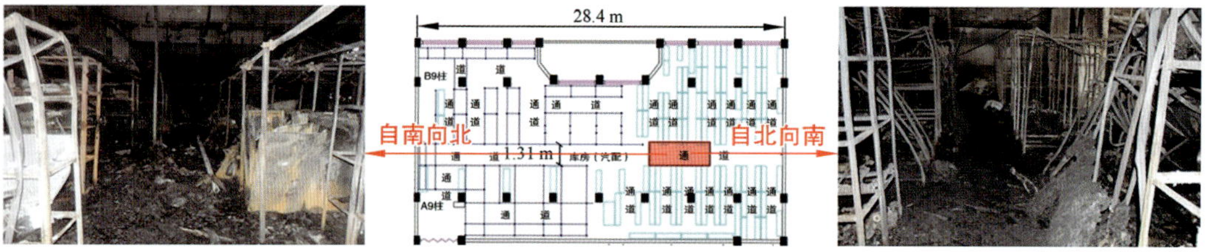

图11-6　二层汽配仓库内货架通道

图11-7　A3柱与A6柱之间顶部楼板烧损情况

（四）专项勘验

对二层板房电气线路进行专项勘验。1号、2号、3号板房电气线路由1号板房东侧外墙上安装的配电箱（4号物证）引出（3股导线），配电箱内有5组空气开关，其中2组处于断开状态。该配电箱进线由B区北侧二层楼梯间配电箱引出，并沿仓库西墙外立面敷设；线型为多股铜芯线（7芯），线路仅绝缘层烧损脱落，线体无断点。在板房与仓库之间发现并提取一段单股铜芯线（1号物证）。1号房间的东墙上部安装有电源插座，插座上部受热熔融。在2号房间双人床西北侧提取一段多股铜芯线（2号物证，有熔珠）；在床脚西侧提取一段多股铜芯线（3号物证）；在床脚西侧提取一段多股铜芯线（5号物证，有熔珠）。对二层仓库进行专项勘验，在A2、A3柱之间货架上部提取2段单股铜芯线（6、7号物证）。

对B区二层仓库进行专项勘验。二层仓库南北长28.4 m，东西宽15.5 m，地面距顶部楼板4.9 m、距梁4.1 m。南北向柱间距4 m；仓库西墙与A柱间距2.5 m，A、B柱间距8.3 m，C、D柱间距3.1 m。仓库西外墙上部未封堵、高2.6 m，向上与自顶部延伸出的外沿相对，该外墙外墙顶部与外该外沿底部间距1.2 m（据了解，起火前该空间用铁丝网遮挡）。仓库局部采用木质隔板分隔为两层，一层高2.04 m。仓库中部南北向设有通道（宽1.54 m，长28.4 m），两侧分布有铁质货架（长4 m，高

2.04 m，宽0.4 m），沿通道东侧货架上部南北向敷设有单股铜芯线（以下简称“主线”），经现场测量该单股铜芯线线径为2.5 mm；每隔两个货架，木质隔板下部东西向敷设有由主线引出的照明线路（以下简称“支线”），材质为单股铜芯线，经现场测量，该单股铜芯线线径为1.8 mm。通道东侧，南起第14排货架摆放的汽车围栏，南面受热变色重于北面，自西向东逐渐减轻；通道东西两侧货架南起第10排分别向东西两侧倒塌，货架受热变色程度分别向南北两侧逐渐减轻；A3柱抹灰层烧损脱落北侧重于南侧，A4柱抹灰层烧损脱落南侧重于北侧，两根柱之间的楼板及A3柱上方横梁下表面混凝土烧损剥落严重，向周边逐渐减轻。通道西侧货架南起第14排上的铝质散热片，南侧的烧毁程度重于北侧。A3柱至A4柱之间的通道地面上有瓦楞纸箱、木板和汽车塑料保险杠等物品燃烧炭化的残留物和熔融结块，周边货物炭化较轻。通道东侧上方主线在A3柱至A4之间对应的部位缺失严重，其他部位线路相对完整。在通道东侧南起第12排铁质货架底部地面提取到带有短路熔珠的导线残骸及大量大小不等的喷溅熔珠（8、9、10号物证）（见图11-8）。

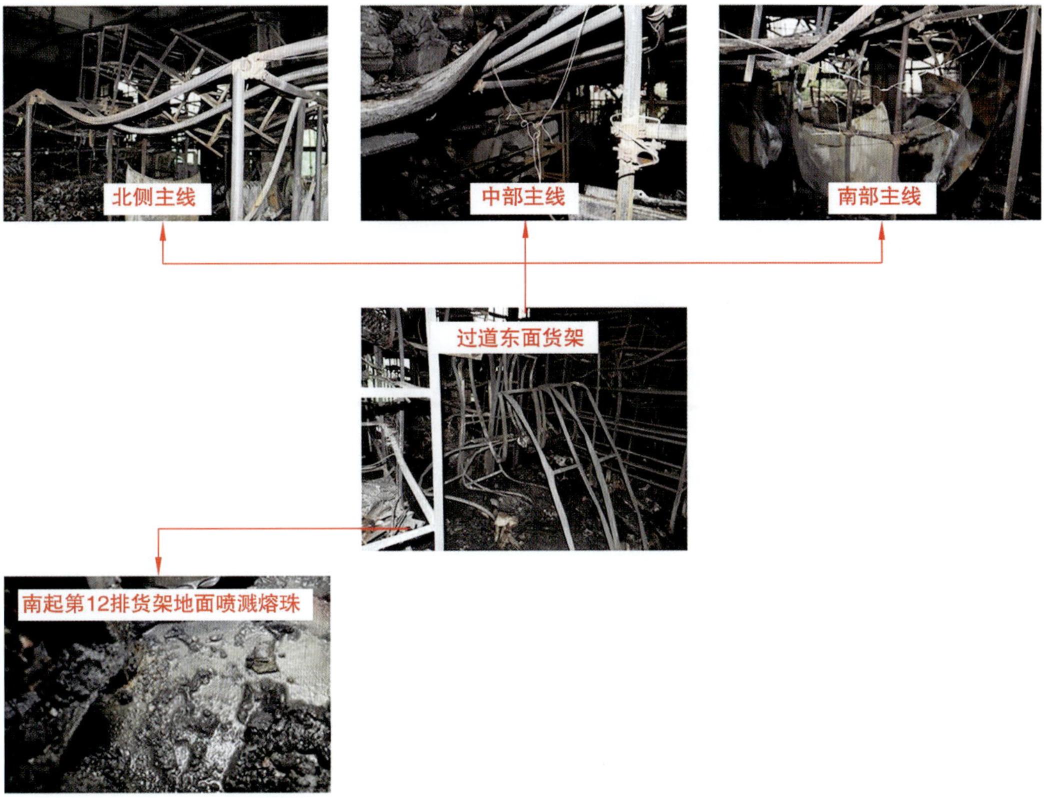

图11-8　通道东侧货架上方主线，南起第10排货架变形，第12排货架地面喷溅熔珠

四、火灾认定

（一）起火时间

1．视频监控。

（1）唯驿综合楼A区一层安全通道出口处监控画面显示：2019年3月6日19时30分19秒，荣华丰汽配汽配仓库库管员张某富从楼上走下来，在出口处打电话；在前台值班的保安曾某全突然坐起并向1楼通往2楼的疏散楼梯上张望，于19时30分17秒拿起手中的对讲机开始呼叫。

（2）E区围墙的监控摄像头（正对C区食堂侧门楼梯）监控画面显示：19时30分51秒，有烟从仓库的位置出现，并且越来越浓。

（3）2号门楼上的监控画面显示：19时32分49秒，唯驿综合楼北侧开始出现亮光，并且越来越亮，有烟雾透过亮光越来越浓。

（4）E区主通道监控画面显示：19时32分9秒，监控画面中部黄色招牌上部平台上的蓝色区域出现烟雾慢慢向外散出，逐渐变浓（见图11-9）。

2．证人证言。

（1）唯驿综合楼3-2-10租住户王某：其19时左右洗澡出来，闻到一股焦臭味，拉开窗帘看到窗外有灰色烟从楼下冒出。

（2）唯驿综合楼3-2-12租住户谢某超：其19时20分到家后过了几分钟，发现窗户外有烟，把窗帘拉开就看见明火已经从仓库下面冒出，他家的纱窗已经过火，其他地方没有看见明火。

（3）荣华丰汽配汽配仓库库管员张某富：19时25分左右准备离开库房时，发现火情，随后报警。

3．成都市消防救援支队指挥中心报警记录：该起火灾第一个报警电话时间为19时31分，报警电话与张某富手机号码一致。

根据上述证据，结合火灾发生发展规律，综合分析认定起火时间为2019年3月6日19时25分许。

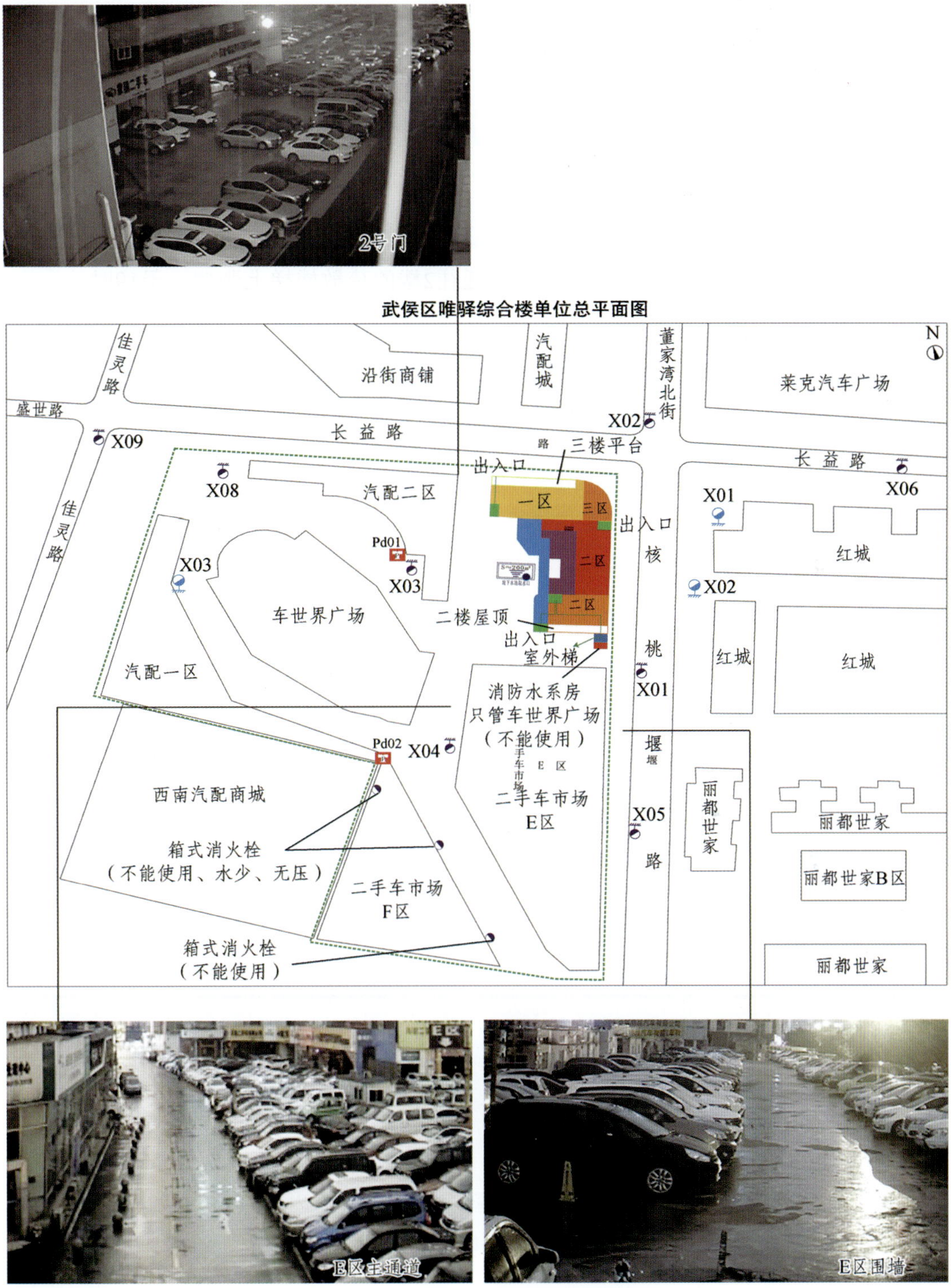

图11-9　监控画面情况及所在位置示意

（二）起火部位

1．现场勘验。

（1）B区二层仓库烧损严重，三、四层局部烧损，五至八层仅外墙有烟熏，内部未过火。

（2）仓库内A3立柱抹灰层烧损脱落北面重于南面，A4立柱抹灰层烧损脱落南面重于北面，两根柱之间的楼板及A3柱上方横梁下表面混凝土烧损剥落严重，由此向周边逐渐减轻。

（3）仓库走道两侧铁质货架受热变形，其中A3柱至A4柱之间的货架变形最重；货架上货物烧损严重，走道东侧的货架顶部木板烧失至距西墙9.1 m的位置，走道西侧货架顶部木板烧失至距西墙3.8 m的位置。

（4）A3柱至A4柱之间的走道地面上有瓦楞纸箱、木板和汽车塑料保险杠等物品燃烧炭化的残留物和熔融结块，周边货物炭化较轻。

（5）走道上方照明线路在A3柱至A4柱之间对应的部位缺失严重，此处地面提取的电线残骸上有短路熔珠，地面有大量大小不等的铜导线熔珠，其他部位线路相对完整。

2．证人证言。

（1）库管员张某富反映，发现起火时听到"噼啪"响的部位位于仓库内南部；最先看到冒烟的部位在西墙中部偏南；火和烟从仓库内货架上部冒出。

（2）物业公司电工张某高反映，发现起火时，火苗部位在3-2-16住户正下方。

上述证人反映的起火部位与现场勘验情况吻合。

根据上述证据，综合分析认定起火部位位于成都西部汽车股份有限公司唯驿综合楼B区二层仓库内A3柱至A4柱之间、距西墙3.8～9.1 m的区域范围内。

（三）起火原因

1．现场呈明火燃烧特征，可排除吸烟遗留火种引发火灾因素。

2．起火前仓库内无生活用火做饭及施工作业情况，可排除生活用火不慎和施工引发火灾因素。

3．根据监控视频、证人证言和气象资料，排除雷击引发火灾因素。

4．根据公安刑侦部门出具的调查结论，排除放火嫌疑。

5．认定为电气线路故障引发火灾，主要依据有：

（1）经调查，起火部位处敷设有库房照明线路，且起火前处于通电状态。

（2）起火部位地面提取到铜质导线绞接头熔痕及大量喷溅熔珠，经四川消防研究所火灾物证鉴定中心对其中的108颗熔珠进行检验鉴定，存在短路熔痕（见图11-10、图11-11）。

（3）起火部位处堆放有瓦楞纸箱、木板和汽车塑料保险杠等，电气故障形成的高温可以引燃瓦楞纸箱等可燃物。

（4）调查证实，起火部位照明线路敷设不规范，存在穿管不到位、随意拉接等现象，该仓库顶部时常漏水（现场多处有盛接漏水的铁盘），容易诱发电气故障。

根据上述证据，综合分析认定此次火灾的起火原因为仓库内照明电气线路故障引燃周围可燃物蔓延成灾。

图11-10　起火部位提取的铜导线绞接头熔痕

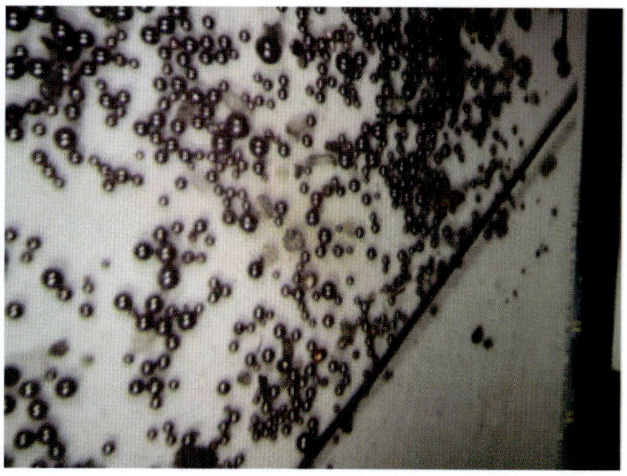

图11-11　起火部位地面提取的大量喷溅熔珠

五、灾害成因分析

1．火灾荷载大，易可燃材料产生大量有毒烟气。起火部位堆放大量易可燃汽配材料，火灾荷载大，且材料燃点低、燃烧速度快，火灾发展过程中迅速引燃临近搭建的聚苯乙烯泡沫夹芯材料板房，产生大量有毒有害烟气，是火场导致人员伤亡的主要因素。

2．防火分隔不到位，火灾蔓延迅速。起火仓库吊顶整体贯通，隔墙上部留有1.5 m高的通风采光口，使火势在水平方向迅速蔓延，加之建筑电缆井未按规范要求进行封堵，使火势同时发生竖向蔓延，并在短时间内形成猛烈的立体燃烧，增加了灭火救援难度。

3．建筑消防安全疏散条件差。该建筑分A、B、C三个区，共三部疏散楼梯，其中A区的疏散楼梯被人为锁闭；C区的疏散楼梯只能到达二楼平台，还需要通过食堂的室外钢结构楼梯才能到达地面，而火灾发生时，食堂已停止营业并锁闭了安全出口；整栋大楼只有B区一部楼梯能够通向室外，不具备安全疏散条件。

4．初期火灾处置不力，灭火救援严重受阻。火灾发生当晚该综合楼物业仅一名保安值班，微型消防站配备的器材相对简陋，无法及时有效开展初期火灾处置，造成火灾持续蔓延扩大。同时，唯驿综合楼存在锁闭安全出口、搭建泡沫夹芯板房占用疏散通道、室内消火栓管网无水等火灾隐患，严重阻碍火灾扑救和人员疏散。

5．群众逃生自救能力差。4名死者未能正确选择逃生自救方式，均因吸入大量有毒烟气殒命，他们与该建筑内居住的其他人员一样，大多为20岁左右的创业青年，此类人群面对火灾往往不能沉着冷静应对，容易选择错误的逃生自救方式。

六、火灾调查体会

1．调查结论必须要经得起推敲。此次火灾事故中被困和伤亡人员较多，网络舆论传播度广，社会面关注度高，各级领导十分重视火灾调查结论及后续处理情况，各方压力之下均要求火灾调查人员尽快拿出结论。调查类似火灾，火灾调查人员在加快调查工作节奏的同时，更应该格外注重取证程序规范性，在认定原因时要慎之又慎，不仅要做到证据确凿，还要使现场痕迹、起火特征、证人证言、监控视频、关键物证等各类型证据之间能够直接、间接、相互印证，形成完整的证据链条，得出能够令人信服、不可推翻的火灾调查结论。

2．调查询问要方法得当。不可居高临下地逼迫被询问人回答问题，要善于揣摩被询问人心理，通过平易近人的谈话方式打消对方抵触心理。在此次火灾调查询问过程中，关键目击者张某富最初配合度很低，前面几次证言与现场痕迹及其他证人证言均不吻合。最后一次询问过程中，调查人员巧妙地抓住了他害怕承担责任、不敢直面事故后果的心理，在谈话中与其拉近距离，耐心开导劝解，使其最终放下思想包袱，将其在现场第一时间目睹火灾发生的情景原原本本告知调查人员。

3．寻找证据应耐心仔细。此次火灾事故调查中，调查人员通过细致分析准确地找到了起火部位，并采用了水洗法对起火部位地面燃烧残留物进行仔细清洗、筛选，最终发现了关键物证——铜质导线绞接头熔痕及大量喷溅熔珠，经火灾物证鉴定出其中存在一次短路熔痕。电气火灾调查难度大、专业性强，调查人员要擅于综合运用剩磁法、水洗法等多种现场勘验和调查方法，更需要调查人员有足够的耐心、细心，面对难题不轻言放弃。

4．火灾调查的“后半篇”文章更加重要。重视原因调查、轻视成因调查的错误认识在调查队伍中依然普遍存在，造成调查结论对消防工作的指导意义为之减弱。在本次事故调查中，调查组第一时间即开始了对相关责任单位、人员履职情况及灾害成因的调查，不仅查明了火灾发生的“原因”，更查明了“原因的原因”，还提供了“解决方案”，为后续全区、全市乃至全省开展有针对性的火灾隐患整治提供了线索与依据，最大限度地保障了人民群众的生命财产安全。

12. 仁寿县中瑞家私有限公司“1·6”火灾

一、火灾基本情况

- **起火单位：** 仁寿县中瑞家私有限公司。
- **起火地址：** 眉山天府新区视高街道兴盛园区兴园路3号。
- **报警时间：** 2021年1月6日5时45分。
- **火灾损失：** 此次火灾造成5间厂房过火，无人员伤亡，直接经济损失约776万元。
- **调查组织：** 该起火灾事故为大跨度、大空间多层厂房火灾，涉及多方单位租赁，纠纷较多，损失较大。火灾扑灭后，仁寿县消防救援大队依法封闭保护火灾现场，排查知情人员。眉山市消防救援支队立即启动火灾调查应急预案，邀请省内火灾调查专家到场指导，调派支队火灾事故调查技术服务队4名成员赶赴火灾现场，按照综合协调、询问调查、现场勘验、损失统计的任务分工，组织开展火灾调查工作。

二、走访询问情况

调查询问组共走访23人次，并对关键证人询问13次，制作询问笔录14份，得到以下信息。

1. 最先到达现场察看的人、门卫张某某：

（1）1月6日5时30分左右，张某某听到厂区外一卖面女商贩叫喊声，称厂里面在冒烟，于是跑到4、5号厂房南侧过道处，发现4号厂房最里面区域在冒烟，还有火光，刚开始火势还不大。张某某随即给管理人员李某某打电话，然后跑到门口处让一位开车路过的司机拨打了报警电话（报警时间为2021年1月6日5时45分）。

（2）火灾发生前厂区没有其他人员，一般情况下工厂晚上8、9点钟就无人员活动。人走完后，张某某会关闭电总闸，平时厂里也没要求开展巡查，人走完后关上电就回门卫室休息。

2．最后离开现场人员、物流部主管李某某：他于1月6日0时28分左右离开厂房，除了有一个门卫在大门处值班外，没有其他人员在厂内。

3．熟悉厂区出货时间人员、物控主管陈某东：平时出货，一般是下午或晚上8、9时左右装车，第二天6点过出车。1月5日晚有两台车装货到12时左右，装完货后司机就回家了，车停放在6号厂房北侧过道处，于1月6日早上6时左右开走，除了这两台车的司机外，1月6日凌晨时段无其他人在厂区内。

4．现场车辆驾驶人员、送货师傅钟某某：1月5日19时30分左右将车停到4～5号厂房北侧危废间外，计划是1月6日早上7时后出车，期间未搬运过货物。

5．熟悉现场情况人员、6号厂房厂长陈某：面对危废间的左边是垃圾池，平时生产的余料就堆放在垃圾池内，一般不会回收，主要用于厂区煮饭使用，但堆放过多了会回收，生产余料基本上不会带有木屑，都是比较大的废木料块。

6．熟悉现场情况人员、垃圾清理工人袁某某：4号厂房北侧垃圾池隔墙为不到1 m高的砖墙，平时堆放的垃圾高度超过隔墙。袁某某平时主要负责清理5号厂房的布条、脆海绵、纸箱等，布条是用编织袋装好的，脆海绵是捆好的，纸箱是单独放在旁边的，其他厂房也往垃圾池丢东西，经常有油漆残渣乱丢，有的时候未用编织袋装好，直接倒在装布条的编织袋内。垃圾池内没有木屑、锯木面等东西，偶尔会有大的废木料块。垃圾池没有固定清理时间，一般堆满了就打电话让人清理，有时候车装满了剩下的就继续堆在垃圾池，最近一次清理是在10多天前。

7．熟悉现场情况人员、垃圾清理司机唐某某反映：最近一次清理垃圾是在2020年12月21日，垃圾池主要有泡沫、布条、海绵，还有一些粉尘。海绵、泡沫是用编织袋装好的，其他东西都是乱堆的，一般都要堆1 m多高甚至2 m，大部分都是散堆的，铲车司机在铲垃圾的时候有油漆味道，过程中会扬起大量的粉尘，铲完后一身都是灰。

8．通过走访询问还了解到，起火建筑为仁寿县中瑞家私有限公司所有，该公司共有1栋综合楼，8栋厂房，分为2个厂区，其中，1～6号厂房及综合楼为1号厂区，7～8号厂房为2号厂区。过火建筑为2～6号厂房，均为双层钢结构家具制造厂房，2～3号厂房为四川省全胜亿天家居有限公司厂房；4号厂房北部为四川省意凡家居有限公司成品家居仓库，南部为仁寿桐乐家家居有限公司成品家居库房；5～6号厂房为仁寿桐乐家家居有限公司实木沙发及木质板式家居生产车间。

三、现场勘验情况

调查组开展现场勘验、制图、拍照等工作，提取痕迹物证5件，制作现场勘验笔录1份，拍摄现场照片30张，制作现场图7份，录制勘验过程900余分钟。

（一）环境勘验

起火建筑位于眉山天府新区视高街道兴盛园区兴园路3号仁寿县中瑞家私有限公司1号厂区，1号厂区北侧为厂区空地，南侧为园区道路（兴园路），西侧为园区道路（光明路），东侧为2号厂区；1号厂区内部由西向东建筑布局为1号厂房及综合楼、2号及3号厂房、4号厂房、5号厂房、6号厂房，4～6号厂房南北两侧为彩钢棚搭建的临时建筑；1号厂区内，1号厂房及综合楼未过火，2～6号厂房及4～6号厂房北侧彩钢棚搭建的临时建筑过火。2号厂区未过火（见图12-1）。

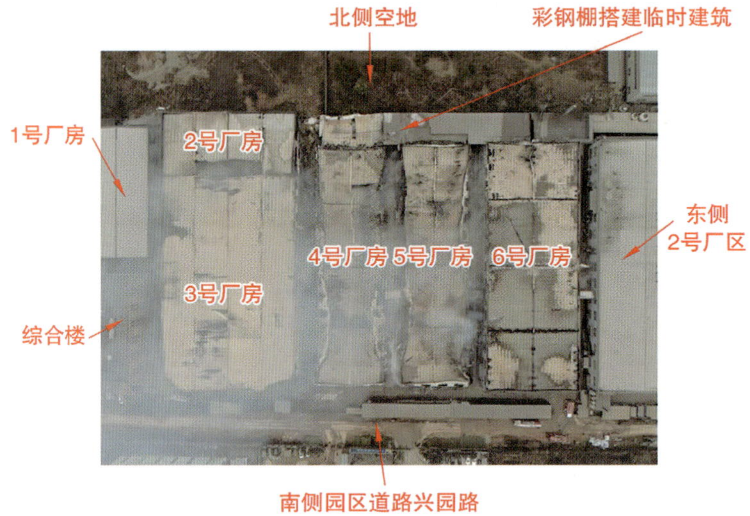

图12-1　火灾现场航拍图

（二）初步勘验

1．对2、3号厂房进行初步勘验：2号及3号厂房毗邻，构成1个组合厂房。南北长123 m，东西宽60.5 m，地上2层，钢结构。厂房整体未垮塌，1楼未过火，2楼靠近4号厂房局部过火。2楼东墙附近搭建的彩钢板房间过火后垮塌，东部区域的彩钢板顶棚变形向下倾斜，其他区域仅有烟熏痕迹。

2．对4号厂房进行初步勘验：4号厂房南北长109 m，东西宽31 m，地上2层，钢结构。厂房全部过火，东墙中部垮塌，南、西、北墙向东倾斜。厂房内有大量过火后的家具残留物。

3．对5号厂房进行初步勘验：5号厂房南北长109 m，东西宽31 m，地上2层，钢结构。厂房1楼北部约三分之一区域未过火，其他区域全部过火。厂房西墙中部垮塌，东、南墙向西倾斜。厂房内有大量过火后的家具残留物。

4．对6号厂房进行初步勘验：6号厂房南北长109 m，东西宽41.2 m，地上2层，钢结构。厂房整体未垮塌，1楼未过火，2楼西北部区域局部过火。2楼北部区域搭建的彩钢板房间过火后垮塌，顶棚有烟熏痕迹（见图12-2）。

图12-2　2～6号厂房过火情况照片

5．对4～6号厂房北侧彩钢棚搭建的临时建筑区域进行初步勘验：该区域东西长121 m，南北宽14 m。由西向东依次为水池、垃圾池、危废间、木屑堆放处、物品堆放区和厕所。其中水池区域、垃圾池、危废间过火，危废间东侧木屑堆放处及物品堆放区部分过火，其他区域未过火。水池上方彩钢棚垮塌，垃圾池上方彩钢棚靠近水池及4号厂房部分垮塌，靠近危废间部分未垮塌（见图12-3）。

图12-3　4～6号厂房北侧彩钢棚搭建的临时建筑过火情况

（三）细项勘验

1．对垃圾池区域进行细项勘验，垃圾池宽5 m，进深5.5 m，垃圾池西侧为水池（顶部有盖板），与水池间有一高度为0.9 m隔墙，东侧为危废间，靠近危废间一侧墙面有烟熏痕迹（见图12-4）。

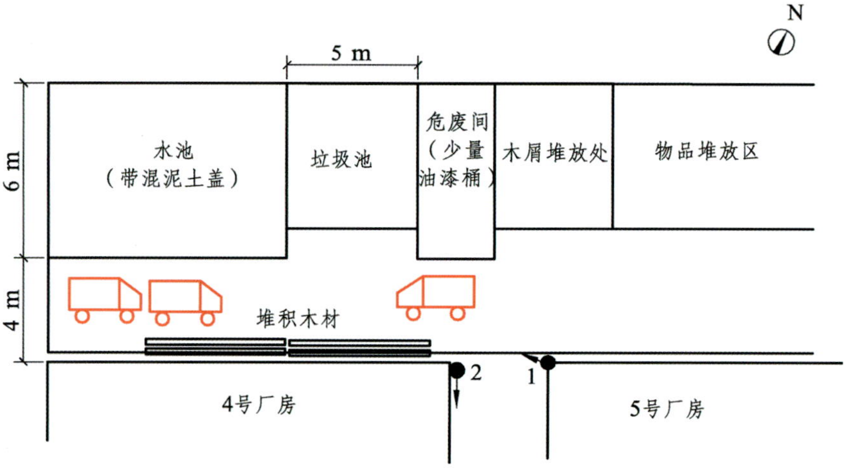

图12-4　垃圾池区域平面图

2．垃圾池东南侧停放有一辆货车，车头朝西，车头过火仅剩下金属框架，车尾有烟熏痕迹，北面烧损及烟熏痕迹重于南面（见图12-5、图12-6）。

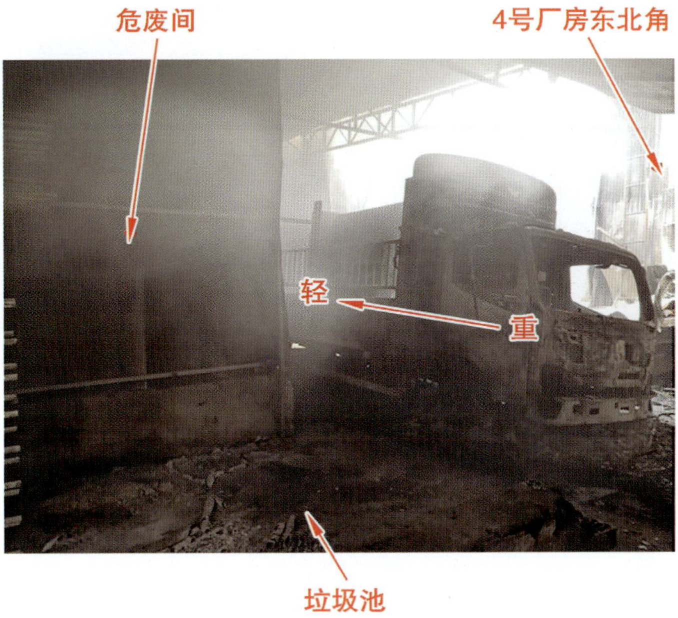

图12-5　垃圾池区域及东南侧货车北面过火烧损情况

图12-6　垃圾池东南侧货车南面及尾部过火烧损情况

3．垃圾池上方彩钢棚处烟熏变色程度较重，向两边逐渐减轻，其北部区域彩钢板顶棚漆面剥落，钢梁弯曲变形程度明显重于其他部位（见图12-7）。

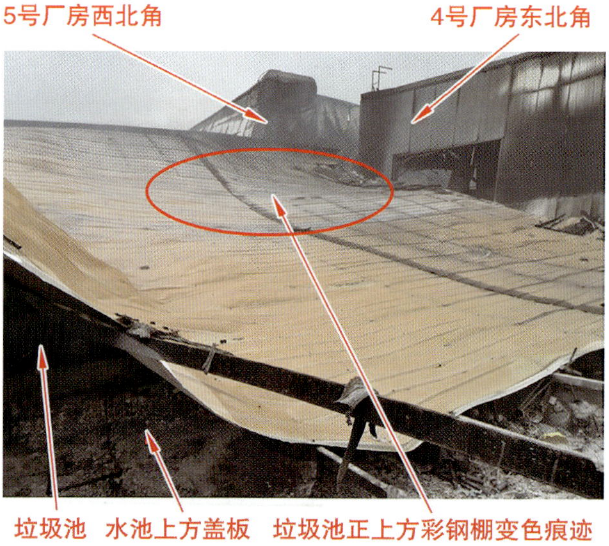

图12-7　垃圾池上方彩钢棚烟熏变色情况

4．4号厂房东北角墙体1楼垮塌，北墙整体向南倾斜，与彩钢棚脱离，墙体上附着大量烟熏痕迹（见图12-8）。

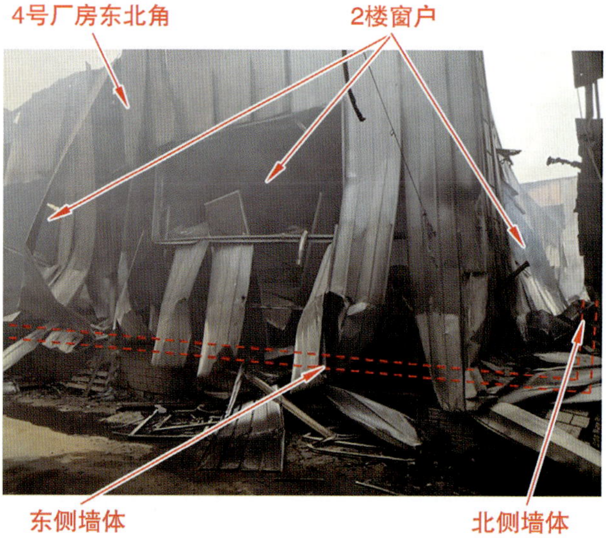

图12-8　4号厂房东北角过火垮塌情况

5．在垃圾池南侧5号厂房西北角及4号厂房东北角分别发现监控1及监控2，监控1正对垃圾池南侧及与4号厂房之间过道，监控2朝向4、5号厂房之间过道（见图12-9）。

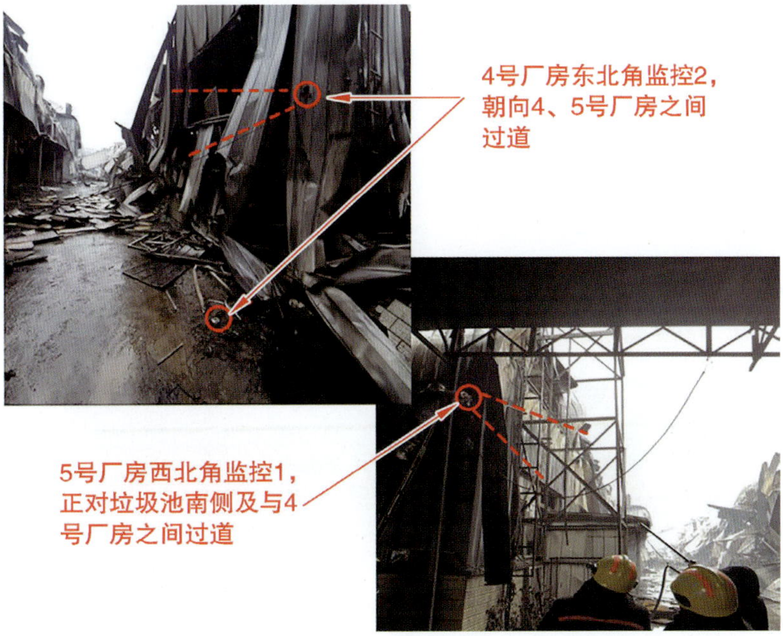

图12-9　监控1、2所在位置照片

（四）专项勘验

1. 对垃圾池内部进行专项勘验，垃圾池过火后，在垃圾池内北部有两处垃圾燃烧残留物呈堆垛状，堆垛高0.7 m，底部直径1 m，堆垛上表面炭化，内有海绵、布料、木料、纺织袋等垃圾过火后的残留物，有油漆刺激味道，堆垛底部有若干黄色颗粒状粉末，堆垛下方地面处有较重的炭化结块，且炭化程度由下向上、由内向外逐渐减轻（见图12-10）。

图12-10　垃圾池内北部两处堆垛残留物情况

2．垃圾池内部及上方未见电气设备及相关线路。

3．在垃圾池内北部地面处提取2号物证（垃圾堆垛内垃圾炭化残留物，有油漆刺激味）、3号物证（垃圾堆垛内黄色颗粒状粉末，经证实为油漆残渣）、4号物证（布料、海绵等过火后的残留物），在同一厂区提取5号物证（未过火的油漆颗粒）（见图12-11、图12-12）。

图12-11　2号物证提取情况

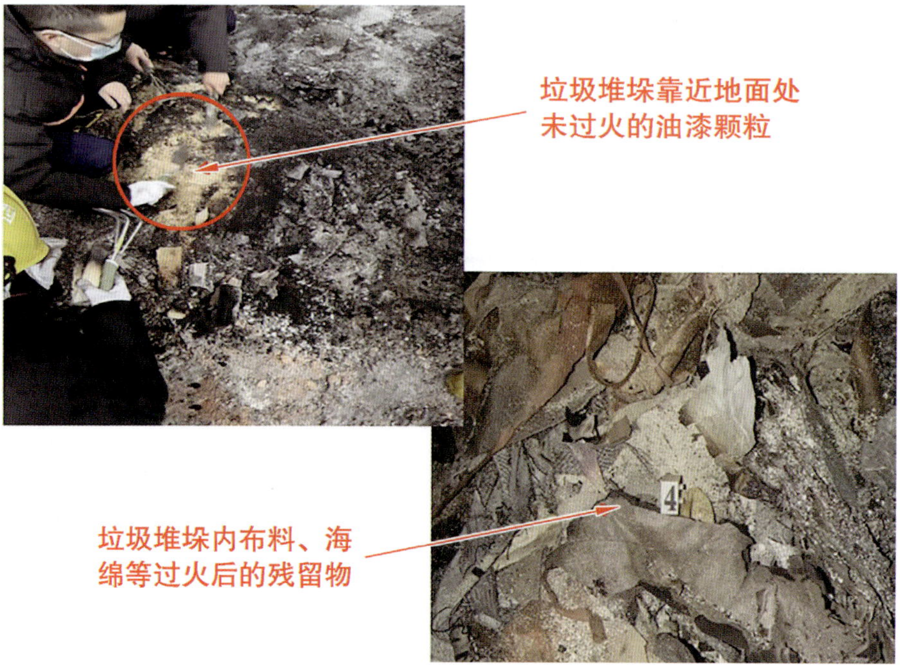

图12-12　3号、4号物证提取情况

四、视频分析

经校准，监控时间比北京时间晚7分钟，以下时间均按北京时间描述。

1．厂区大门监控：5时43分，厂区外卖面的女商贩发现冒烟告知门卫，5时45分，报警人拨打119电话报警。

2．监控2（朝向4、5号厂房之间过道）：3时57分，首次发现从监控2右侧（4号厂房东北角，垃圾池一侧）冒烟，5时15分，视频中断。

3．监控1（正对垃圾池南侧及与4号厂房之间过道）：5时10分，首次发现垃圾池出现明火并迅速猛烈燃烧，5时15分，视频中断。2020年12月20日（垃圾池最后一次清运前一天）监控视频中垃圾池堆放垃圾近2 m高，2020年12月21日进行最后一次清运，至2021年1月6日火灾发生前未进行过清运，2021年1月5日监控视频中垃圾池堆放大量垃圾，高度近2 m。

五、物证检验鉴定

1．垃圾池内提取的2、3、4、5号物证送应急管理部消防救援局天津火灾物证鉴定中心进行自燃危险性鉴定，物证鉴定中心采用《物质恒温稳定性的热分析实验方法》（GB/T 29174－2012）鉴定方法检验，检验结果为：

（1）标注为1#检材“油漆颗粒残留物1袋”（3号袋）、标注为2#检材“布料、编织袋、海绵等垃圾残留物1袋”（4号袋）和标注为3#检材“带油漆味的垃圾残留物1袋”（2号袋）合并（编号为20210149-W01）进行等温试验（设定温度31.00℃，试验时间4天），检材（样品量为2.315 g）最大放热功率为79.9766 μW，试验期间持续放热。进行等温试验（设定温度33.96℃，试验时间4天），检材（样品量为0.988 g，加水10%）最大放热功率为52.5528 μW，试验期间持续放热。

（2）标注为“未过火油漆颗粒1袋”（5号袋）检材（编号为20210149-W02）进行等温试验（设定温度31.00℃，试验时间4天），检材（样品量为3.116 g）最大放热功率为67.0361 μW，试验期间持续放热；检材（样品量为1.990 g，加水10%）最大放热功率为801.366 μW，检材（样品量为3.567 g，加水15%）最大放热功率为615.42 μW。进行等温试验（设定温度33.96℃，试验时间4天），检材（样品量为1.450 g）最大放热功率为79.8862 μW，试验期间持续放热；检材（样品量为1.549

g，加水10%）最大放热功率为708.682 μW，检材（样品量为1.274 g，加水15%）最大放热功率为783.183 μW。

2．对5号物证试验数据进行综合分析（见表12-1）。

表12-1　对5号物证试验数据进行综合分析

样品编号	样品来源	样品质量/g	试验温度/℃	含水率/%	最大放热功率/μW	单位质量放热功率/（μW/g）
20210149-W02	5号物证	3.116	31	0	67.0361	21.513
		1.990		10	801.366	402.696
		3.567		15	615.42	172.532
		1.450	33.96	0	79.8862	55.094
		1.549		10	708.682	457.509
		1.274		15	783.183	614.743

根据表12-1可以得出以下结论：

（1）在一定温度、湿度条件下，油漆颗粒存在持续放热现象；

（2）对于同一种试验样品，相同含水率条件下，单位质量样品放热功率在一定温度范围内随温度升高而升高。

六、火灾认定

（一）起火时间

1．报警记录显示：2021年1月6日5时45分接到报警；

2．门卫张某某反映，他发现明火及冒烟的时间为2021年1月6日5时30分左右；

3.5号厂房西北角监控视频显示：首次出现明火的时间为2021年1月6日5时10分。

根据上述证据，结合火灾发展规律，综合分析认定起火时间为2021年1月6日5时10分许。

（二）起火部位

1．监控视频资料显示：4号厂房北侧的垃圾池最先出现明火。

2．门卫张某某证实，他最先在4号厂房北侧发现明火。

3．现场勘验发现，4号厂房北侧垃圾池内部烧损严重，火势以此为中心向四周蔓延的痕迹明显。

根据上述证据，综合分析认定起火部位位于4号厂房北侧垃圾池内。

（三）起火点

1．经现场勘验发现，垃圾池上方的彩钢板顶棚呈浓黑烟熏痕迹，北部区域彩钢板顶棚漆面剥落，钢梁弯曲变形程度明显重于其他部位。

2．现场勘验发现，垃圾池内北部区域烧损炭化程度最重，火势以此为中心向四周呈现由下向上、由内而外的蔓延痕迹。

根据上述证据，综合分析认定起火点位于垃圾池内北部区域。

（四）起火原因

1．排除放火。

调查显示，火灾发生前，起火点周边无可疑人员活动。仁寿县公安局根据走访排查和现场调查情况，排除人为放火引发火灾的可能。

2．排除雷击引发火灾。

（1）仁寿县气象部门证实，火灾当天，火灾现场所在区域未出现雷电活动情况；

（2）监控视频资料发现，火灾当天，起火建筑所在区域无雷电活动。

3．排除生活用火不慎及吸烟。

（1）现场勘验显示，起火点处未发现处于使用状态的生活用火物品及相关痕迹；

（2）监控视频显示，火灾发生前，起火点处未发现生活用火相关情况。

4．排除电气线路故障引发火灾。

现场勘验发现，起火点处无用电设备及相关线路。

5．垃圾池内物品自燃引燃周围可燃物蔓延成灾的起火原因认定。

（1）起火点处存在足够数量的自热性、易燃性物质。起火前垃圾池内堆满垃圾，主要为布料、海绵、编织袋及油漆颗粒。

（2）现场存在物质自燃的条件。一是外部条件：根据可燃物自燃所需的产热、蓄热、升温要求，对起火现场近半个月（自2020年12月21日至2021年1月6日，即最后一次清理垃圾池至火灾发生时）环境、气候条件进行调查统计，日平均相对湿度为80%左右，最高达89%，空气湿度大，同时垃圾池位于厂区北侧，夹于厂房与北墙之间，东西面分别为危废间和水池，通风较差，且垃圾池内垃圾呈堆垛状，内部热量不易散发导致蓄热、升温，进一步创造了自燃的外部条件。二是自身性质：结合对油漆颗粒自燃危险性鉴定结果，在一定温度、湿度条件下，油漆颗粒存在持续放热现象。

（3）起火前后迹象及火灾现场痕迹与物质自燃起火特征相吻合。经视频分析发现着火初期存在明显阴燃特性，1月6日凌晨3时57分，监控2首次发现冒烟，并一直持续至5时10分监控1拍摄到垃圾池出现明火，呈现先冒烟后起火的发展过程，且由于垃圾池可燃物已经被预热，明火出现后，垃圾池内可燃物迅速进入猛烈燃烧并向四周蔓延。对垃圾池进行专项勘验，起火部位地面存在多处高温炭化结块，提取出包含木屑炭化物、海绵烧蚀物、油漆颗粒残留物等在内的大量燃烧残留物。

根据上述证据，综合分析认定起火原因为起火点处堆积的油漆残渣放热、蓄热、升温自燃引燃周边可燃物并蔓延成灾。

七、灾害成因分析

1．对油漆残渣自燃特性认识不到位，日常处理过程中未引起重视，随意处置油漆残渣。且垃圾未规范分类，垃圾池内长时间堆放大量易燃可燃物，清理不及时。

2．园区企业未依法办理相关手续，导致先天存在钢结构厂房耐火等级及防火间距不足、自动喷水灭火系统设置不到位等火灾隐患，加之又涉及多方单位租赁、转租问题，厂区内临时用房随意搭建，未保持足够防火间距，为火灾的蔓延扩大创造了条件。

3．起火时间发生在凌晨，冒烟过程未能被及时发现。发现火灾后，单位未组织及时有效的初期处置，造成火势迅速蔓延扩大。

八、火灾调查体会

1．视频监控分析工作往往是火灾调查工作的“突破口”。此次火灾是大跨度大空间多层厂房火灾，燃烧区域横跨4座厂房，烧毁物资多，经济损失大，部分厂房在火灾中垮塌，现场情况十分复杂，火灾调查难度较大。加上火灾发生在凌晨，从监控发现冒烟到明火出现持续了1小时13分钟，从垃圾池出现明火到门卫发现起火已过去20多分钟，由于自燃类火灾在蓄热时已将可燃物提前预热，只要出现明火就会立即进入猛烈燃烧状态，并向四周蔓延。如果没有视频监控录像，必将使此次火灾的调查难度大大增加，加之此次火灾过火面积大，一旦缺少关键信息将会使调查工作无从下手。

2．完整的证据链是科学准确认定的“保障员”。此次火灾视频监控录像使调查人员迅速厘清了调查思路，明确了调查方向，确定了调查重点，为快速查明火灾原因，开展延伸调查提供了重要线索，但仅凭监控视频录像还不足以明确火灾事故原因，得出火灾事故认定结论。通过对相关的证人证言、现场勘验、火灾痕迹物证鉴定结论及自燃原因的分析认定得出的结论共同指向消防救援机构拟认定的起火时间、起火部位、起火点和起火原因，从而形成相互印证、相互支撑的证据链条。

3．特殊火灾的知识储备是调查工作的“助力器”。自燃火灾通常呈现由内向外的蔓延痕迹，特别是氧化自燃、发酵自燃，其起火部位一般位于堆垛的内部，往往比较隐蔽。火灾调查人员一旦发现疑似自燃火灾时，应采用剖面法勘验，查找区域内是否存在炭化、灰化痕迹，查清自燃物的种类及其自燃条件，并开展调查实验，从而确定起火点。

13. 隆昌市四川泥腿农业科技有限公司“9·1”火灾

一、火灾基本情况

- **起火单位：**四川泥腿农业科技有限公司。
- **起火地址：**隆昌市三道桥工业园区环城东路。
- **报警时间：**2020年9月1日21时45分。
- **火灾损失：**此次火灾过火面积约4800 m^2，无人员伤亡，直接经济损失约82万元。
- **调查组织：**该起火灾是近几年来隆昌市发生的最大的一起厂房仓库火灾。火灾发生后，内江市消防救援支队立即派出火灾事故调查应急处置分队前往火灾现场，组织指导火灾事故调查。隆昌市消防救援大队、辖区公安派出所第一时间成立火灾事故调查组，联合开展火灾事故调查工作。

二、走访询问情况

调查组走访相关知情人共20人（次），并对关键证人进行询问，制作询问笔录9份。

1．发现火灾人员、报警人、门卫室保安刘某：他于21时15分看到5号库房的监控画面疑似有烟雾冒出，但未见其他异常情况，未做处理。此时，通过监控又发现3号车间人走后没有断电，就去3号车间断电，于21时30分回到门卫室。21时40分左右，刘某发现5号库房的一个监控画面有火光冒出，立即跑到现场核实，看见5号库房南二号门的卷帘门上有明火冒出，同时听见5号库房里面有燃烧的噼噼啪啪的声音，于是拨打119报警。

2．发现火灾人员、厂长郑某：当晚21时50分左右，他在宿舍听见厂区有“啪啪”的声响，就打开窗户发现5号库房办公室起火，办公室相邻的卷帘门有浓烟冒出。

3．熟悉现场电气线路情况人员、电工组组长曾某：一两个月之前公司库管廖某给曾某说5号库房办公室电灯的开关有问题。9月1日当天下午下班后曾某去5号库房检查，发现有一个开关存在问题（反复开启开关大灯才亮），于是就叫廖某去买开关，买回来之后曾某再来安装。

4．熟悉现场情况人员、库管廖某：无吸烟习惯，他办公室在5号库房南部，办公室于2017年下半年建成，采用金属夹芯泡沫板搭建，面积约30 m^2。2020年6月份左右，办公室有一台计算机的插座偶尔会短路打火发出“呲呲”的声音，1个月之后，发现插座温度过高，且底部有黑色痕迹，随后更换了插座和计算机插头线。8月下旬，5号库房内3个大灯空气开关在使用中经常出现跳闸现象，且5号库房外墙大灯在4个月内更换了3次，单位电工排查后，至今没做处理，直到起火当日大灯仍在使用。

三、现场勘验情况

调查组先后3次对现场进行勘验，提取现场痕迹物证3件，拍摄现场照片232张，制作现场图16张，提取监控录像90分钟。

（一）环境勘验

1．起火单位四川泥腿农业科技有限公司位于隆昌市三道桥工业园区环城东路，起火建筑物为园区内5号库房。5号库房为单层钢架结构（下部为砖混结构，上部为轻质彩钢），长84.5 m，宽62 m，高8.5 m，坐东北朝西南，东南侧为隆昌返乡创业园，东北侧为四川好贝思婴童用品有限公司，西南侧为环城东路，西北侧为空地。起火建筑方位如图13-1所示，现场航拍如图13-2所示。

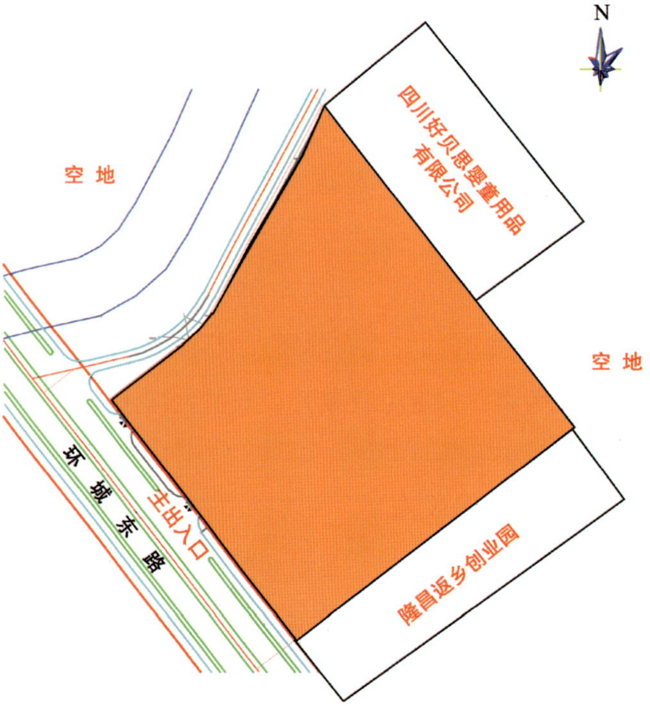

图13-1　火灾现场方位图

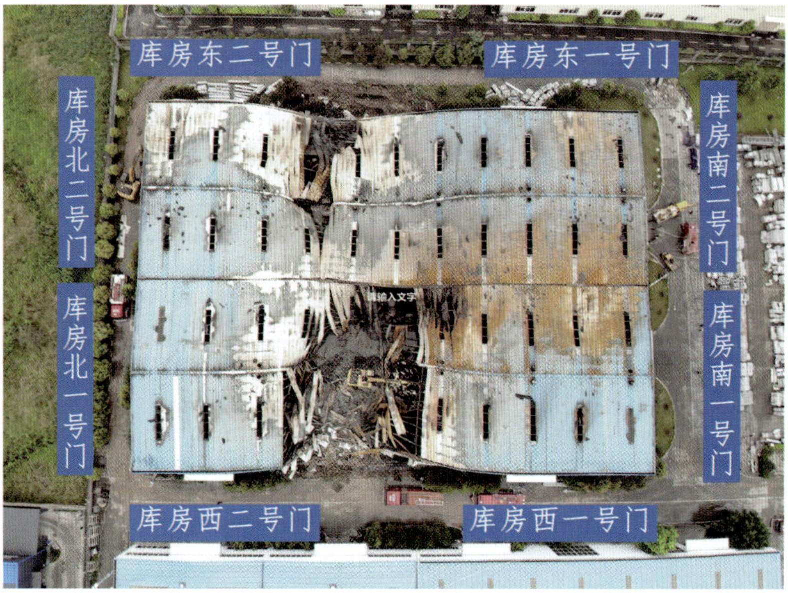

图13-2　火灾现场航拍图

2．5号库房整体过火，顶棚局部垮塌，且西部坍塌程度重于东部（见图12-2）。5号库房南1号门和南2号门卷帘门下半部有破拆痕迹（见图12-3）。

图12-3　5号库房南部卷帘门

（二）初步勘验

1．5号库房分为西1、西2、东1、东2四个区域。西1区和西2区存放的电控箱、水帘纸、PVC水管类、生产料管等物品，整体烧毁严重，仅西1区西南角部分区域未过火；东1区库房为办公室和电器、电控箱、标准件等物品存放区，过火烧损程度自南向北逐渐减轻；东2区主要存放水帘、食槽、保温箱、桥架等物品，过火烧损程度自南向北逐渐减轻；东1区南2号门西侧为库房办公室，办公室整体烧毁坍塌。5号库房平面布置如图13-4所示。

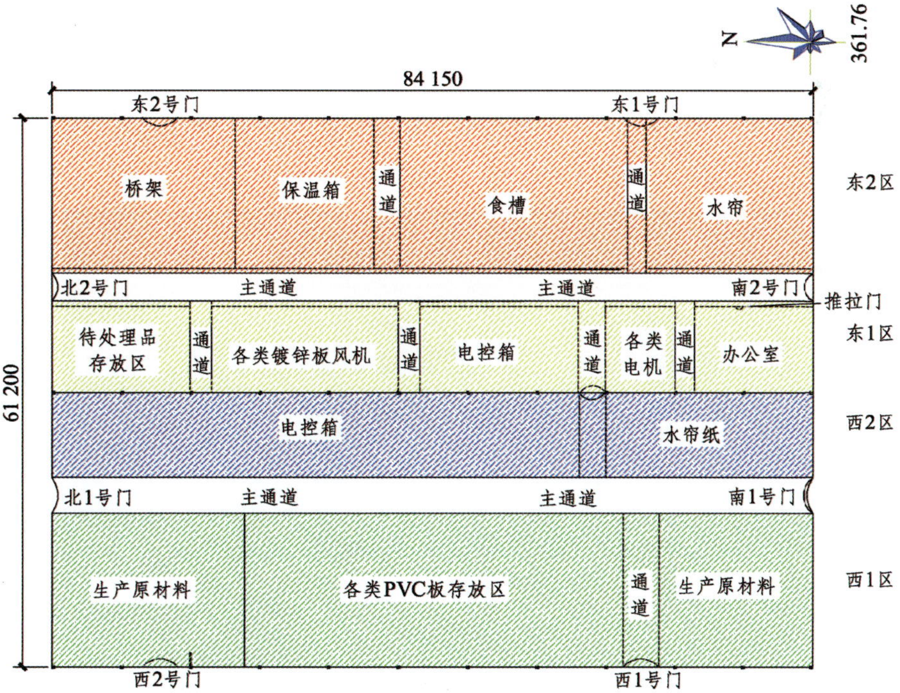

图13-4　5号库房平面布置图

（三）细项勘验

1．对5号库房办公室进行细项勘验，办公室长9.65 m，宽7.8 m，为钢夹芯板结构，入口位于东北角，设置推拉门，门宽1.1 m。

2．办公室整体烧毁，除西墙未倒塌外，其余三面墙体均向室内倒塌，其中南墙处彩钢板烟熏变形程度较重（见图13-5）。

图13-5　办公室烧损情况

3．办公室南面窗户烧毁，窗户玻璃碎裂，呈现由东向西、由内向外逐渐减轻的痕迹。窗户室外一侧，彩钢顶棚垮塌程度由东向西逐渐减轻（见图13-6）。

图13-6　办公室南面窗户室外过火情况

4．办公室东墙处有一排铁皮文件柜，文件柜背面呈现由南向北逐渐减轻的金属变形变色痕迹；东南角处放置的打印机、杂物、电风扇烧毁严重；办公室顶棚下层共有8张彩钢板，由北向南依次命名为1～8号，1、2、3、4号彩钢板变形变色较轻，5、6、7、8号彩钢板变形变色较重（见图13-7、图13-8、图13-9）。

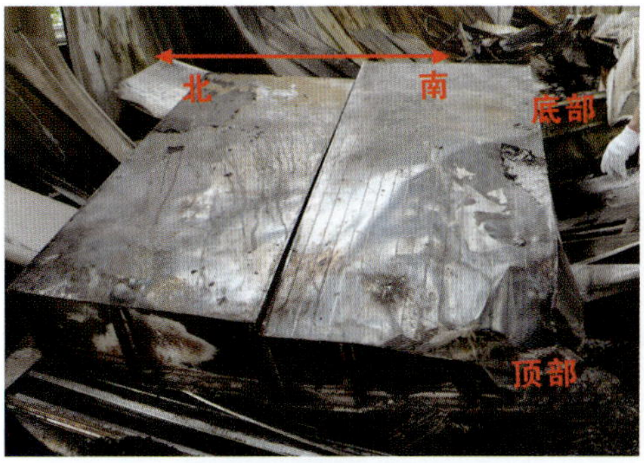

图13-7　办公室物品复原图

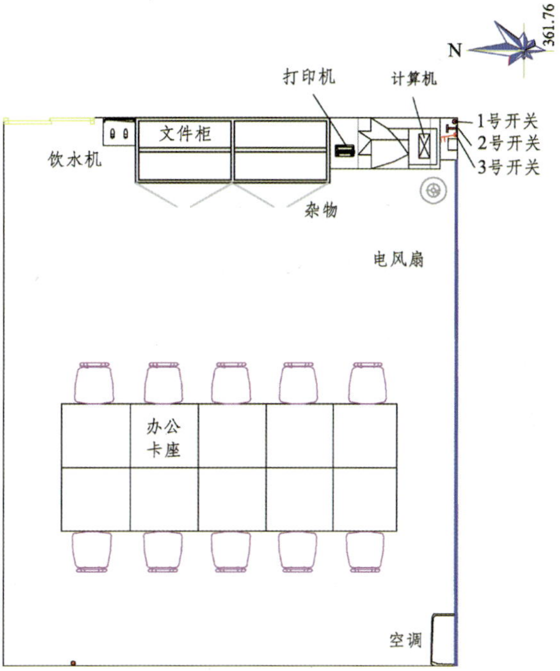

图13-8　办公室物品复原图

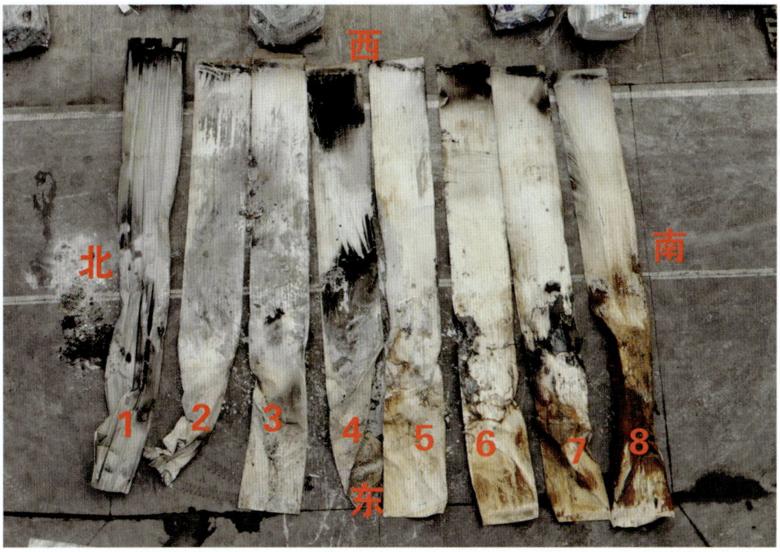

图13-9　办公室顶棚彩钢板复原图

（四）专项勘验

1．对办公室东南角区域进行专项勘验，办公室东南角距地面1.4 m高处有3个开关，从东往西依次为1号开关（卷帘门升降开关）、2号开关（南2号门外侧照明大灯开关）、3号开关（5号库房内照明灯开关）。1号开关金属外壳表面过火严重，内部线路烧毁散落在金属盒里；2号开关处过火严重，线路和开关控制器外壳全部烧失；3号开关过火相对较轻。2号开关正下方墙体台面上有大量线路残留物，对此处燃烧残留物提取后采用水洗法筛选（见图13-10）。

图13-10　2号开关正下方线路残留物

2．对5号库房电气线路进行专项勘验，5号库房分为东区、西区两组线路，均被穿管保护。办公室内线路属于东区线路，室内顶棚设置3个电灯；推拉门南北两侧各有一个5孔插座；西墙离北侧边缘1.4 m、距地面1.5 m处有一组电源开关，从北至南分别为总电源开关、照明灯开关、插座开关；东南角离地面1.4 m处有3个开关（从东往西依次为1号、2号、3号开关）。在东区主电柜发现控制5号库房办公室2号开关的空气开关处于跳闸状态，其余空气开关处于闭合通电状态（见图13-11）。

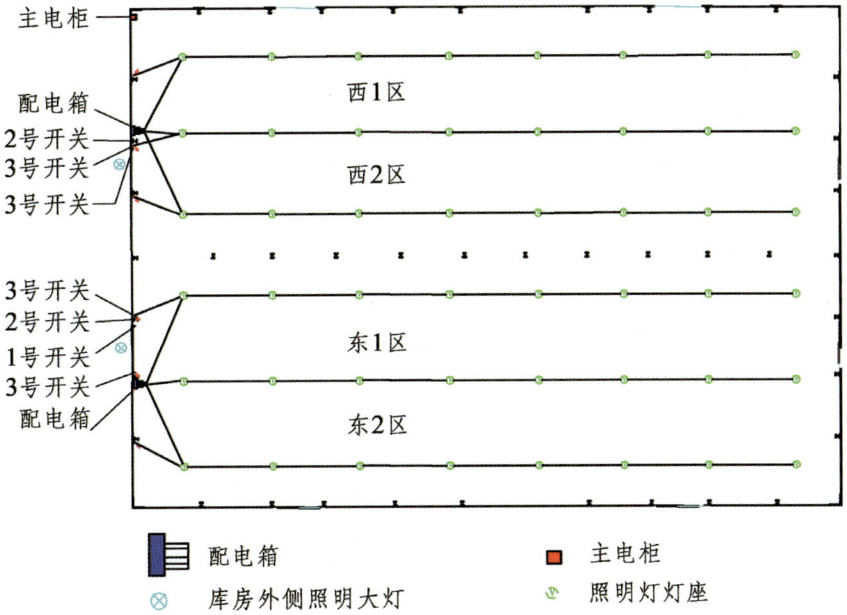

图13-11 5号库房电气线路复原图

四、视频分析

1. 四川泥腿农业科技有限公司共有监控摄像头21个。位置分布为：门卫室上方2个球机摄像头，车棚处3个摄像头，公司四周围墙上共5个摄像头，车间内6个摄像头，5号库房周边有5个摄像头。监控主服务器位于行政办公楼，工作状态正常。火灾现场监控点位示意如图13-12所示。

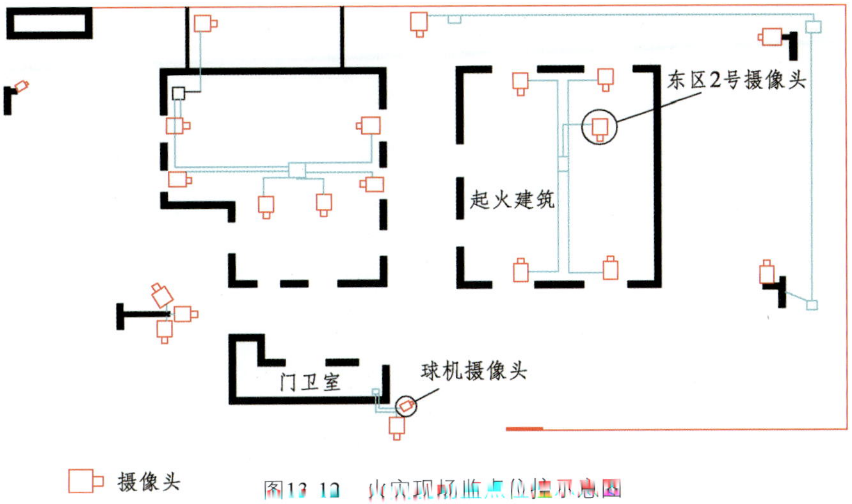

图13-12 火灾现场监控点位示意图

2．东区2号摄像头拍摄范围为5号库房东区主通道南部，监控画面显示：2020年9月1日20时55分1秒（为校准后北京时间），办公室灯光处于明亮状态；20时55分40秒，办公室灯光熄灭；20时55分53秒，廖某离开5号库房，南2号卷帘门开始下降关闭；20时56分35秒，南2号卷帘门完全关闭；21时8分4秒，办公室内出现隐约火光；21时8分18秒，火光逐渐清晰并有闪动的情况；21时8分29秒，火光增强并伴随着烟雾；21时8分31秒至21时8分35秒，火势变大，地面火光倒影清晰；21时9分4秒，火势开始下降；21时9分41秒，火光消失；21时18分28秒开始，办公室东部有烟雾持续冒出；21时43分27秒，办公室西部冒出火光，并窜出顶棚；21时43分28秒至21时43分38秒，火势逐渐变大，而后整个办公室顶部全面燃烧，并开始向5号库房内部蔓延；21时49分9秒，摄像头停止工作，无画面传出（见图13-13、图13-14）。

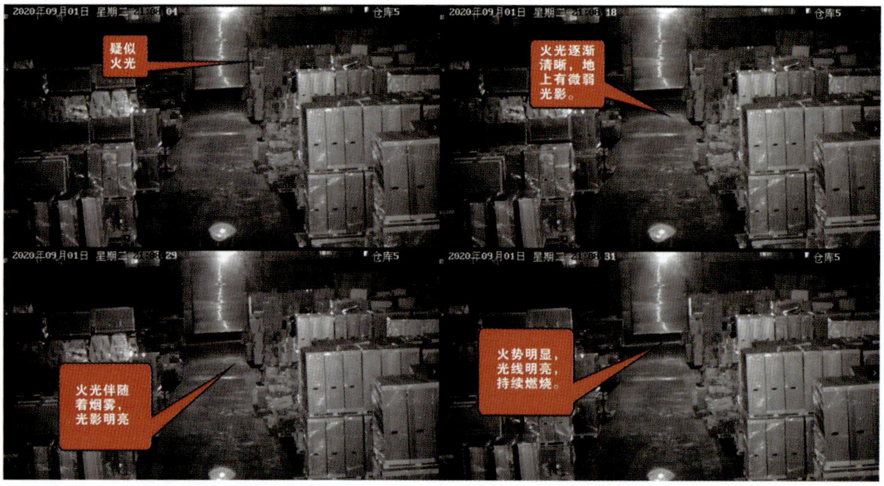

图13-13　监控画面一

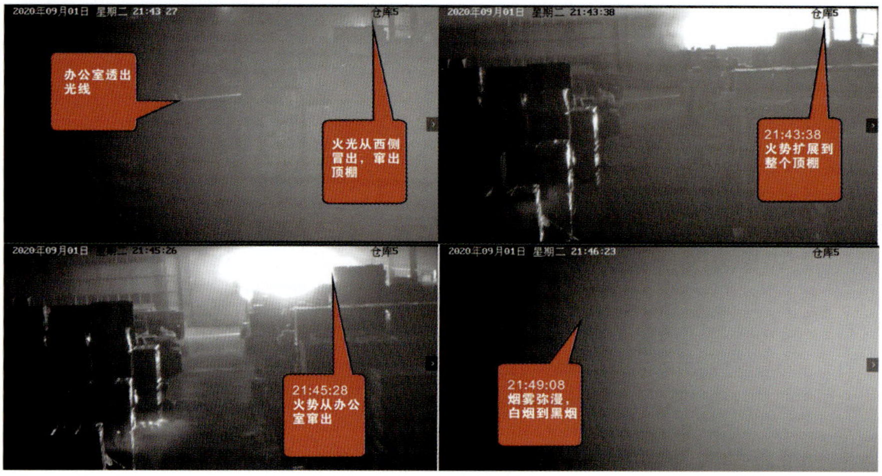

图13-14　监控画面二

3．门卫室楼顶球机旋转摄像头画面显示：2020年9月1日20时54分29秒，5号库房办公室外的树木处有灯光；20时56分30秒，廖某离开5号库房，到达5号库房外南1号门处，南2号卷帘门关闭，5号库房办公室外的树木处灯光消失；20时58分41秒至21时6分40秒，5号库房无异常；21时8分33秒，5号库房办公室外树木处有明亮火光；21时8分47秒，火光逐渐减弱；21时10分34秒，火光消失；21时30分40秒，5号库房办公室外树木处再次出现淡淡的火光，随后火光越来越亮；21时44分44秒，办公室全面起火，5号库房内被火光照亮（见图13-15、图13-16）。

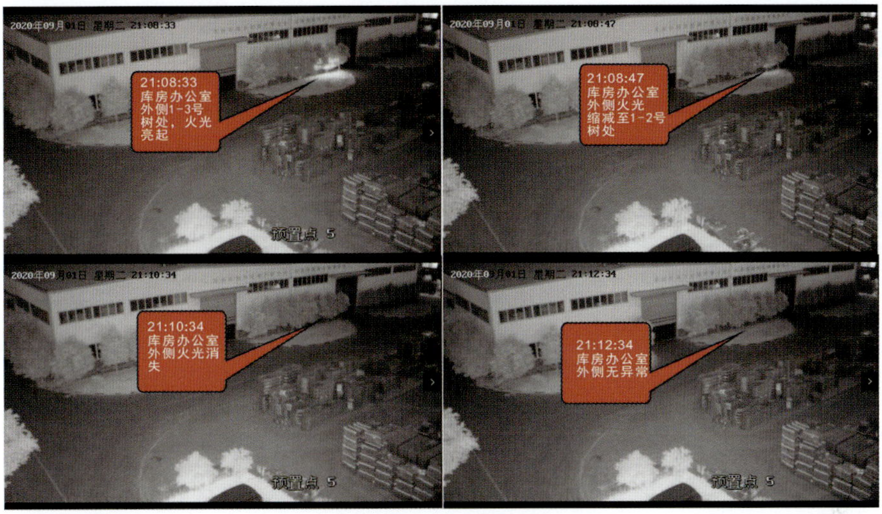

图13-15　监控画面三

图13-16　监控画面四

五、物证检验鉴定

在勘验过程中，调查组将在5号库房办公室东南角下方提取的物证送往应急管理部消防救援局四川火灾物证鉴定中心进行鉴定。鉴定结论为：一次短路熔痕样品。

六、火灾认定

（一）起火时间

1．门卫室保安刘某反映，他于2020年9月1日21时15分看到5号库房的监控画面疑似有烟雾冒出。

2．监控视频显示，2020年9月1日21时8分4秒，5号库房办公室内有微弱火光。

根据上述证据，结合火灾发展规律，综合分析认定起火时间为2020年9月1日21时5分许。

（二）起火部位

1．监控视频显示，5号库房办公室最先出现火光。

2．走访询问得知，第一报警人门卫室保安刘某现场核实起火位置在5号库房办公室。

3．现场勘验发现，5号库房办公室烧损严重，火势从5号库房办公室向四周蔓延痕迹明显。

根据上述证据，综合分析认定起火部位位于四川泥腿农业科技有限公司5号库房办公室内。

（三）起火点

1．监控视频显示，5号库房办公室东部最先出现火光，而后是西部，然后开始全面燃烧。

2．现场勘验发现，5号库房办公室东南角烧损炭化程度最高，火势以东南角处2号开关为中心向四周蔓延痕迹明显。

根据上述证据，综合分析认定起火点位于办公室东南角2号开关（南2号门外照明大灯开关）处。

（四）起火原因

1．排除放火。

（1）监控视频显示，20时55分廖某离开办公室后，无人员进入办公室，也未发现有人员在办公室附近活动。

（2）现场勘验发现，进入办公室的门窗完好，无破坏痕迹。主入口南2号大门的卷帘门处于锁闭状态，在火灾扑救过程中被消防人员破拆打开。

2．排除雷击引发火灾。

（1）隆昌市气象部门证实，火灾当天，隆昌市未出现雷电活动情况。

（2）监控视频资料和走访询问均显示，火灾当天，起火建筑所在区域无雷电活动。

3．排除遗留火种及吸烟引发火灾。

（1）走访询问和现场勘验发现，办公室内无动火行为，且无遗留火种的有关残留物；

（2）调查询问得知，最后离开办公室的廖某无吸烟习惯。

4．电气线路故障引燃周围可燃物蔓延成灾的起火原因认定。

（1）走访询问得知，办公室东南角2号开关（南2号门外侧照明大灯开关）处线路一直处于通电状态。

（2）物证鉴定报告得知，在起火点处提取的线路发现有一次短路熔痕。

（3）现场勘验发现，库房办公室东南角2号开关（南2号门外侧照明大灯开关）盒内有大量绝缘层等塑料制品，电气线路短路故障足以将其引燃。在开关下方堆放有与窗台齐高的纸制品、电风扇等可燃物，开关起火后，其滴落物足以将其引燃并蔓延。

（4）监控视频显示，火灾初期，火光出现由亮变暗，再变亮的情况，这与起火点处开关起火，并将其下方可燃物引燃蔓延成灾的现象相符。

根据上述证据，综合分析认定此次火灾起火原因为起火点处电气线路短路引燃周围可燃物蔓延成灾。

七、灾害成因分析

1．单位管理存在漏洞。5号库房内易燃可燃材料多，且货物随意堆放，未分垛、分类存放，与墙体和架空线路之间未留足安全距离，增大了该仓库的火灾危险性；未细化消防安全管理制度、灭火应急预案，未明确消防安全组织和岗位职责，仓库消防安全管理和防范措施缺失，故障隐患未及时整改。

2．值班人员麻痹大意。根据走访询问、监控视频分析，火灾发生在2020年9月1日21时5分许。门卫室保安刘某于21时15分看到5号库房的监控画面疑似有烟雾冒出，但未做任何处理。21时40分左右，刘某发现5号库房的一个监控画面有火光冒出，这才意识到发生火灾，于21时45分报警，延误了火灾扑救的最佳时机。

3．初期火灾扑救不力。泥腿农业科技有限公司虽然建立了微型消防站，配备了有关消防设施、器材，在此次火灾扑救中也起到了一定的作用，但终因队员素质参差不齐，加之厂区内消火栓无水，耽误了初期火灾的扑救，未能有效控制火势的蔓延发展。

八、火灾调查体会

1．视频证据收集是“关键”。在此次火灾调查过程中，调查组广泛收集现场视频证据，在海量视频资料中寻找蛛丝马迹，通过技术手段进行分析，取得一系列重要线索信息，并通过现场勘验在火灾现场得到一一印证，为确定起火部位，认定起火原因指明了方向。

2．痕迹物证送检是“核心”。物证鉴定结论能为火灾调查提供强有力的技术支持，往往成为认定火灾原因最直接有效的证据。在此起火灾调查中，调查人员通过走访询问、现场勘验、视频分析等手段，确定了起火点，并在起火点处发现提取了关键物证，鉴定出一次短路熔痕，为准确认定此起火灾起火原因奠定了坚实基础。

3．证据闭环意识是“保障”。在此起火灾起火原因分析认定过程中，调查人员在确定起火点，并在起火点处发现一次短路熔痕的情况下，仍然对起火点处线路是否通电、廖某是否吸烟、现场是否存在用火等关键环节进行一一求证，最后在各项证据充分，形成闭环的前提下，准确对起火原因进行了分析认定，充分彰显了火灾调查人员公平、公正的职业素养。

村居民住宅

14．江油市体育路1巷1号成铁机务段A区5栋3单元6楼11号房“4·28”较大火灾

一、火灾基本情况

- **起火场所：** 成铁机务段A区5栋3单元6楼11号房。
- **起火地址：** 江油市体育路1巷1号。
- **报警时间：** 2020年4月28日0时38分。
- **火灾损失：** 过火面积约60 m^2，直接经济损失约7.75万元，造成3人死亡。
- **调查组织：** 火灾扑灭后，绵阳市消防救援支队随即启动火灾调查应急预案，调集全市火灾调查业务骨干，组织开展火灾调查；28日下午，四川省消防救援总队技术指导组到达江油，参与指导火灾调查工作。同时，绵阳市政府也立即成立了火灾事故调查组，由绵阳市消防救援支队牵头，绵阳市纪委监委、绵阳市应急管理局、绵阳市公安局、江油市政府等派员组成。

二、走访询问情况

由于起火房屋内3人全部在火灾中死亡，调查人员无法查清火灾初起时的相关情况，但仍通过大量的走访询问，了解到死者生前的生活情况。

1．通过整理报警录音，死者左某（女）于0时38分拨打119电话报警，报警称起火点在靠近客厅门口的方向，客厅内火势正处于火灾蔓延阶段，客厅内烟气弥漫、温度较高，且屋内人员已无法从入户门逃生。

2．经询问左某家人及医院医生，死者罗某某（左某之子）于4月27日早上从医院出院回家，身体状况不佳，仍需卧床休息；左某某（左某之父）平时并未生活在起火房屋内，4月9日起临时到江油帮助左某照顾罗某某；并且左某父女二人都有抽烟习惯。

3．左某丈夫罗某常年在非洲某国打工，3月底刚出国，一直从事水电安装工作，精通电工操作，对家中的用电设备较熟悉。

4．经询问平时与左某一同生活的公婆罗某某夫妇，房屋内有两个电取暖器，一个方形、一个圆形，方形电取暖器已经损坏未使用，家中平时有在客厅使用圆形电取暖器取暖的习惯；圆形电取暖器使用时间超过8年，左某的公公罗某某曾经私自加长了取暖器电源线。

三、现场勘验情况

事故发生后，火灾调查人员对现场进行了勘验，提取现场痕迹物品3件，拍摄现场照片96张，绘制火灾现场图3份（见图14-1）。

图14-1　起火住宅平面图

（一）环境勘验

成铁机务段A区位于江油市体育路1巷1号，起火建筑为小区内5栋3单元6楼11号住宅，建筑坐北朝南，为一梯两户、地上六层的单元式住宅，砖混结构（见图14-2）。5栋东距小区6栋14 m，南距小区围墙7 m，西贴小区围墙邻川西北居民老旧建筑，北距小区4栋11 m。住宅北面有3个窗户，窗户外均有烟熏痕迹，3个窗户的雨棚炭化痕迹自东向西逐渐减轻，南面的阳台窗户有烟熏痕迹，雨棚只有西部未烧毁，相邻住户及楼下住户墙面和雨棚无过火及烟熏痕迹（见图14-3）。

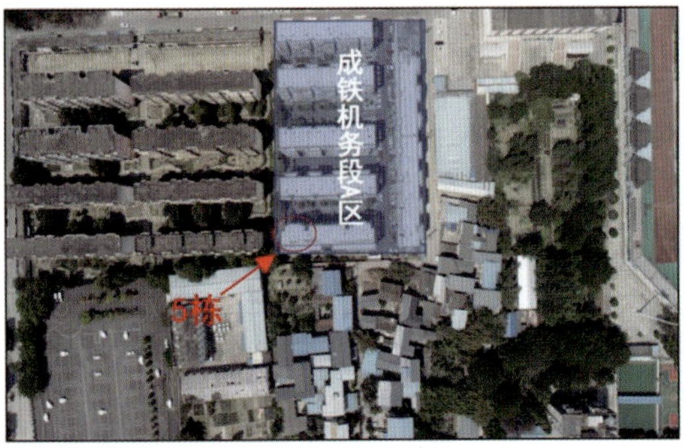

图14-2　成铁机务段A区俯瞰总平面图

图14-3　起火房屋航拍图（南面）

（二）初步勘验

进入5栋3单元楼梯间内1-5楼的楼梯间无烟熏痕迹，6楼的楼梯间顶部有烟熏痕迹自南向北逐渐减轻，6楼12号住宅的钢质入户门上方无烟熏痕迹，门牌号清晰可见，与其相对的6楼11号住宅的钢质入户门上方有烟熏痕迹，门牌号已模糊不清。入户门面向楼梯间侧下部呈黑色，中间呈白色，上部门洞有烟熏痕迹。入户门上方的烟熏痕迹自中间向南北两侧逐渐减轻，门锁有撬动痕迹。

打开钢质入户门后，可见内侧烟熏严重（见图14-4），内层木门已完全炭化，仅残存一完全炭化的木门框。客厅内物品已完全炭化，客厅顶部有水泥抹灰脱落现象，局部有钢筋裸露在外，客厅中央吊灯烧毁垂落下来（见图14-5）；客厅西墙有烟熏痕迹，南面卧室木门和木门框已完全炭化，北面卧室木门和木门框炭化痕迹自上而下、自南向北逐渐减轻；客厅东墙上木质腰线已完全炭化，木质腰线上方的墙体呈白色，下方的墙体有烟熏痕迹；客厅地面北部处散落有未完全炭化的大米堆，西部处有炭化的电视机和电视柜，向东北方向倾倒在地面上（见图14-6），东部处为完全炭化的木炭渣。客厅东北角处有一严重烧损的电冰箱（0.55 m×1.5 m×0.47 m），距冰箱南面0.6 m处局部墙面抹灰脱落，脱落区域烟熏严重，并向冰箱方向呈大“V”字形痕迹；冰箱外壳完全烧毁，仅下部冰箱门保温层残留并炭化，烧损程度自南向北逐渐减轻，呈斜坡状，冰箱内部物品部分过火，冰箱南部外立面金属外壳变色与下部冰箱门烧损炭化痕迹共同呈现大“V”形痕迹，其顶点指向冰箱西南角底部（见图14-7）。

厨房与餐厅之间的木质酒柜炭化痕迹自西向东、自上而下逐渐减轻；厨房内烟熏痕迹自上而下逐渐减轻；厨房西部木门炭化痕迹自上而下逐渐减轻；北墙和窗户烟熏痕迹自上而下逐渐减轻；东墙上半部分有瓷砖掉落，墙面有烟熏痕迹；灶台上散落有厨房用具，顶部有烟熏痕迹。餐厅东墙有烟熏痕迹，墙皮有轻微脱落现象，腰线炭化痕迹自南向北逐渐减轻；西墙有烟熏痕迹；餐厅顶部东面有水泥抹灰脱落现象；地面有木炭渣，放有三个铁架椅子和一个铁架餐桌已完全炭化只剩铁架，有一个钢柱掉落在紧靠入户门的餐椅上（见图14-8）。

卫生间木门框炭化痕迹自上而下逐渐减轻；卫生间北墙和墙上窗户烟熏痕迹自上而下逐渐减轻；东墙门框上方有部分瓷砖掉落，烟熏痕迹自上而下逐渐减轻；南墙中间上方有瓷砖掉落，烟熏痕迹自上而下逐渐减轻，木门炭化痕迹自上而下、自东向西逐渐减轻；地面上散落有瓷砖碎片、紫色塑料脸盆等洗漱用品，均呈原色；顶部有轻微的烟熏痕迹。

北部卧室门框炭化痕迹自上而下逐渐减轻；卧室内的铁架床上的棉絮炭化痕迹自上而下逐渐减轻，棉絮西南角有向北掀开的痕迹，床头炭化痕迹自南向北逐渐减轻；四周墙壁烟熏痕迹自上而下逐渐减轻；北墙上窗户已破碎掉落，西北角上方有空调挂机，已烧毁掉落在地面上；卧室木门炭化痕迹自上而下、自东向西逐渐减轻，顶部有烟熏痕迹（见图14-9）。

南部卧室门框炭化痕迹自北向南、自上而下逐渐减轻；南墙上的窗户玻璃向床上倾倒；西部靠墙自北向南依次摆放有衣柜、床头柜、梳妆台、床，衣柜炭化痕迹自南向北、自东向西逐渐减轻，床头柜和梳妆台炭化痕迹自上而下、自东向西逐渐减轻；床头柜上有一条娇子烟炭化痕迹自上而下逐渐减轻；床的炭化痕迹自上而下、自北向南逐渐减轻，床上棉絮自上而下、自北向南逐渐减轻，床垫东北角处炭化，弹簧裸露在外；床头中间处有一小木椅，椅背向北倾倒，炭化痕迹自上而下逐渐减轻；卧室通向阳台的门向卧室内开启，炭化痕迹自上而下逐渐减轻；地面上散落有鞋子和衣物；顶部有烟熏痕迹（见图14-10）。生活阳台上的物品已完全炭化；东南角有一完全炭化的冰箱向北倾倒在地面上，冰箱下方有一燃气灶；阳台上的铝合金窗户上的玻璃已全部破碎向室外掉落。

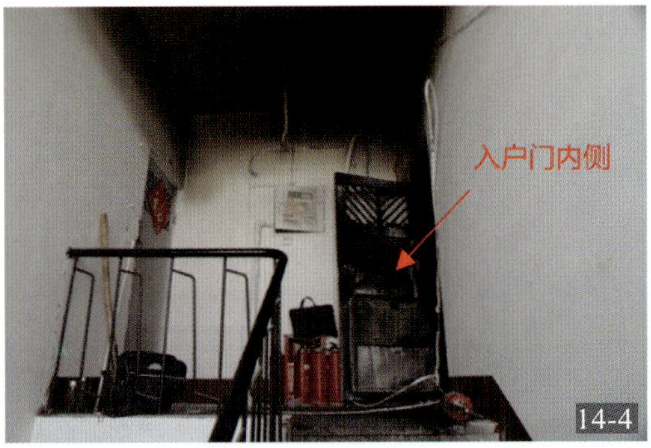

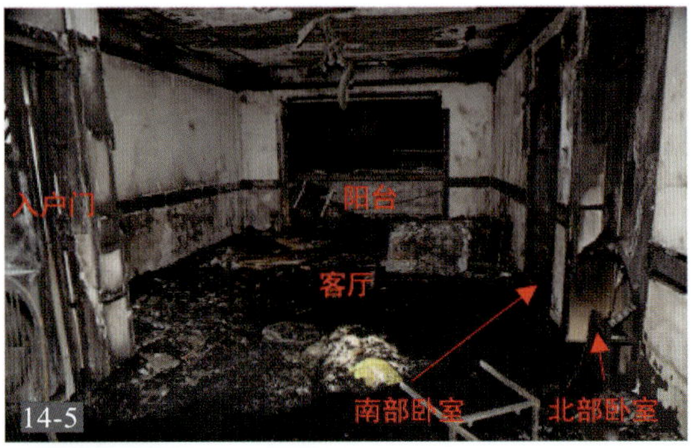

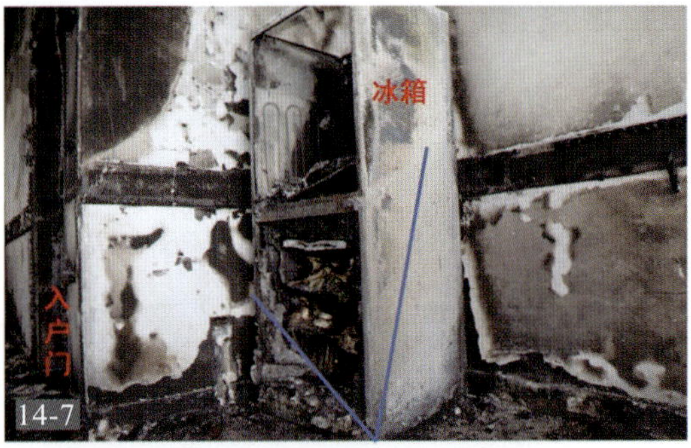

图14-4　起火住宅入户门内侧过火

图14-5　起火住宅客厅过火情况

图14-6　起火住宅客厅西部电视柜残留情况

图14-7　客厅东北角冰箱大“V”形痕迹

图14-8　起火住宅厨房与餐厅过火情况

图14-9　起火住宅北部卧室过火情况

图14-10　起火住宅南部卧室过火情况

（三）细项勘验

对客厅进行勘验，距客厅西墙0.6 m、距客厅北墙1.35 m处有一椅背向北、四腿向南的铁架椅子，距椅腿0.3 m处有散落的大米，翻开大米内有两块椅座木质板，其中一块长0.33 m、宽0.19 m，另一块长0.33 m、宽0.08 m，木板上表面仍保有原色，面向地面的一面炭化严重。由大米堆向东清理发现，距入户门框处0.55 m、距客厅东墙1.8 m处有一取暖器（长方形，见图14-11），下方为塑料炭化物（见图14-12），塑料炭化物上粘连有炭化的电路板一个；相邻南部有一个炭化的电取暖器（圆形），有线路连接在冰箱旁地面上的插板上（见图14-13、图14-14）。在入户门南侧地面上有一长1.4 m、宽0.3 m的木材完全炭化痕迹，入户门南侧墙面有未完全炭化木横条，入户门南侧上方墙面上有一块长0.7 m、宽0.3 m水泥抹灰脱落。距客厅冰箱东墙处1.1 m紧邻临客厅冰箱北墙处有一炭化痕迹自西向东逐渐减轻的纸盒，距东墙1.1 m处冰箱西侧地面最上方有掉落的墙皮，墙皮下方为炭化的木炭块，炭化木块下方为未完全炭化的黄豆、红糖、大豆等食品，食品下方为炭化的塑料熔融物，熔融物粘连有一个插线板（未完全炭化），插线板紧靠客厅北墙上，插线板上连接有三个插头，距客厅东墙0.8 m，客厅北墙上有一个距东墙0.6 m、距地面0.25 m的墙面插座，插线板连接在该插座上，拨开上方后，在地上有一个炭化痕迹自上而下、自南向北逐渐减轻的冰箱门，对该区域内的插线板及插线板连接在墙上的插座及连接的取暖器、电风扇等残留物进行了现场提取。

对距东墙1.5 m至2.7 m、距鞋柜1.2 m至3.6 m地面区域进行清理，沙发已完全炭化，距客厅东墙0.9 m、距客厅北墙1.34 m、2.22 m、2.3 m、4.1 m、4.2 m、4.8 m依次有高0.44 m、0.44 m、0.38 m、0.44 m、0.44 m、0.42 m的沙发木腿（见图14-15），距东墙0.1 m、距客厅北墙4.1 m有一个高0.32 m的沙发木腿，翻开客厅冰箱南部表面，第一层为木炭渣，拨开上层木炭渣下方为未完全炭化的按摩垫，按摩垫南侧距客厅北墙1 m的东墙地面上有一个高0.12 m的沙发腿，在距客厅东墙0.66 m、距客厅北墙1.1 m处，有一炭化自上而下逐渐减轻的长0.11 m、宽0.10 m的木板，紧邻木板南侧有一堆未完全炭化的瓜子，距客厅东墙0.7 m、距客厅北墙1.6 m到1.7 m之间，瓜子上方的皮质沙发皮面粘有瓜子炭化痕迹自西向东逐渐减轻。距客厅北墙1.8 m、距客厅东墙0.13 m处有一长0.52 m、宽0.13 m的木板炭化痕迹自上而下逐渐减轻，已炭化的沙发最上层有屋顶脱落下的水泥块，下方为炭化木渣，距客厅北墙2 m至客厅南墙处有一排未完全炭化的沙发木架，木架上为沙发钢丝。

距客厅东墙1.1 m、距客厅南墙1.15 m处有一个炭化变色的铁质烟灰缸，炭化痕迹自东向西逐渐减轻，距客厅东墙1.1 m、距客厅南墙0.7 m处有一上部完全熔化、下方表面为塑料熔融物的垃圾残骸，接触地面处仍呈原色，上方有黄果树烟盒及烟头，现场对其进行提取。塑料垃圾熔融物旁有一折叠桌子完全炭化，仅残余铁架；折叠桌南面有一完全炭化的铁架椅子，椅背向东倾倒；客厅南部与阳台相连处的东部有一木质隔墙已完全炭化，沙发炭化残留痕迹自北向南、自西向东逐渐减轻，客厅西墙自南向北依次摆放有卷纸、锅、塑料桶、电视柜、电视机，卷纸、锅、塑料桶炭化痕迹均自上而下逐渐减轻，电视柜炭化痕迹自东向西、自北向南、自上而下逐渐减轻。据参与灭火的消防救援人员现场指认，在南部卧室外的阳台西南角处抢救疏散出3人，其中成年男性1名，成年女性1名，男童1名。南部卧室床头和梳妆台前有一个未完全炭化的香烟盒，香烟盒内放一个打火机，在南部卧室床南侧的小木椅上有一个香烟盒、一个打火机和一个烟灰缸。

图14-11　客厅地面发现方形电取暖器

图14-12　方形取暖器下为塑料炭化物

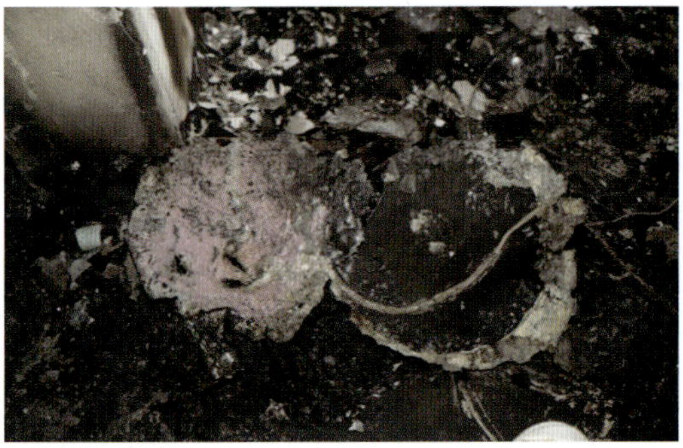

图14-13　客厅地面发现圆形电取暖器

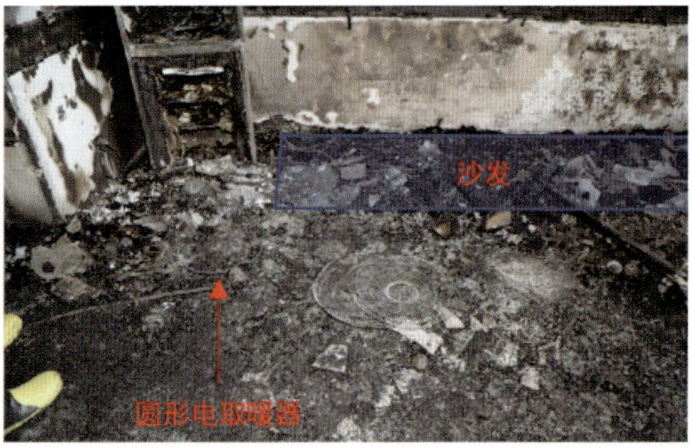

图14-14　客厅东北角地面烧毁物品概貌

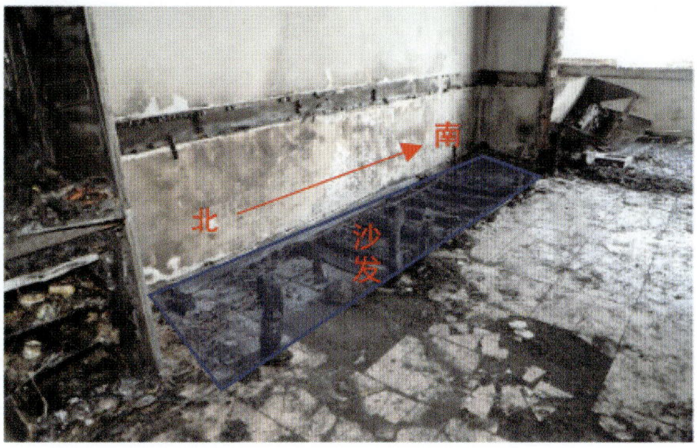

图14-15　客厅沙发炭化残留情况

（四）专项勘验

对客厅进行专项勘验，距客厅东墙0.5 m至2.4 m、距客厅北墙0.4 m至2 m处的区域内有多块地板砖破碎，客厅屋顶水泥抹灰脱落严重，沙发残留炭化痕迹自北向南逐渐减轻，沙发西部仍保留有未完全炭化的沙发木腿，沙发临东墙一侧距东墙0.2 m、距南墙0.88 m处仅有一根沙发木腿。对电气线路进行专项勘验，在客厅北墙上距地面0.25 m、距东墙0.7 m处有一个五孔插座（见图14-16），五孔插座连接有一个插线板，插线板上连接有冰箱、圆形电取暖器和光猫，插座插接的冰箱线路完好（见图14-17）；在客厅南墙距东墙0.45 m、距地面0.4 m处有一个五孔插座，未连接任何插头；在客厅西墙距南墙1.15 m、距地面0.6 m处有一个插座，连接有一插线板，插接有电视机插头等，线路完整无断开，未发现故障痕迹。该住宅的空气开关设于楼梯间6层的木箱内，安装在木板上，处于断开状态。该住宅的智能电表位于楼梯间内1层，外表完好。

图14-16　客厅东北角墙面插座过火情况

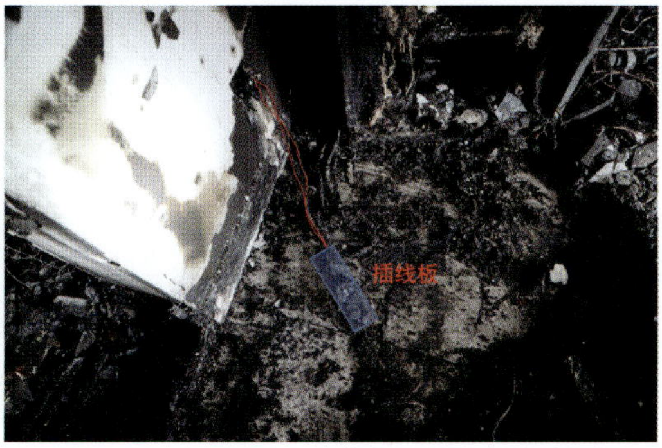

图14-17　客厅东北角墙面插座连接插线板

四、火灾认定

（一）起火时间

起火时间：2020年4月28日0 时30分许。

认定依据：

1．调取左某家无线网络掉线时间为2020年4月28日0时40分（见图14-18）。

2．分析左某报警情况，左某拨打“119”报警时间为2020年4月28日0时38分，当时已无法通过入户门逃出屋外。据此推断，左某报警时，客厅火势已蔓延至入户门处，尚未蔓延至南部卧室。

综上，结合火势发展蔓延规律，分析认定起火时间为：2020年4月28日0时30分许。

图14-18　电信运营商后台记录的起火住宅网络日志

（二）起火部位

据现场勘验：

1．起火房屋内，厨房、卫生间、北部卧室和南部卧室内物品烧损程度轻于客厅和餐厅，由此表明火势由客厅和餐厅向厨房、卫生间、北部卧室和南部卧室蔓延。

2．客厅屋顶水泥抹灰脱落钢筋外露，北墙水泥抹灰部分脱落，脱落后有烟熏痕迹；餐厅的屋顶和墙皮水泥抹灰无脱落现象，餐厅与北面的厨房之间木质隔断有炭化残留，餐厅与南面的客厅之间有一木质鞋柜及到顶的装饰进行隔断，鞋柜及装饰已完全烧毁，表明火势由客厅向餐厅方向蔓延。

综上，认定起火部位为江油市体育路1巷1号成铁机务段A区5栋3单元6楼11号房客厅。

（三）起火点

据现场勘验：

1．客厅内，距北墙1.34 m、2.22 m、2.3 m、4.1 m、4.2 m、4.8 m依次有高0.44 m、0.44 m、0.38 m、0.44 m、0.44 m、0.42 m的残留沙发木腿，残留沙发木腿对应的底座竖向木骨架炭化痕迹自北向南逐渐减轻。

2．靠客厅西墙、距南墙0.5 m有一个木质电视柜，电视机及电视机底座向电视柜东面倾覆，经现场复原后可见电视柜东北角烧损严重，北外立面和东外立面呈现斜坡状。

3．客厅东北角有一个双层电冰箱，上层箱门已完全烧毁，下层箱门有部分残留，下层保温材料大部分保留，且由南向北呈斜坡状。冰箱内部物品部分被烧毁；冰箱南部外立面金属外壳变色，与冰箱下层箱门痕迹呈现“V”字形。

4．两个卧室的门，正对电冰箱的南部卧室木门烧损、门框炭化程度均较北部卧室严重。

5．客厅距东墙0.5 m至2.4 m，距北墙0.4 m至2 m处的区域内有多块地板砖破碎。

6．根据客厅过火痕迹，以“客厅内距鞋柜南面0.5 m，距东墙1.5 m处”为顶点，向电冰箱、卧室门框两个方向呈现大“V”形痕迹。

综上，起火点认定为客厅内距鞋柜南面0.5 m，距东墙1.5 m处。

（四）起火原因

1．排除放火原因引发火灾。

（1）根据公安机关排查，左某及家人平时与周边邻居关系较好，无明显矛盾发生，排除有放火动机的可能。

（2）根据到场消防员叙述，起火户门系消防员进行灭火救援时破拆，导致门锁损坏。

（3）起火房间、阳台窗户安装防盗栏，且无外力破坏痕迹，该户位于6楼，人员从地面难以攀爬到达。

（4）火灾发生后死者左某曾用手机报警，未发现有人员入室。

2．排除雷击引发火灾。

经江油市气象部门证实，火灾当天，江油市境内未出现雷电活动情况。

3．排除小孩玩火引发火灾。

经调取监控，左某于27日23时下班回到家中，未发现异常情况。同时，火灾发生后，左某在报警过程中，三次叫罗某某起床，表明火灾发生时小孩处于睡眠状态。

4．排除吸烟引发火灾。

（1）根据现场勘验，在起火点处未发现阴燃特征痕迹。

（2）左某27日上午接罗某某出院，接着去给罗某某报名上学，然后到单位上班至22时32分，回到家已处于非常疲惫状态。根据询问了解左某平时生活习惯，27日晚左某回到家中通常很快上床睡觉，同时，左某平时只是偶尔抽烟，27日晚左某回到家中在客厅吸烟可能性小。

（3）根据现场勘验，左某父亲卧室床头放有烟灰缸和烟，27日晚左某父亲在客厅吸烟可能性小。

（4）在起火点处未发现烟灰缸等物品。

（5）左某在27日23时左右到家并未发现异常情况，她和父亲在各自卧室就寝后，客厅如有烟头引发的阴燃，两人应该能够及时发现而避免火灾发生。

5．排除生活用火不慎引发火灾。

（1）在起火点处未发现生活用火等痕迹。

（2）火灾发生时已是春季，常规情况下不存在生火取暖等用火情况。

6．排除用电线路故障引发火灾。

（1）根据现场勘验，房屋内特别是起火点处用电线路完好，未发现故障痕迹。

（2）火灾发生后，起火点处的无线网络路由器于0时40分断电，证明火灾发生时，线路通电情况正常。

（3）调取起火户用电量数据，火灾发生时，用电量无异常。

7．排除起火点处圆形电取暖器加热烘烤物品引发火灾。

据调取的起火房屋用电量记录反映，27日23时0分至28日0时0分，用电量仅为0.04 kW·h，28日0时0分之后的用电量仅为0.05 kW·h（见图14-19），经询问得知起火点处的圆形电取暖器功率为900 W，故工作一小时将消耗0.9 kW·h电，表明27日23时0分以后，起火点处的圆形电取暖器未处于工作状态。

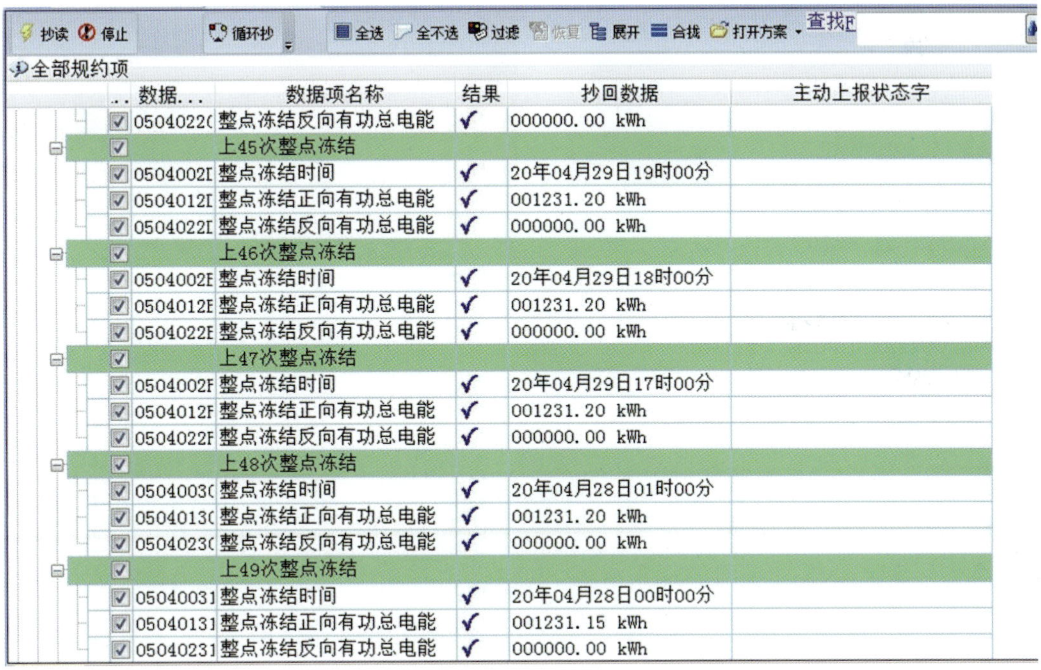

数据...	数据项名称	结果	抄回数据	主动上报状态字
0504022(	整点冻结反向有功总电能	✓	000000.00 kWh	
	上45次整点冻结			
0504002I	整点冻结时间	✓	20年04月29日19时00分	
0504012I	整点冻结正向有功总电能	✓	001231.20 kWh	
0504022I	整点冻结反向有功总电能	✓	000000.00 kWh	
	上46次整点冻结			
0504002E	整点冻结时间	✓	20年04月29日18时00分	
0504012E	整点冻结正向有功总电能	✓	001231.20 kWh	
0504022E	整点冻结反向有功总电能	✓	000000.00 kWh	
	上47次整点冻结			
0504002F	整点冻结时间	✓	20年04月29日17时00分	
0504012F	整点冻结正向有功总电能	✓	001231.20 kWh	
0504022F	整点冻结反向有功总电能	✓	000000.00 kWh	
	上48次整点冻结			
0504003(	整点冻结时间	✓	20年04月28日01时00分	
0504013(	整点冻结正向有功总电能	✓	001231.20 kWh	
0504023(	整点冻结反向有功总电能	✓	000000.00 kWh	
	上49次整点冻结			
05040031	整点冻结时间	✓	20年04月28日00时00分	
05040131	整点冻结正向有功总电能	✓	001231.15 kWh	
05040231	整点冻结反向有功总电能	✓	000000.00 kWh	

图14-19　起火房屋智能电表采集的用电量数据

8．认定起火原因为起火点处圆形电取暖器底座内部异常发热起火引燃周边可燃物蔓延成灾。

（1）起火点处圆形电取暖器电源线插头插在插座上，电源线至取暖器开关处带电。

（2）据该电取暖器购买者罗某某（左某的公公）反映，该电取暖器已购买至少8年，底座内部出现接线处松动的情况可能性大。

（3）根据现场勘验，该电取暖器位置与起火点位置相符，内部金属零部件散落，烧毁严重，与电取暖器底座内部异常发热起火特征相符。

（4）对同类型、同产地、同时期的电取暖器进行拆解，发现其底座内部出现接头松动、发热炭化的情况（见图14-20）。

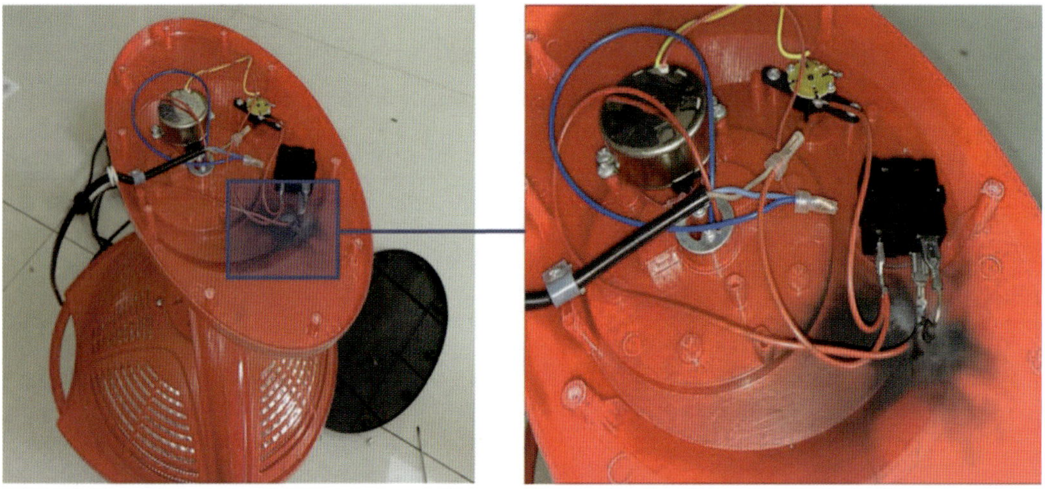

图14-20　同类型、同产地、同时期电取暖器拆解后情况

（5）起火点处电取暖器底座及外壳均为易可燃材料，其底座内部发热起火后，能够迅速将整个电取暖器引燃，加之周边放有小孩玩具、衣物、大量口罩等易燃物，火势能够迅速蔓延。

（6）房屋外电气线路的保护空开为C40型，上一级保护空开也为C40型，配电房处的总断路器额定电流为250 A。三级保护装置的瞬时动作电流均在200 A以上，对电取暖器底座内部异常发热几乎没有保护作用。

（7）根据询问，4月9日前，起火点处圆形电取暖器放置于北边卧室。4月9日后，左某父亲开始照顾罗某某，据天气情况，4月10日，江油市天气变冷，电取暖器被拿到客厅插在插线板上使用（这与10日用电量达到2.48 kW·h吻合），后未拔出插头，致使电取暖器开关前端持续通电，与现场勘验的结果一致。

（8）由于电取暖器底座内部开关附近仅有火线通过，起火后导致火线、零线接触引发短路，从而产生大电流导致保护装置动作的可能性小，加之保护装置的瞬时动作电流达到200 A左右，更加降低了保护装置在起火后动作的可能性。待火势蔓延至鞋柜处无线网络路由器时，将其线路烧断导致无线网络路由器断电下线，这与现场勘验和无线网络0时40分掉线记录相符。

综上，认定起火原因为起火点处圆形电取暖器底座内部异常发热起火引燃周边可燃物蔓延成灾。

五、灾害成因分析

1．起火房屋所在建筑始建于1996年，为成铁江油机务段福利房，前户主为铁路局职工，转卖给现房东黄某某后，先后出租四次，房屋年久失修。初次装修过程中，房屋墙裙、吊顶和室内隔断采用大量可燃木质材料，火灾荷载大，发生火灾后蔓延迅速。

2．左某家使用的圆形电取暖器购买于乡镇家电销售店，使用了8年以上，超过一般小型家用电器的安全使用年限，并且左某的公公罗某某无电工职业资格私自延长电取暖器电源线，大大降低了电器的安全可靠性。

3．对比同类型、同产地、同时期电取暖器时调研了解到，此类小型家用电取暖器在生产地多为贴牌生产、加工，设计落后、工艺粗糙，电器缺乏必要的安全保护装置。

4．起火房屋的电气保护装置设置不合理，房屋外电气线路的保护空开为C40型，上一级保护空开也为C40型，配电房处的总断路器额定电流为250 A，仅对能引发足够大电流的故障类型起到保护作用，而对电取暖器底座内部异常发热几乎没有保护作用。

六、火灾调查体会

1．先进科技手段的运用有助于火灾现场勘验。随着高分子材料在生产生活中的广泛运用，越来越多的火灾现场中出现大块塑料熔融物，不仅容易包裹金属导线、熔痕等关键物证，而且结构致密难以分割，盲目分割还可能造成物证损坏。此次火灾事故调查中，调查人员创造性采用X射线成像技术（见图14-21），在不破坏物证的前提下，快速准确查明塑料熔融物内部结构及导线连接情况，为后一步勘验指明了方向。先进科学技术的运用，既极大地丰富了火灾现场勘验方法，又有效提升了火灾调查的科学性和精确度。

2．电子数据信息的采集有利于分析起火情况。此次火灾调查中，通过调取网络运营商后台记录的设备断网时间、智能电表及电力用户用电信息采集系统提供的电流、电压、用电量等数据，调查人员准确计算分析出住户断电时间和日常用电习惯等关键信息，为查明火灾原因提供了强有力的支撑。火灾中的电子数据能够为调查提供即时、准确、客观的信息和线索，及时发现、有效提取和科学分析电子数据，有助于调查人员还原事实经过并查明火灾原因。

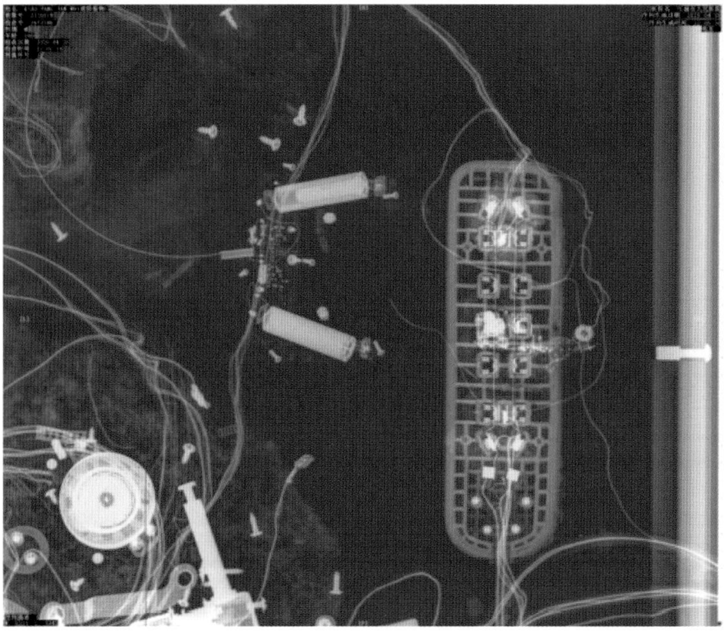

图14-21　X射线成像技术拍摄的外壳熔融插线板内部构造

15. 达州市达川区大树镇建军村肖某兰住宅“4·25”较大火灾

一、火灾基本情况

- **起火场所：** 肖某兰住宅。
- **起火地址：** 达州市达川区大树镇建军村1组。
- **报警时间：** 2018年4月25日3时1分。
- **火灾损失：** 过火面积96 m^2，共造成6人死亡，火灾直接经济损失为55万余元。
- **调查组织：** 该起火灾造成村民自建房垮塌、一家六口全部殒命，社会影响较大。火灾发生后，原达州市公安消防支队迅速启动火灾调查应急预案，组织开展火灾事故调查工作，原四川省公安消防总队工作组及全省火灾事故调查服务队部分成员赶赴现场会同当地消防、刑侦力量开展火灾调查工作。

二、走访询问情况

调查组走访询问了报警人、火灾时在现场的证人等知情人18人次。

1．报警人唐某某反映，其系肖某兰的邻居唐某某，火灾发生时他已入睡，是被另一邻居谭某某在楼下喊醒后发现肖某兰家起火的，随即报警（支队指挥中心报警电话来电查询显示，报警时间为2018年4月25日3时1分）。

2．火灾第一发现人谭某某反映，当天2时45分左右，他从五千桥盘龙桥砖厂下班回到家里，在洗漱时，听到外面有吹风似的“呜呜”声音，随后有烧东西的“嘣嘣”声，去外面一看，发现肖某兰家“一楼靠大树镇方向（即一楼东偏北位置）的房间里面已经烧红了”。

3．邻居吴某某反映，“看到着火建筑一楼两间房子都是火，火在往二楼走”。

4．邻居干某某反映，“刚发现火灾时，肖某兰家仅一楼有火，其他部位尚未着火”。

5．邻居陈某某反映，“刚从屋里出来看见，肖某兰家房子前面（着火建筑东部）燃起来了，火苗在往上蔓延”。

6．通过走访询问了解到，起火建筑为砖混结构自建房，主体3层、局部4层，屋顶加盖木结构小青瓦坡屋面防水、隔热层，建筑内西端设一部楼梯。第一层由王某某于2009年修建，肖某兰于2012年从王某某处购得该建筑，随即续建了第二层、三层和屋顶坡屋面。火灾造成建筑东部全部垮塌，西部保持完好。建筑垮塌部分一层为门市，其东北部用铁桶、塑料桶储存大量柴油、机油等易燃液体并堆放有木材等可燃物，东南部放置三辆摩托车及木材，西部停放一辆面包车。二层、三层为客厅、卧室。

三、现场勘验情况

调查组先后进行现场勘验2次，绘制火灾现场图8张，拍摄现场照片58张。现场提取痕迹物证11件。

（一）环境勘验

起火建筑位于达州市达川区大树镇建军村1组，坐西朝东，东接大树镇通向南岳镇的乡村公路，西面接堡坎（堡坎上为村民自留地），南邻村民谭某某的自建房，北邻村民陈某某的自建房（见图15-1）。

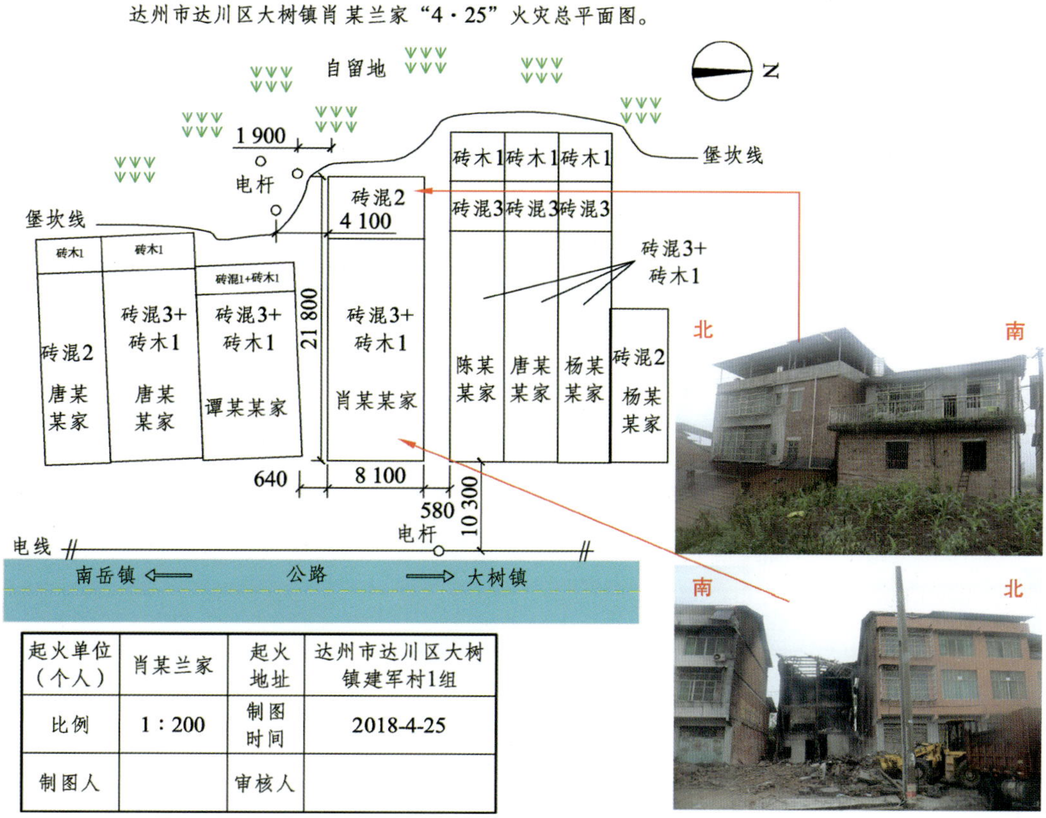

图15-1　火灾现场概貌

（二）初步勘验

1．起火建筑东部房屋完全垮塌，西部房屋的一根横梁倒向东侧，横梁下方的混凝土破坏，露出内部钢筋，从楼上掉落的废弃物倒向垮塌部位的中间位置，中心位置向下凹陷，四周堆积了大量建筑废弃物及楼上掉落的物品。处置过程中，因搜救火灾被困人员而动用大型挖掘机械进行挖掘，火灾现场破坏严重。房屋垮塌后的砖块、瓦砾、预制板构件堆积在地面上，建筑承重梁倒伏在地面上、钢筋外露，建筑东侧院坝及南北两侧村民家门外院坝上均堆放有从起火建筑处挖出来的废弃物品。

2．起火建筑西部房屋未垮塌，主体3层，建筑坡屋面形成局部4层，坡屋面木椽条和青瓦受损。与陈某某家相邻的起火建筑北墙东部垮塌，陈某某家房屋与起火建筑相邻的南墙外立面中间位置有烟熏痕迹，烟熏痕迹自下而上向东西两侧扩散。与谭某某家相邻的起火建筑南墙东部全部垮塌，谭某某家房屋与起火建筑相邻的外墙外立面东部有烟熏痕迹，烟熏痕迹自下而上向西侧逐步扩散（见图15-2）。

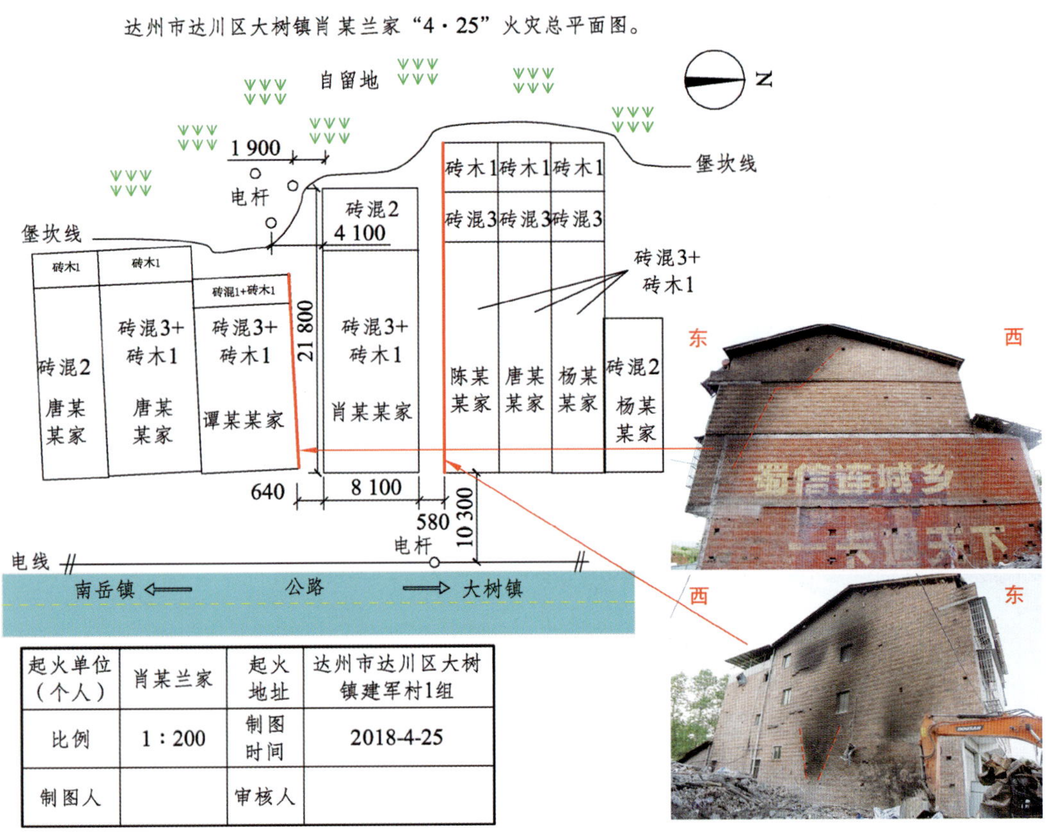

图15-2　火灾现场垮塌与烟熏情况

3．起火建筑距离西侧堡坎1.25 m，堡坎上的村民自留地地坪与起火建筑二楼的窗户大致持平。起火建筑西部二楼外墙上有两扇窗户，窗户均设有不锈钢防盗窗，北侧防盗窗完好，南侧防盗窗被完整取下，放于村民自留地上，自留地上有一木梯子伸入南侧窗户。透过窗户可以看见室内物品有高温变形痕迹。

（三）细项勘验

1．对起火建筑垮塌部分进行勘验，逐层移除地面堆积的预制板等废弃物，发现垮塌区域西北部地面处有一辆摩托车残骸，摩托车已完全烧毁，仅余变形的金属支架，其后轮毂受损严重变形，前轮毂变形程度较轻。

2．垮塌区域南部地面有一台小型面包车残骸，车长3.6 m，宽1.5 m，车头向北，车辆完全烧毁，外壳被压塌变形，车顶部分从西向东压塌，长安车的东部外壳烧损痕迹更重，车厢的中后部有较重的油污痕迹。车底后部烟熏痕迹较重，驾驶室下方的汽车蓄电池外壳因高温作用熔化板结（见图12-3）。

图15-3　火灾现场车辆烧损情况

3．在垮塌区域的中间位置（南北两个门市的中间位置），从西侧未垮塌部位的墙上的有一根横梁倒向东侧，横梁的混凝土破碎，露出里面钢筋（见图15-4）。

图15-4　火灾现场一层中间立柱上横梁倒塌方向及烧损程度（由北向南照）

4．对垮塌部位逐层清理至地面，在中间位置发现有四根立柱，从东向西依次编号为1#立柱、2#立柱、3#立柱、4#立柱（下同），立柱处于一条直线上，1#立柱在起火建筑东外墙位置，由红砖砌成，基底部位无钢筋混凝土；2#立柱距东外墙位置3.60 m，距南侧邻居外墙5.15 m，基底部分为钢筋混凝土，底部长约0.40 m，宽约0.40 m，高约为0.20 m，该立柱自南向北出现约0.10 m的侧移变形，呈台阶状。清理该立柱四周至地面，立柱四周的地面凹陷，其地平面明显比其他部分的地平面低，地面有大量黑色油污痕迹，周围地面上有大量物品燃烧后的灰烬，该立柱有高温作用发泡现象，轻轻敲击即会出现混凝土掉落情况（见图15-5）。

图15-5　火灾现场一层中间立柱烧损程度

5．在2#立柱顶部南侧台阶上发现有黑色塑料胶着物贴附，隐约可见胶着物里面有金属片，轻轻剥离黑色胶着物，露出里面的金属片、金属导线及细小金属熔珠。勘验人员提取该胶着物，编为12号物证（见图15-6）。

图15-6　火灾现场一层中间立柱附着的金属残留物

6．3#立柱向东倾斜，距东外墙处7.6 m，距南侧外墙5.23 m，基底规格长约0.40 m，宽约0.35 m，基底为钢筋混凝土结构，对该立柱四周地面进行清理，发现立柱东侧地面凹陷且破损，地面有大量黑色油污痕迹，南侧地面破损。

7．4#立柱在西侧未垮塌的墙内位置，墙体烟熏痕迹较轻。

（四）专项勘验

1．起火建筑垮塌区域中部有一塑料桶残骸，塑料桶的上部烧毁，靠底部胶着有塑料的融化物，桶底部呈蓝色，直径33 cm，内侧有线路板残骸附着。勘验人员提取该塑料桶残骸，编为4号物证（见图15-7）。

2．起火建筑垮塌区域中部有一金属夹子附着于塑料板结物之上，金属夹子的金属柄长0.10 m，金属柄上有金属导线连接，板结物上有金属弹簧丝附着，塑料板结物不规则，长宽约为0.74 m×0.63 m，勘验人员提取该物品，编为5号物证（见图15-7）。

3.2#立柱南侧地面上有多股铜芯线残骸，该铜芯线无保护层，带有金属插片，卷曲折叠，表面有过火痕迹。勘验人员提取该多股铜芯线，编为9号物证（见图15-7）。

图15-7　火灾现场4、5、9号物证提取情况

4．勘验人员在五干桥（位于长冲村与光辉村的交界处）对倾倒的起火建筑废弃物品进行勘验。在废弃物中发现2个蓄电池残骸，一个已碎裂的蓄电池残骸，该蓄电池残骸外形不规则，有过火痕迹，长宽约0.35 m×0.40 m，勘验人员提取该蓄电池残骸，编为6号物证（见图15-8）；另一个仅有蓄电池外壳部分，其余部分缺失，外形不规则，长宽约为0.47 m×0.25 m，勘验人员提取该蓄电池残骸，编为10号物证（见图15-8）。发现一个金属夹子，金属夹子无导线连接，金属柄长15.5 cm，金属柄有变形，勘验人员提取该金属夹子，编为7号物证（见图15-8）。在废弃物中发现一个动力线配电箱残骸，配电箱金属外壳扭曲变形，呈锈红色，箱内有多股铝芯线，接三根金属接线柱，配电箱规格约为0.50 m×0.40 m，勘验人员提取该配电箱残骸，编为8号物证（见图15-8）。

图15-8　火灾现场6、7、8、10号物证提取情况

四、火灾认定

（一）起火时间

1．2018年4月25日3时1分，达州市消防支队指挥中心接到报警，报警人称当时他已入睡，被谭某某在楼下喊醒并发现肖某兰家起火后报警。

2．谭某某（第一发现起火人）反映，当天2时45分左右，他在洗漱时，听到异常声音后，去外面一看，发现肖某兰家一楼已“烧红了”。

根据上述证据，结合火灾发展规律，综合分析认定起火时间为2018年4月25日2时55分许。

（二）起火部位

1．现场勘验显示，肖某兰住宅现场形成了以2#立柱周围为凹点，垮塌物向外逐渐堆积的垮塌痕迹。

2．宋某某（肖某兰大女儿肖某某男朋友）证实，火灾发生前，肖某兰住宅一层2#、3#立柱南侧停放有1辆长安面包车（车头向西）。现场勘验显示，面包车北面外壳烧损痕迹较南面重。

3．谭某某发现异常后，出来看到肖某兰住宅“一楼靠大树镇方向（一楼东偏北位置）的房间里面已经烧红了”。

4．现场勘验显示，起火建筑垮塌区域一层顶部的屋梁垮塌形成了以2#立柱为凹点的“V”形痕迹；清理垮塌区域的3根砖柱四周至地面，发现由2#立柱四周地面破碎程度最高，残留大量灰烬，物品烧毁程度高，且地面出现凹陷，最大下沉深度约0.10 m。

根据上述证据，综合分析认定起火部位为该建筑一层2#立柱附近。

（三）起火原因

1．排除放火引发火灾。

（1）排查走访显示，死者一家与周边邻里关系较好，无矛盾。其他社会关系中也无重大矛盾或仇恨。

（2）宋某某反映，为防止肖某（肖某兰大儿子，患有自闭症）到处乱跑，肖某兰住宅的门窗平时都是处于关闭状态。4月25日2时40分许，谭某某下班回家经过肖某兰住宅时，未发现该住宅有异常情况。

公安刑侦部门经过深入排查走访，出具排除放火结论。

2．排除生活用火和吸烟不慎起火。

（1）宋某某证实，平时肖某兰家生火煮饭是在二楼后方的厨房，一楼的厨房已经很久没有使用，且一楼的厨房位于一楼后方，不在起火部位处。

（2）火灾发生时，当地气候温暖，没有烤火的可能。

（3）火灾发生、蔓延十分迅速，与烟头阴燃起火的特征不符，且起火点处也未发现阴燃起火的痕迹。

3．排除雷击引发火灾。

（1）田某反映，火灾发生时，无打雷闪电的情况发生。

（2）谭某某家的电路和肖某兰家的电路是同一根主线，而火灾发生前后，谭某某家均有电，且电灯未出现异常，排除有雷电入侵线路的可能。

（3）当地气象部门出具的报告显示，4月25日1-3时没有雷击现象发生。

4．综合认定不排除起火部位处蓄电池故障引燃附近易可燃物蔓延成灾。

（1）起火点处存在的引火源仅有安装在房屋2#立柱上的电源插座和两个铅酸蓄电池及其充电装置。

（2）原公安部四川消防研究所物证中心出具的鉴定报告显示，在起火部位处提取送检的充电装置和电源插座残留物中，未发现故障痕迹。

（3）现场勘验中提取的两个铅酸蓄电池残留物烧毁程度严重。

（4）铅酸蓄电池在不充电放置过程中，会持续放电，存在发生火灾的可能，有案例可以佐证。

（5）唐某某、谭某某反映，发现火灾时均听到了“嘭嘭”的声音，与蓄电池故障起火的特征相符。

（6）该起火灾发生、蔓延速度快，符合铅酸蓄电池故障起火后迅速引燃起火点周边大量木材及油品等易可燃物的特点。

根据上述证据，综合分析认定，该起火灾的起火原因不排除起火部位处蓄电池故障引燃附近易可燃物蔓延成灾的可能。

五、灾害成因分析

1. 起火建筑内部火灾荷载较大。起火建筑一层存放有柴油、木柴堆垛、汽车、摩托车和蓄电池等可燃物。有证据显示，肖某兰于火灾发生前2天购买了近一吨柴油，存放于一层东北部，火灾发生时仍有800余升柴油；一层东北部堆放大量木柴堆垛，根据调查询问了解的情况，估算木柴存量约有10 m³；一层东部停放三辆摩托车，西部停放一辆长安面包车；同时，一层还堆放有木床、挖掘机轮胎等可燃物。调查走访情况显示，肖某兰经常在一层对蓄电池进行充电且无人看管，极易引发火灾。由于该建筑火灾荷载大，火灾发生后，火场温度极高，火势蔓延迅速，导致户内人员没有足够的时间进行逃生和初期火灾扑救。

2. 起火建筑承重结构存在严重安全隐患。该起火建筑原为砖混结构房屋，建筑层数为一层半。肖某兰于2005年购买此房屋后，在此建筑基础上加盖两层砖混结构房屋，最终形成底部框架（砖柱）、上部砖混结构的三层半房屋。一层结构形式为部分砖柱、部分砖墙支撑钢筋混凝土梁、空心预制楼板，一层地面为夯土找平后铺刷约10 mm水泥砂浆，二、三层为砖墙支撑钢筋混凝土楼板结构，建筑结构混乱，特别是二、三层使用砖混结构使得建筑自重较大的情况下，将一层中间位置改为砖柱结构承重，导致建筑一层2#、3#砖柱承担了巨大压力。火灾发生后，由于起火部位位于起火建筑一层2#砖柱旁，柴油及木材燃烧猛烈，温度极高，对房屋结构造成了更大的影响：（1）砖柱承载力下降明显。由于柴油处于猛烈燃烧时火焰温度在1200℃以上，空气温度应在1000℃左右，起火点旁砖柱四面受火，砖柱内部温度上升速度是单面受火的砖墙的数倍。从相关文献可以得知，当火灾温度为980℃时，黏土砖的抗压强度下降16%；当火灾温度达到900℃以上时，砂浆抗压强度下降40%以上。通过计算，理论上本起火灾时砖柱承载力会下降到常温时的75%左右。（2）地基可能发生沉降。在现场勘验过程中发现起火部位2#砖柱为中心的地面出现明显凹陷，最大下沉深度约0.10 m。由于该建筑地基为石砌条形基础，抗沉降能力不强，建筑结构应力因此发生较大改变，起火部位旁砖柱抗压承载力会进一步被削弱。以上两点原因共同作用下，致使建筑结构在火灾发生后很短时间即失去承载力，建筑物出现垮塌。

3．人员消防安全意识严重缺乏。由于肖某兰前期在建筑物内堆放大量易可燃物，并擅自对房屋进行加层，导致火灾荷载和建筑结构存在严重安全隐患，而且火灾发生后人员未能及时选择逃生路线，只是向亲友打电话求救，错过最佳逃生时机，以致高温浓烟封闭路线无法通过楼梯逃生；同时该建筑第二、三层所有窗户均安装防盗网，无法通过窗户向外逃生。上述现象反映出该住户生前消防安全意识淡薄，对身边的消防安全隐患习以为常、视而不见，最终导致全家未能成功逃生的悲剧发生。

4．起火建筑地处偏远且水源匮乏。该起火建筑距离辖区消防站有60余千米山路，消防救援力量到达火灾事故现场时间较长，不能及时到场处置；火灾地点周边水源缺乏，对灭火救援造成极大困难。

六、火灾调查体会

1．复杂的火灾现场需要更加科学细致地开展调查工作。此次火灾现场情况复杂，存在多层房屋垮塌、多人被埋压且有大量柴油持续燃烧的情况。为确保安全、尽快找到被埋压人员，现场使用大型机械进行挖掘破拆并同时开展灭火工作。因此，现场建筑构件全部被移动、破坏，地面被破坏，废墟覆盖大量灭火用泡沫，尸体位置被移动，造成大量痕迹、证据被破坏，对火灾调查工作造成极大困难。调查人员通过调查询问、现场指认、查找照片等方式对起火建筑原貌进行了细致还原，克服了大量困难，科学、准确地认定了火灾原因。

2．群众消防意识淡薄是酿成此次惨剧的主要原因。在家中为大容量蓄电池充电、存放大量易可燃物质、建筑存在违规搭建及结构危险情形、门窗均设置防护栏等种种隐患综合之下造成了如此惨重的损失。为强化群众消防安全意识，应有针对性地强化对目标人群的消防宣传工作，增强人民群众防范火灾和在火灾中自救他救能力。

3．多部门良好协同是调查工作的重要保障。在本次火灾调查中，消防救援机构与公安刑侦部门积极协作，在最短时间内排除了纵火嫌疑，摸清了死者与相关人员生前活动轨迹，调查工作的效率得到极大提升。

16. 遂宁市船山区物流港南湖半岛小区“8·28”火灾

一、火灾基本情况

- **起火场所：** 唐某住宅。
- **起火地址：** 遂宁市船山区物流港玫瑰大道263号南湖半岛小区2栋30楼2号。
- **报警时间：** 2018年8月28日16时36分。
- **火灾损失：** 过火面积72 m^2，2人死亡，直接经济损失约31万元。
- **调查组织：** 该起火灾涉及2名未成年人死亡，遂宁市消防救援支队高度重视，支队、辖区大队和辖区公安部门联合成立事故调查组，组织开展火灾事故调查工作；四川省消防救援总队也派出火灾事故调查专家组赶赴遂宁，指导开展火灾事故调查工作。

二、走访询问情况

调查组共走访询问相关知情人35人次，制作询问笔录53份，组织当事人先后3次到现场指认。

1．据该小区2栋30楼邻居杨某、张某反映：8月28日16时30分左右，在家中闻到很重的烟味，四处寻找后发现是2号住户唐某家厨房冒出黑烟，当即就给物业打电话告知。

2．据物业公司黄某、余某、李某反映：8月28日16时35分左右，巡逻2号岗的杨某对讲机呼叫，2栋顶楼住户发生火灾，从餐厅部位冒出浓烟；接着又有三四个住户打电话告知物业公司称2栋楼顶发生火灾。

3．据第一报警人王某反映：当时他驾车行驶在318国道，发现南湖半岛公路靠近国道的一栋楼顶住宅在冒烟，立即拨打119报警，时间是16时36分。

4．据到场救援的物业公司余某、陈某、李某反映：发现火情后，立即组织救援，乘坐电梯到达2栋30楼2号门口，发现门很烫，门缝有黑烟冒出，伴随着噼啪的燃烧声音。他们没有破门工具无法进入房间，屋里也没有呼救的声音。

5．据当事人唐某反映：火灾当日16时17分接到工友电话，邀约一起找老板要工资，洗漱完后就下楼了，留2个孩子（火灾中死亡，1个8岁，1个4岁）在家，16时44分时接到物业电话说家里着火了，马上就坐车回家，回家时发现消防队员正在破门。

三、现场勘验情况

调查人员共开展现场勘验6次，制作现场勘验笔录5份、现场图7份、现场物品提取清单2份，拍摄现场照片186张，获取物证鉴定报告1份、尸检报告2份。

（一）环境勘验

1．南湖半岛小区位于遂宁市船山区物流港玫瑰大道263号，东临凌云路、南临春晓路、西临318国道、北临凌云路，该小区共14栋建筑，为钢筋混凝土结构。起火住宅为南湖半岛小区2栋30楼2号，该栋共30层，建筑高度91.8 m，1～4层为商业，5～30层为居民住宅，属一类高层公共建筑（见图16-1）。

2．起火楼层西侧的3号和东侧的1号住户无火灾蔓延和烟熏痕迹。2号住户防盗门门锁完好，未反锁，防盗门无撬动痕迹（见图16-2）。

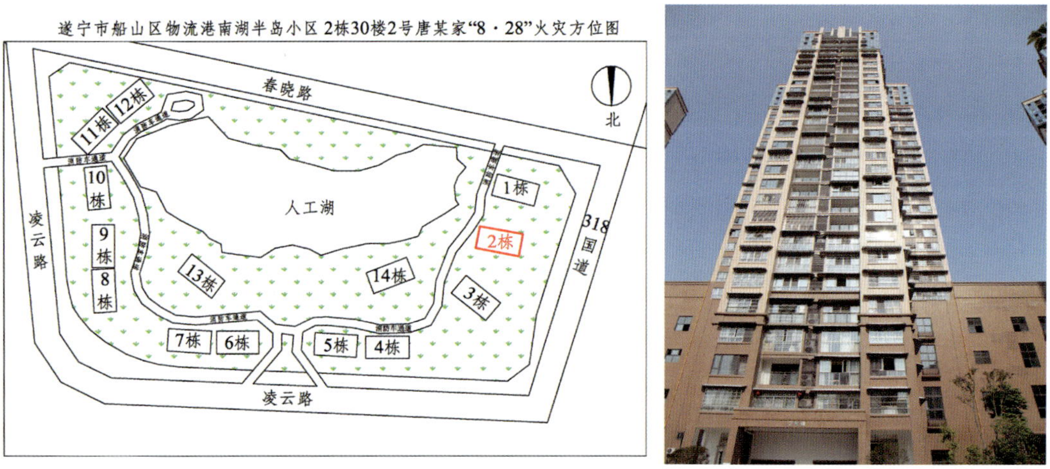

图16-1 起火建筑方位图、概貌图

图16-2 起火房间门锁无撬动痕迹

（二）初步勘验

1．该住宅为三室两厅，东南部卧室为1号房间，西南部卧室为2号房间，西北部卧室为3号房间。1号房间外窗未安装防盗栏，安装有玻璃窗，玻璃完好未损坏，窗户外无攀爬痕迹；2号房间外窗未安装防盗栏，安装有玻璃窗，玻璃被烧裂，仅剩窗框，窗户外无攀爬痕迹；3号房间、客厅、饭厅及厨房外窗均安有防盗栏，防盗栏无撬动痕迹（见图16-3）。

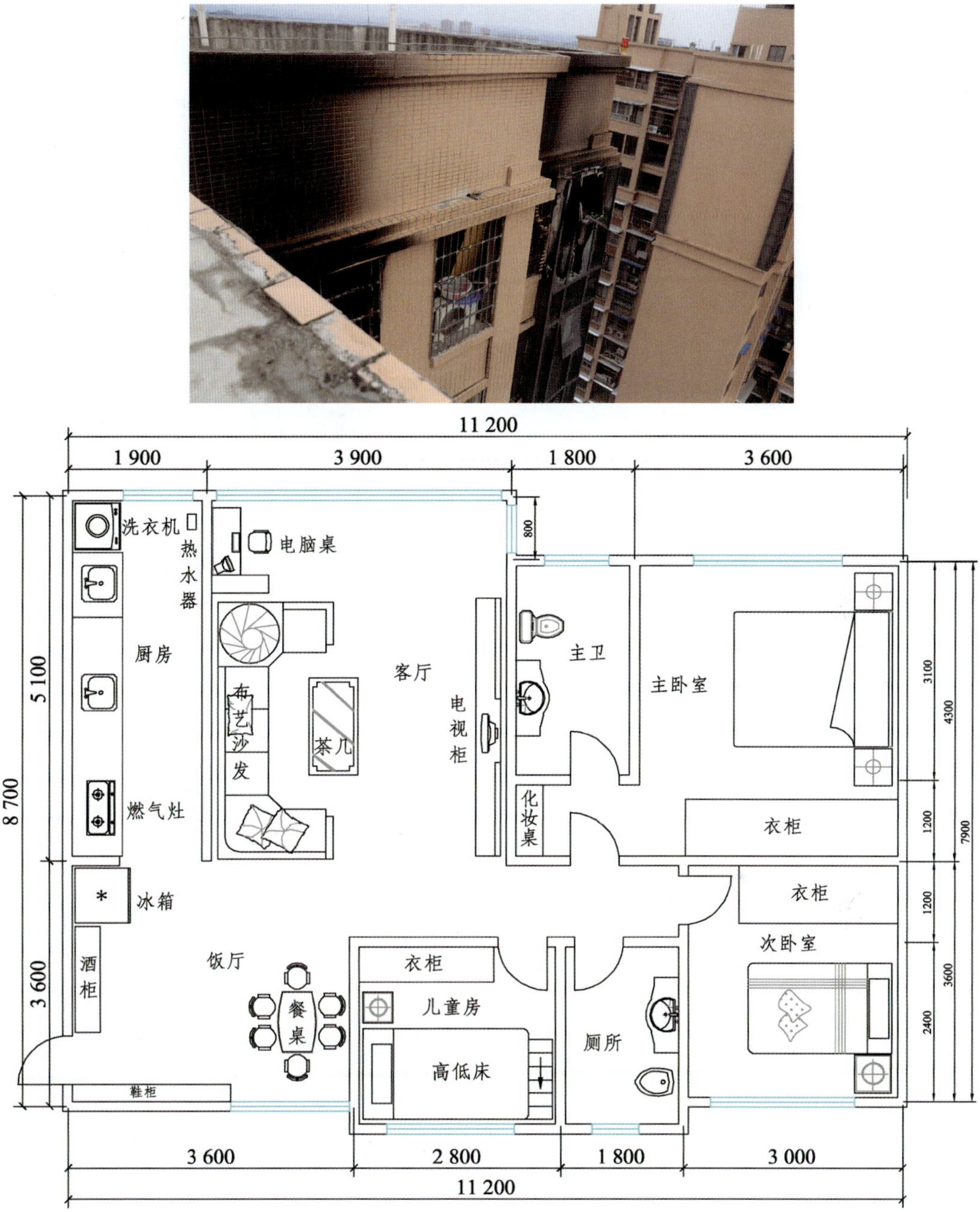

图16-3　起火房屋平面图、四周安装防盗窗

2．起火的房屋进户门后是餐厅，餐厅西墙鞋柜上部烧毁脱落，鞋柜过火痕迹由上到下、由北向南逐渐减轻。鞋柜上部整体烧毁倒塌至地面，上部鞋柜内部分物品（纸巾、鞋子等）埋压在鞋柜正面坍塌物品下方，紧贴地面，燃烧较轻，下部鞋柜过火痕迹均匀（见图16-4）。

图16-4　起火房屋入口概貌、鞋柜

3．餐厅上方南侧的吊顶部分烧毁，北侧吊顶均掉落，残留的木架无过火痕迹。餐厅西侧的窗户被烧毁，窗户安装有防盗栏，防盗栏未过火，仅上部有烟熏痕迹，烟熏痕迹由上到下逐渐减轻。餐厅南侧墙面抹灰层脱落（见图16-5）。

图16-5　餐厅吊顶、防盗栏

4．餐厅北墙面紧靠户门位置有一酒柜，酒柜1 m以上部分完全烧毁并脱落至地面。对酒柜倒塌处进行翻查，在地面发现一完整的木板，木板上层有脱落的吊顶，下层有少许炭化物，木板下面瓷砖完好；经复原，该木板为酒柜上部柜门（见图16-6）。

图16-6　酒柜

5．餐厅北墙面的酒柜东侧放置有一电冰箱，电冰箱上部完全烧毁，仅剩顶面铁皮外壳，无正面面板壳，顶面铁皮外壳向下凹陷，铁皮外壳整体偏向西侧；电冰箱上部内部隔板完全烧毁，内部物品均跌落至下部空间并倒塌至地面。对冰箱主体结构的坍塌物进行逐层清理，最上层为冰箱内存放的食物和餐具；该层下方压有两块冰箱面板门，一块横向倒塌，经复原为冰箱左下门；一块正对冰箱方向倒塌，门板紧贴地面瓷砖，经复原为冰箱左上门；对堆积冰箱主体结构坍塌物的东侧厨房门框下进行清理，上层为厨房吊顶和墙面瓷砖等物品，下层为一块冰箱面板门，面板门紧贴厨房地面，经复原为冰箱右上门（见图16-7）。

图16-7　冰箱门复原

6．冰箱东侧为厨房，厨房门框上部脱落，下部炭化严重，门框过火痕迹由上到下逐渐减轻。厨房顶部吊顶全部燃烧脱落，过火痕迹由西向东逐渐减轻。厨房北部灶台有过火痕迹，过火痕迹由上到下逐渐减轻；灶台下方的橱柜仅有烟熏痕迹，烟熏痕迹由西向东逐渐减轻（见图16-8）。

图16-8　厨房

7．厨房南面为客厅，客厅吊顶东南部未脱落，西北部部分脱落，脱落痕迹由东南向西北方向逐渐减轻。客厅走廊的吊顶脱落，裸露出的抹灰层脱落，由北向南逐渐减轻（见图16-9）。

图16-9　客厅吊顶、客厅走廊吊顶

8．客厅西侧为3号房间，房间内门窗均烧毁，房间门处于开启状态；顶部和墙面的抹灰层均脱落；内部物品均烧毁，在房间北部有未燃烧的棉被及床脚，房屋过火痕迹由上到下逐渐减轻（见图16-10）。

图16-10　3号房间

9.3号房间南侧为厕所，厕所门处于锁闭状态，金属门框上部有高温烘烤融化痕迹，下部门框完好，过火痕迹由上到下逐渐减轻；内部的灯罩因高温烘烤熔化；厕所顶部有烟熏痕迹，其他部位完好（见图16-11）。

图16-11　公用厕所门、内部烟熏痕迹

10．厕所南侧为2号房间，房间门处于开启状态，房门烧毁，屋内均过火，房内顶柜烧毁脱落，在地面有未烧毁的顶柜，过火痕迹由北向南逐渐减轻。2号房间内的床烧毁，仅剩床头炭化物及床垫钢丝，过火痕迹由北向南逐渐减轻（见图16-12）。

图16-12　2号房间

11．客厅南面为1号房间，房间门处于关闭状态，房门中上部被烧穿，南北两侧门框有过火痕迹，燃烧痕迹由上到下逐渐减轻；房门外侧有过火痕迹，内侧有烟熏痕迹（见图16-13）。

图16-13　1号房间

（三）细项勘验

1．对厨房抽油烟机及燃气灶进行勘验并核对同型号燃气灶发现，该燃气灶在发生火灾时处于关闭状态；对抽油烟机进行勘验，抽油烟机外壳已被烧毁，仅剩铁皮外壳及内部电线等物。

2．冰箱背靠北墙，距墙面50 mm；西侧紧邻酒柜，冰箱壁与酒柜壁间距85 mm；东侧紧邻建筑物烟道，冰箱壁距烟道外装饰板100 mm；冰箱上方为装修定制的吊柜，冰箱顶面外壳距吊顶下沿85 mm。在冰箱下方发现一书包，书包内的书籍未被烧毁；在冰箱下层西部冷冻室装有豌豆及干菜，豌豆及干菜未过火，装干菜的冷冻盒部分过火；东部冷冻盒全部过火。将冰箱搬离原位置后，在冰箱北侧墙面发现有一个钢筋裸露的不规则圆形洞，其他位置无过火痕迹；该不规则钢筋裸露区域直径为230 mm，距地面900 mm；经对比，该洞与冰箱背面长方形空洞位置一致。冰箱背面底部有一个压缩机，压缩机顶部有明显高温痕迹（见图16-14）。

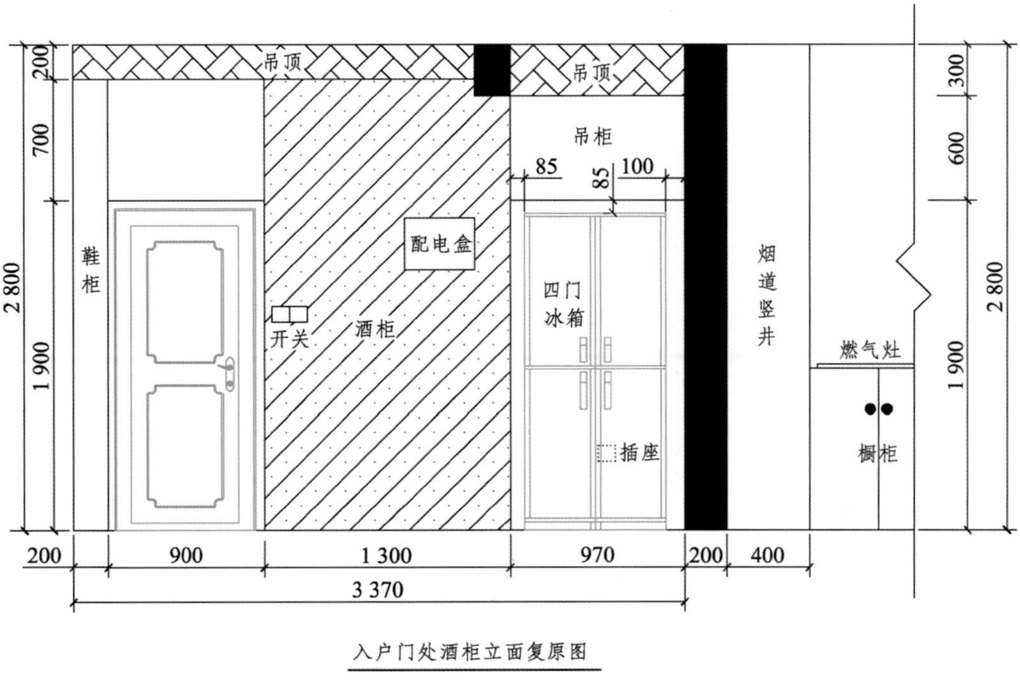

入户门处酒柜立面复原图

图16-14　立面图、冰箱背部及背后墙面、底部压缩机

在距西墙2800 mm的北侧墙面外提取宽820 mm、高1750 mm、厚600 mm的冰箱及其内部残留物品，编为1号物证；在距东墙410 mm、距地面450 mm处提取一根长度为930 mm的冰箱电源线，编为2号物证；在距东墙410 mm、距地面450 mm处提取冰箱插座，编为3号物证。

四、监控视频情况

南湖半岛小区周边安装多处视频监控点位，其中位于遂宁海关威斯腾物流的视频监控点位（约1千米距离）可以拍摄到该小区2号楼的情况。原公安部消防局天津火灾物证鉴定中心鉴定结论显示，2018年8月28日16时33分许，监控点位画面右上角部位即南湖半岛小区2号楼楼顶上空第一次出现烟气，该烟气对应的区域为窗户四厨房对应区域。随后客厅和餐厅窗户上方对应的区域也出现冒烟现象，且厨房窗户上方区域烟气较大（见图16-15）。

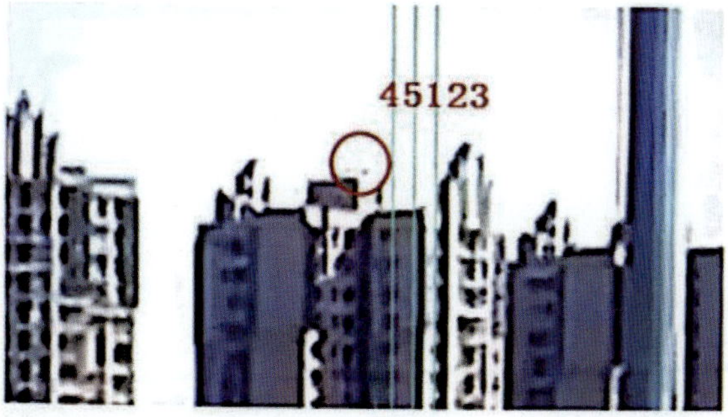

图 9 最早出现烟的位置及五个窗户所对应的区域与位置

图 10 随后客厅、餐厅窗户上方对应区域开始冒烟

综上所述，根据监控画面显示，2018 年 08 月 28 日 16 时 33 分许，监控画面右上角部位即南湖半岛小区 2 号楼楼顶上空第一次出现烟气，该烟气对应的区域应为窗户四厨房对应区域。随后客厅和餐厅窗户上方对应的区域也出现冒烟现象，且厨房窗户上方区域烟气较大。

公安部消防局天津火灾物证鉴定中心

2018 年 9 月 17 日

图16-15　视频分析报告

五、火灾认定

（一）起火时间

1．报警情况：遂宁市“119”指挥中心于2018年8月28日16时36分接群众王某报警、16时37分接群众卓某报警，均称烟气已出现在建筑楼顶。

2．监控视频情况：遂宁海关监控视频显示，16时32分52秒（北京时间16时31

分58秒）楼顶有烟气冒出；小区监控视频显示户主唐某离开家进电梯的时间为16时22分58秒。

3．走访调查情况：从中国移动遂宁分公司调取的起火户唐某家网络离线时间为16时29分36秒，离线原因为ONU掉电。

综上，结合火灾发生蔓延规律，认定起火时间为2018年8月28日16时28分许。

（二）起火部位

1．走访调查情况：多个证人均反映厨房东侧窗户先有烟火冒出，随后客厅东侧的窗户也有烟冒出，而厨房和客厅之间用实体墙分隔。分析可知，火势不会在短时间内突破实体墙进行蔓延，只有位于两者连通的饭厅处起火才能出现此种现象。

2．视频监控情况：（1）海关监控视频显示，16时31分58秒，烟最先从厨房东侧窗户冒出；（2）群众蒋某拍摄的视频显示，16时41分许，客厅有大量烟冒出，开始全面燃烧；（3）群众刘某拍摄的视频显示，17时8分，西北侧卧室的杂物间（儿童房）有大量烟冒出，开始全面燃烧。视频分析结果与询问情况相互印证，按照房间各部位燃烧的先后顺序和房间布局分析，火势应从饭厅处向四周蔓延。

3．现场勘验情况：（1）饭厅通向卧室方向的通道吊顶，靠近饭厅木质龙骨全部烧失，远离饭厅处还有部分龙骨残留，表明火势由饭厅向卧室方向蔓延。（2）客厅的吊顶靠近饭厅处全部烧毁，远离饭厅处还有部分残留，表明火势由饭厅向客厅蔓延。（3）厨房北侧墙上残留的木柜西部烧毁程度重于东部，表明火势由西向东蔓延。（4）饭厅西墙上的鞋柜下部残存，部分地方由东向西呈斜面状，表明火势由东向西蔓延。（5）饭厅靠北墙处残留的酒柜，由东向西呈斜面状，炭化程度东部重于西部，表明火势由东向西蔓延；酒柜底层残留物内部完好，外侧有炭化痕迹，火势由南向北逐渐减轻。（6）饭厅南侧有餐桌及其木椅，餐桌由南向北呈斜面状，炭化程度北部重于南部，表明火势由北向南蔓延。根据现场痕迹，火势有从饭厅东北角向四周蔓延的趋势。

4．现场逃生情况：两名死者分别8岁和4岁，经过走访调查，8岁大女儿平时在学校曾经接受过家庭防火逃生教育，两名死者在火灾发生前均处于清醒状态，还曾经开窗呼救。因此判断其未能成功逃生的原因应是火灾发生在住宅门口，封闭逃生路线。

综上，认定起火部位为唐某住宅饭厅东北部。

（三）起火原因

1．排除灾害天气引发火灾。

经遂宁市公共气象服务中心出具的气象证明及走访调查，发生火灾时未出现雷暴天气。

2．排除生活用火不慎引发火灾。

现场勘验显示，厨房燃气灶处于关闭状态，灶上的炒锅和高压锅锅底完好，且所在位置与起火部位不符。调查询问显示，发生火灾时，房屋内仅两个儿童，户主唐某于16时22分58秒进入该栋楼电梯，户主无吸烟习惯，且在所有房间均未发现烟灰缸、打火机及其残留物。

3．排除外来火源引发火灾。

起火房屋位于建筑物顶楼，四周没有比起火建筑更高的建筑，房屋所有窗户未发现撬动痕迹。经走访调查，最先到场的物业人员证实其户门处于关闭状态。经核实，现场勘验发现的户门撬动痕迹系消防人员灭火救援撬门时所留。

4．不排除饭厅东北部电冰箱发生故障引燃可燃物蔓延成灾的起火原因认定。

（1）据该户男主人唐某及其岳母向某反映，该电冰箱自2018年5月30日开始使用到火灾发生时一直未断电；现场勘验显示，该电冰箱中存放大量食物，且电源插头插在电冰箱北侧的墙插中，说明冰箱处于带电运行状态。

（2）起火房屋所在楼栋的电梯监控显示，该户男主人唐某离开家进电梯的时间为16时22分58秒；中国移动遂宁分公司证实该居民户家中断网的时间为16时29分36秒；物业电工杨某证实他第一时间赶到29楼配电柜时，唐某家30楼2号的电闸已自动断开。说明起火物品带电或靠近带电设备，导致火灾后短时间内电闸跳闸。

（3）根据现场勘验测量，该电冰箱背靠北墙，背部距墙面50 mm，冰箱西侧紧邻木质酒柜，冰箱壁与酒柜壁间距85 mm；冰箱东侧紧邻建筑物土建烟道，冰箱壁距烟道外装饰板100 mm；冰箱上部为装修定制的木质吊柜，冰箱顶面外壳距吊顶下沿85 mm。据户主岳母向某反映，在冰箱的日常使用过程中，发现冰箱两个侧面以及正面冰箱门封条均有发热发烫的现象。说明电冰箱长期处于散热不佳的环境中。

（4）根据火灾救援过程得知，男性死者被救出时口中有火龙果；经走访调查，户主唐某确认他在离开家之前两小孩均未食用任何水果；由此证明火龙果系死者在其父亲离开家后自行从冰箱中获取。根据火灾现场勘验、复原后冰箱右上门跌落在厨房门框下紧贴地面位置，且严重烧毁，证明火灾发生时电冰箱右上门处于打开状态，此时冰箱处于连续高负荷运行状态，加大了冰箱的发热量。

（5）根据现场勘验和物证鉴定拆解后的痕迹，在冰箱背部有火势从底部向上蔓延的痕迹，且电冰箱左右两侧及顶部均是木质结构的柜子或装饰，周边可燃物多，具备向四周蔓延的条件。

（6）根据火灾物证鉴定报告，原公安部消防局四川火灾物证鉴定中心《鉴定文书》（编号：SCFEIC2018399）明确，冰箱底部压缩机上有明显的高温变色痕迹。

根据上述证据，综合分析认定起火原因不排除为饭厅东北部电冰箱发生故障引燃可燃物蔓延成灾。

六、灾害成因分析

1．未成年人逃生自救能力不足。户主唐某将两个未成年人（一个8岁、一个4岁）独自留在家中，发生火灾后，两个未成年人无独立的逃生自救的能力且在火灾发生初期无人及时报警。

2．冰箱长期散热不佳。冰箱放置在一个狭小的空间内，长期处于散热不佳的环境之中，增加了冰箱发生故障的可能性。冰箱周围有大量可燃物，构成了火灾向四周蔓延的条件。

3．物业服务企业履职尽责不到位。物业服务单位未保持消防车通道畅通，未保持管理区域内的共用消防设施、器材完好有效，未制定灭火和应急疏散预案及定期开展演练，消防控制室值班人员无证上岗。

4．消防电梯维护保养不到位。发生火灾后，消防电梯遇水发生故障，导致灭火人员、灭火装备和120急救人员无法第一时间抵达现场，被困人员救出后也无法第一时间送至建筑首层。

七、火灾调查体会

1．视频分析对火灾调查认定往往会发挥关键支撑作用。该起火灾3号房间燃烧非常彻底，一度扰乱了火调人员的调查方向。最后火调人员收集了大量监控以及群众拍摄的视频证据，通过分析拍摄时间、处理监控视频信息等手段，分别确定了房间冒烟、起火的先后顺序。因此，无论收集到的视频资料是否直接拍摄的火灾全过程还是清晰与否，都应该认真地分析、提取关键信息证据使之能及时准确地辅助火灾调查工作。

2．深度强化消防知识宣传、消防技能教育势在必行。亡人火灾大多数是因为起火时，人员恐惧的心理和缺乏正确的灭火和逃生自救能力而发生的。该起火灾中死亡的2名儿童，最大的已经8岁，通过对其所在学校进行调查发现，学校虽安排了相关课程，但是课程教育的内容的实用度与深度并不能满足高度复杂的火场逃生需求。从近年来我省数十起亡人火灾的调查结果看，不仅是儿童缺少正确的灭火与逃生自救能力，全社会都亟需科学正确而又通俗易懂的“火场自救指南”来指导逃生。

其他类型

17. 江安县宜宾恒达科技有限公司

“7·12”重大爆炸着火事故

一、事故基本情况

- **事故单位：** 宜宾市江安县宜宾恒达科技有限公司。
- **事故地址：** 宜宾市江安县阳春工业园区工业大道东段54号。
- **报警时间：** 2018年7月12日18时43分。
- **事故损失：** 19人死亡、12人受伤（1人重伤）。爆炸引发的燃烧导致生产车间过火，过火面积1800 m^2，直接经济损失约4142万元。
- **调查组织：** 7月13日，四川省政府批准成立由原四川省安全监管局牵头的宜宾恒达科技有限公司“7·12”重大爆炸着火事故调查组（以下称事故调查组），省政府办公厅、原省经济和信息化委、公安厅、原省安全监管局、省总工会、原省公安消防总队、宜宾市人民政府派员参加。事故调查组下设技术小组、责任小组、综合小组，邀请省纪委监委、省人民检察院派员参加，同时聘请化工、安全、设计、生产、设备、自控、消防、爆炸、环保等有关专家组成专家组，开展事故调查工作。

二、事故企业基本情况

（一）事故企业基本概况

宜宾恒达科技有限公司（以下简称宜宾恒达公司），成立于2015年6月26日，位于宜宾市江安县阳春工业园区工业大道东段54号，法定代表人李某辉，注册资本1000万元，经济性质为有限责任公司（自然人投资或控股），经营范围为化学原料中间体和化学制品研发、制造、销售、技术服务、设备安装，营业期限为2015年6月26日至长期。公司实际控制人、执行董事张某灿，监事张某兵。公司下设综合办、生产部、财务部、环安部、质管部等职能部门，现有职工98人，其中高中及以上学历16人，初中学历30人。

（二）现场方位

发生爆炸的单位东侧是规划道路，南侧是空地，西侧为宜宾万翔建材有限公司砂石堆场，北侧为工业园区大道中段（见图17-1）。

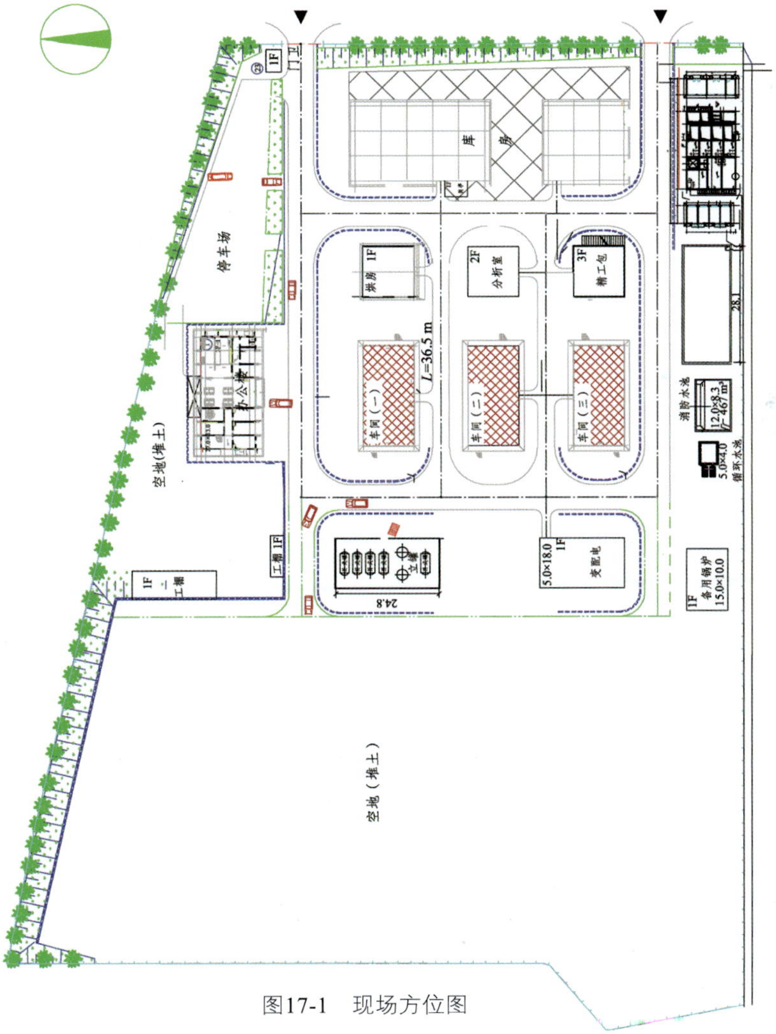

图17-1　现场方位图

（三）现场概貌

公司厂区占地面积约1.67 ha（25亩），总建筑面积6339 m^2，建有办公楼（办公楼与职工宿舍共用一栋建筑）、一车间、二车间、三车间、精制车间、储罐区、烘房、分析楼、库房一、库房二、变配电室、制冷机房、门卫室。主要建筑物一车间、二车间、三车间位于厂区中部由北向南依次排列；库房一、库房二位于厂区东部；精工包（精制车间）位于三车间东部；办公楼位于一车间北侧（见图17-2）。

办公楼为地上4层框架结构建筑，高度15.7 m，面积1530.65 m^2；库房一为地上1层门式钢架结构，高度6.9 m，建筑面积581.75 m^2；库房二为地上1层门式钢架结构，高度6.9 m，面积341.51 m^2；制冷机房及变配电室为地上1层框架结构，高度3.8 m，面积100.6 m^2；一二三车间均为地上3层钢结构，高度13.85 m，面积896.67 m^2；烘房为地上1层框架结构，高度6.5 m，面积153.76 m^2；分析室为地上2层框架结构，高度7.35 m，面积303.08 m^2；精工包为地上3层框架结构，高度13.75 m，面积602.44 m^2。

图17-2　现场平面图

三、事故认定

（一）爆炸时间

1．现场人员询问情况：在一车间旁边清洗硝酸罐的韦某红反映，爆炸发生的时间为2018年7月12日18时40分左右；距离爆炸中心大约100 m远污水处理站的员工尹某分反映，爆炸发生的时间为2018年7月12日18时42—43分；在门卫室喝茶的员工唐某兵反映，爆炸发生的时间为2018年7月12日18时40分左右；海丰和锐厂的叉车操作工彭某高反映，爆炸发生的时间为2018年7月12日18时41分左右；员工肖某勇反映，爆炸发生的时间为2018年7月12日18时42分左右；员工罗某代反映，爆炸发生的时间为2018年7月12日18时40分左右；员工方某刚反映，爆炸发生的时间为2018年7月12日18时40分左右。

2．现场监控视频情况：位于爆炸厂区正西方的摄像头为记录此次爆炸发生全过程的唯一监控摄像头，此摄像头属于宜宾万翔建材有限公司，因其与厂区之间堆放了大量沙土，未能直接拍摄爆炸厂区。该监控视频显示，2018年7月12日18时40分49秒（与北京时间校正，实际时间为18时42分33秒）第一爆炸抛射物率先进入拍摄范围（见图17-3），爆炸发生前未出现火灾烟气。

图17-3　爆炸现场第一抛射物监控视频截图

根据调查询问、视频分析情况，综合分析认定爆炸时间为2018年7月12日18时42分33秒。

（二）爆炸部位

1．现场勘验情况。

（1）办公楼坐北朝南，南立面受爆炸冲击波损毁严重，窗户玻璃破碎，窗框变形严重，大多向北侧凹陷或倾倒；北立面窗户玻璃大部分完好，相对于南立面窗户玻璃受损轻，显示冲击波来自其南侧（见图17-4、图17-5）。

图17-4　办公楼南立面

图17-5　办公楼北立面

（2）办公楼大门前空地上停放一辆江淮牌越野汽车，车头朝正北方向，后挡风玻璃破碎，前挡风玻璃较为完好，车辆无过火痕迹（见图17-6），显示冲击波来自其南侧。

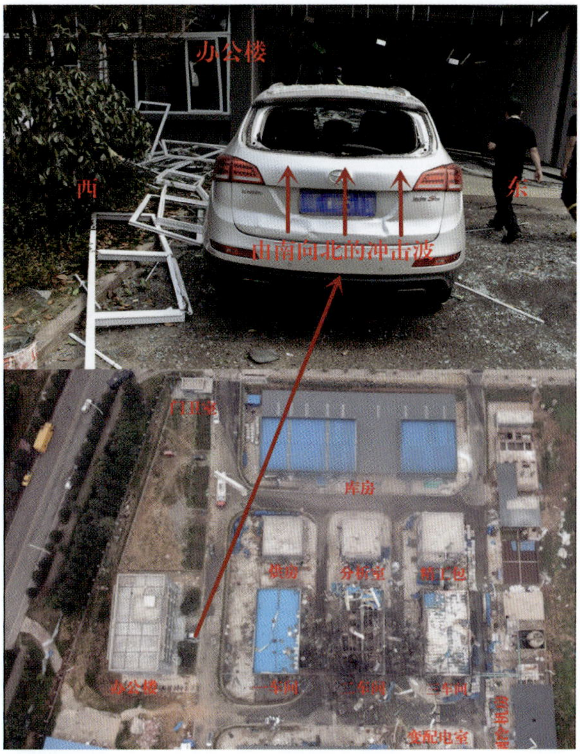

图17-6　越野汽车南面

图17-7　办公楼西侧临时彩钢建筑

（3）办公楼西侧一临时彩钢建筑，南部和东部彩钢板受冲击波作用分别向北和西凹陷（见图17-7），显示冲击波来自其东南侧。

图17-8　一库房、二库房西立面

（4）一库房和二库房位于厂区东部，建筑西立面钢质墙面受冲击严重，向东凹陷（见图17-8），显示冲击波来自其西侧。

图17-9　烘房西墙立面

（5）烘房位于一车间和一库房之间，烘房西部墙体外立面窗户玻璃破碎严重，窗框变形，向东凹陷，南部墙体外立面底部被反应釜残体砸出缺口（见图17-9），显示冲击波来自其西南侧。

（6）分析室位于二车间与一库房之间，西面墙体窗户玻璃破碎严重，窗框变形，空调百叶窗受冲击严重，向东凹陷（见图17-10），显示冲击波来自其西侧。

图17-10　分析室西墙立面

图17-11　精工包北墙立面

（7）精工包位于三车间与库房之间，北面墙体窗户玻璃破碎，窗框凹陷（见图17-11），显示冲击波来自其西北侧。

图17-12　燃气锅炉房北墙立面

（8）燃气锅炉房位于厂区东南部，锅炉房北立面钢质墙面受冲击波向南凹陷（见图17-12），显示冲击波来自其西北侧。

（9）制冷机房及变配电室位于厂区西部，东立面受冲击波影响，木质门损毁，部分门框向西凹陷（见图17-13），显示冲击波来自其东侧。

图17-13　制冷机房及变配电室东墙立面

（10）对一、二、三车间进行勘验，一车间有轻微过火痕迹，无爆炸冲击现象。三车间过火痕迹较重，无爆炸冲击现象。二车间整体受冲击和过火较重（见图17-14）。

图17-14　一、二、三车间概貌

一车间整体保持完好，南部钢柱有轻微过火痕迹，南部由西向东第三根钢柱弯曲变形严重。屋顶南部靠西部彩钢表面脱落，东部保持完好（见图17-15）。

图17-15　一车间概貌

三车间整体呈现出冲击和过火痕迹，北部过火和冲击痕迹较南部重，屋檐西部彩钢板损毁严重，东部相对较轻，顶棚整体保持完好，东部钢梁、柱过火较重，西部部分钢梁、柱和钢制楼梯未过火（见图17-16）。

图17-16　三车间概貌

二车间顶棚基本缺失，过火严重，钢柱、梁弯曲变形（图17-17）。

图17-17　二车间概貌

一车间顶部彩钢板北部保持完好，南部缺失（见图17-18）。

图17-18　一车间顶部彩钢板

三车间屋顶北面彩钢板受冲击波影响，向南凹陷（见图17-19）。

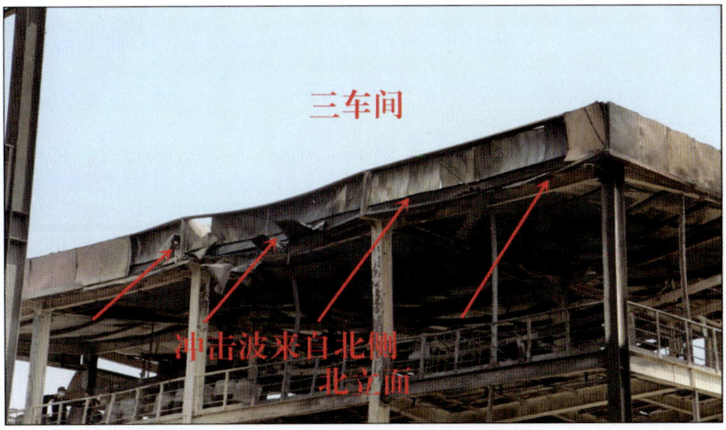

图17-19　三车间顶部北部彩钢板

根据现场勘验，初步判断冲击波的中心位于二车间所在位置，并由此向四周发散（见图17-20）。

图17-20　厂区爆炸冲击波方向示意图

2．调查询问情况。

（1）曾某反映："我正在清洗罐子，突然听到很大的爆炸声，然后向外跑去，发现二车间燃起来了。"

（2）范某反映：“我正在清洗罐子，突然听到爆炸声，然后向大门跑去，发现中间的车间（二车间）燃起了大火。”

（3）方某刚反映：“我突然听到背后有爆炸声，转身看到二车间有火光和黑烟冒出。”

（4）刘某华反映：“我听到一个声音，然后将耳朵挡住，转身看见二车间起火，当时一三车间还没有问题。”

（5）唐某兵反映：“我在门卫室喝茶，听到一声巨响，看见二车间浓烟滚滚。”

调查询问显示，多人均在发现爆炸后看见二车间起火。

根据上述证据，综合分析认定爆炸部位为宜宾恒达科技有限公司二车间。

（三）爆炸中心

1．现场勘验情况。

（1）对二车间进行勘验。二车间外部南北两面分别由五根工字钢构成柱，东西两面分别由三根工字钢构成柱，整体过火和受爆炸冲击严重。二车间顶棚部分缺失，仅有靠近东部的南北两面顶棚表面有残存，钢梁、柱变形严重，西部钢制楼梯缺失，东部钢制楼梯完好，仅有过火痕迹。三楼西部楼板及反应釜缺失，呈现出向下凹陷的状态（见图17-21、图17-22）。

图17-21　二车间南面概貌

图17-22　二车间北面概貌

（2）二车间一楼整体呈现出过火痕迹，顶部管道变形严重，呈现出向下弯曲的状态。北部蓝色铁桶上表面过火，呈现出金属氧化变色痕迹，下表面保持原有蓝色漆面。西部反应釜上表面过火严重，下表面保持反应釜原有蓝色漆面。一楼地面反应釜保持原有位置，未出现移动。一楼钢柱整体保持竖直，未发生形变。上部西北角钢质楼板向下凹陷，其余部分楼板保持完好（见图17-23）。

图17-23　二车间一楼概貌

（3）二车间二楼整体呈现出过火和受冲击痕迹，反应釜放置于一楼与二楼楼板间，沿南北两排布置，西部钢柱弯曲变形，西北部楼板缺失、弯曲变形，反应釜向下凹陷。东部钢柱、横梁保持完好，楼板未出现缺失。二楼西南部楼板保持完好未脱落，反应釜未掉落，钢制栏杆未脱落；西北部楼板脱落、反应釜向下凹陷，钢梁、钢柱弯曲变形，钢质楼梯缺失，钢质栏杆掉落（见图17-24）。

图17-24　二车间二楼概貌

（4）二车间三楼西部顶棚横梁弯曲变形严重，屋顶彩钢顶缺失，西北部楼板、反应釜缺失，整体变形、脱落情况重于二楼（见图17-25、图17-26）。

图17-25　二车间三楼南面概貌

图17-26　二车间三楼西北部楼板

（5）二车间二楼西北部由西向东第一、第二根钢柱向北弯曲，与反应釜连接的楼板钢梁向下弯曲，反应釜整体呈现出向下凹陷，由西向东第一根与第二根横梁之间的钢质楼板缺失，第二根与第三根横梁之间的楼板部分残留、向下弯曲（见图17-27）。

图17-27　二车间二楼西北部钢柱

（6）对二车间三楼西北部勘验。钢质楼板脱落，与二层反应釜位置对应的反应釜缺失；在由北向南第二排钢柱里面，由西向东第一根钢柱向西弯曲，第二根钢柱向东弯曲，两根钢柱之间的钢梁向上弯曲，西北部横梁及栏杆均向北凸起（见图17-28）。

图17-28　二车间三楼西北部

（7）反推3块釜体爆炸碎片的飞行轨迹交叉点位于二车间二层至三层西北侧（见图17-29～图17-31）。

图17-29　碎片飞行轨迹一

图17-30　碎片飞行轨迹二

图17-31　碎片飞行轨迹三

（8）根据现场比对和相关人员现场指认，二车间地面的储罐以及一层与二层之间的反应釜均在原位置未移动；二层与三层之间西北部反应釜消失不见，北部由西向东第二个釜掉落至一层与二层之间，其余釜均在原位置未移动（见图17-32）。

图17-32　二车间二层、三层反应釜分布情况

（9）一层至二层之间由西向东第四个反应釜悬挂在钢梁上，位置未发生移动，表明该反应釜是一层至二层之间原有的反应釜（见图17-33）。

图17-33　二车间一、二层之间西向东第四个反应釜

（10）一层至二层之间由西向东第二个釜悬挂在钢梁上，位置未发生移动，表明该反应釜是一层至二层之间原有的反应釜（见图17-34）。

图17-34　二车间一、二层之间西向东第二个反应釜

（11）一层至二层之间由西向东第一个釜悬挂在钢梁上，位置未发生移动，表明该反应釜是一层至二层之间原有的反应釜（见图17-35）。

图17-35　二车间一、二层之间西向东第一个反应釜

（12）一层至二层之间由西向东第三反应釜下方有楼板，且上方的管道和三层上的管道相连，表明该反应釜不是一层至二层之间的反应釜，其位置应为二层至三层由东向西第二个反应釜（见图17-36）。

图17-36　一层至二层之间由西向东第三反应釜上部、下部情况

（13）在厂区内及厂区西侧的沙石厂发现了多处因爆炸掉落的反应釜碎片，经专业人员测绘，飞行最远的碎片距爆炸中心直线距离363 m，且最远碎片为反应釜盖，经现场称量，该反应釜盖质量约520kg（见图17-37）。

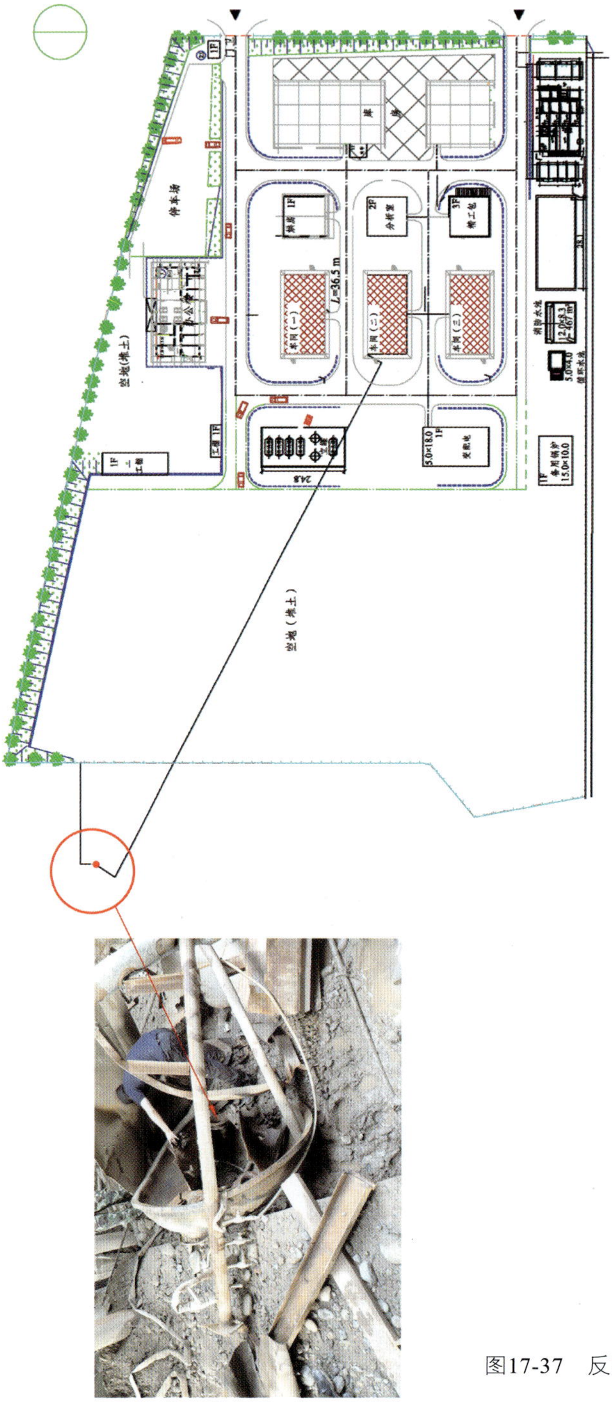

图17-37　反应釜盖碎片

根据现场痕迹，初步判断起爆中心位于二车间所在建筑二层与三层之间西北角釜内（见图17-38）。

图17-38　爆炸中心

2．调查询问情况。

据李某林反映，当时他据爆炸点只有十多米的距离，他先听到爆炸声后才看到火，表明爆炸是在釜内，且爆炸前釜外没有燃烧的情况发生，爆炸先于燃烧发生（见图17-39）。

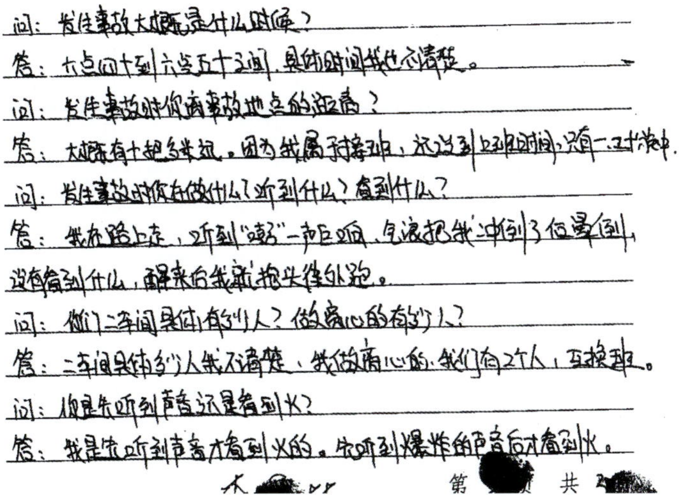

问：发生事故大概是什么时候？
答：六点四十到六点五十之间，具体时间我也不清楚。
问：发生事故时你离事故地点的距离？
答：大概有十把多米远。因为我属于接班，还没到上班时间，只有一二十秒钟.
问：发生事故时你在做什么？听到什么？看到什么？
答：我在路上走，听到"嘭"一声巨响，气浪把我冲倒了位晕倒，
没有看到什么，醒来后我就抱头往外跑。
问：你们二车间具体有多少人？做离心的有多少人？
答：二车间具体多少人我不清楚，我做离心的，我们有2个人，互换班。
问：你是先听到声音还是看到火？
答：我是先听到声音才看到火的。先听到爆炸的声音后才看到火。
木[redacted]　第[redacted]　共[redacted]

图17-39　李某林询问笔录

3．视频分析。

监控视频显示，爆炸发生后，画面中首先出现釜盖高速飞起的现象，且因爆炸冲击波被炸飞的物品在火焰上方，表明起爆中心位于釜内（见图17-40）。

图17-40　监控视频截图

4．尸体位置。

根据现场搜寻的19具遇难者遗体的位置分布情况，绘制了现场尸体分布图，起爆部位二车间尸体分布最多，共计12具，表明发生爆炸的时候非常突然，位于爆炸区域附近的人来不及做出任何应急和逃生反应，同时证实爆炸发生在反应釜内（见图17-41）。

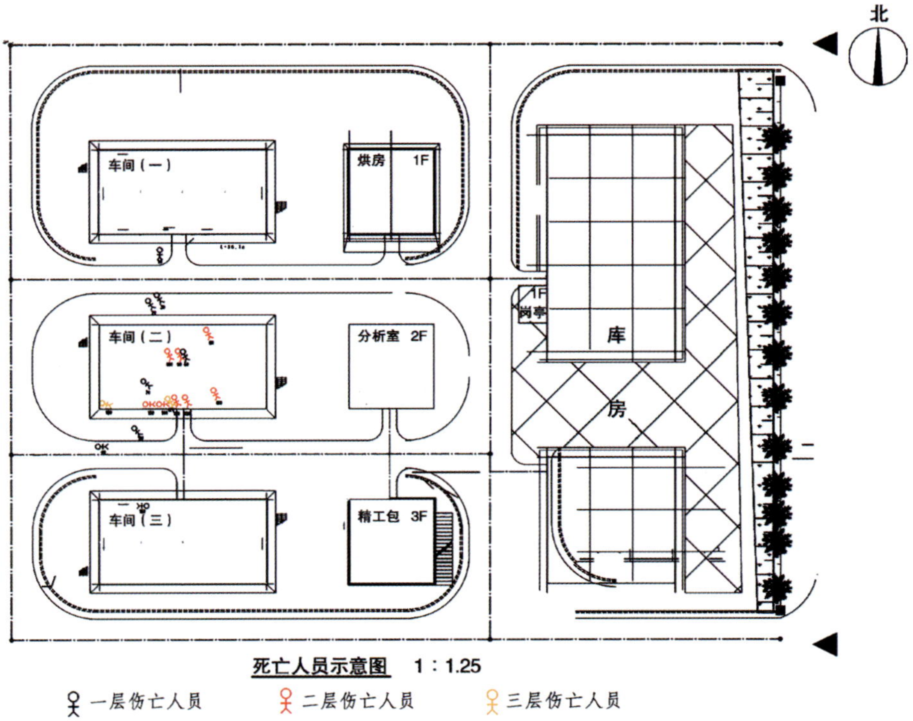

图17-41　事故现场尸体分布图

根据现场勘验、调查询问、视频分析，综合分析认定此起爆炸事故起爆中心位于二车间所在建筑二层与三层之间西北角釜内。

（四）爆炸原因

1．生产工艺情况。

宜宾恒达公司申报备案建设年产2300吨化工中间体项目，包括2000吨/年5-硝基间苯二甲酸和300吨/年2-（3-氯磺酰基-4-氯苯甲酰）苯甲酸（BBA）生产线，一车间、二车间、三车间和精制车间分别拟用于溶剂回收和废酸处理、5-硝基间苯二甲酸、2-（3-氯磺酰基-4-氯苯甲酰）苯甲酸的生产和产品精制提纯。

2017年11月21日，宜宾恒达公司与常州道恩公司签订《产品合作协议》，常州道恩公司指派技术人员毛某洋作为现场生产代表指导宜宾恒达公司合作生产咪草烟及其中间体PDE；2018年3月起，宜宾恒达公司在报建的年产2300吨化工中间体项目尚未全部建设完成和竣工验收（包括专项验收）的情况下，开始从事与备案审批建设项目不相符的非法生产活动，接受常州道恩公司的委托以及提供的工艺包和部分生产原材料，非法在三车间生产咪草烟的中间体PDE，截止事故发生时已生产PDE约80余吨；宜宾恒达公司于2018年6月底开始在二车间试生产咪草烟，尝试打通生产工艺，摸索工艺参数，截止事故发生时，已生产咪草烟10余吨。

2018年3月中旬起，由宜宾恒达公司法人股东上海升华药物科技有限公司（以下简称上海升华公司）提供4-硝基-2-乙基苯胺的技术文献，宜宾恒达公司与其合作，在其精制车间违规开展了该产品的小试、中试试验，截止事故发生时，已试产出4-硝基-2-乙基苯胺粗品以及少量精品。

2018年4月27日，宜宾恒达公司与成都化润公司签订《杂环药物中间体委托生产协议》，由成都化润公司提供工艺路线，并指派技术人员周某恒作为现场生产代表指导宜宾恒达公司合作生产1，2，3-三氮唑。2018年6月底，开始在二车间非法试生产1，2，3-三氮唑（内部代号：TIZL）。截止事故发生时，已生产600余公斤1，2，3-三氮唑精品，流程如图17-42所示。

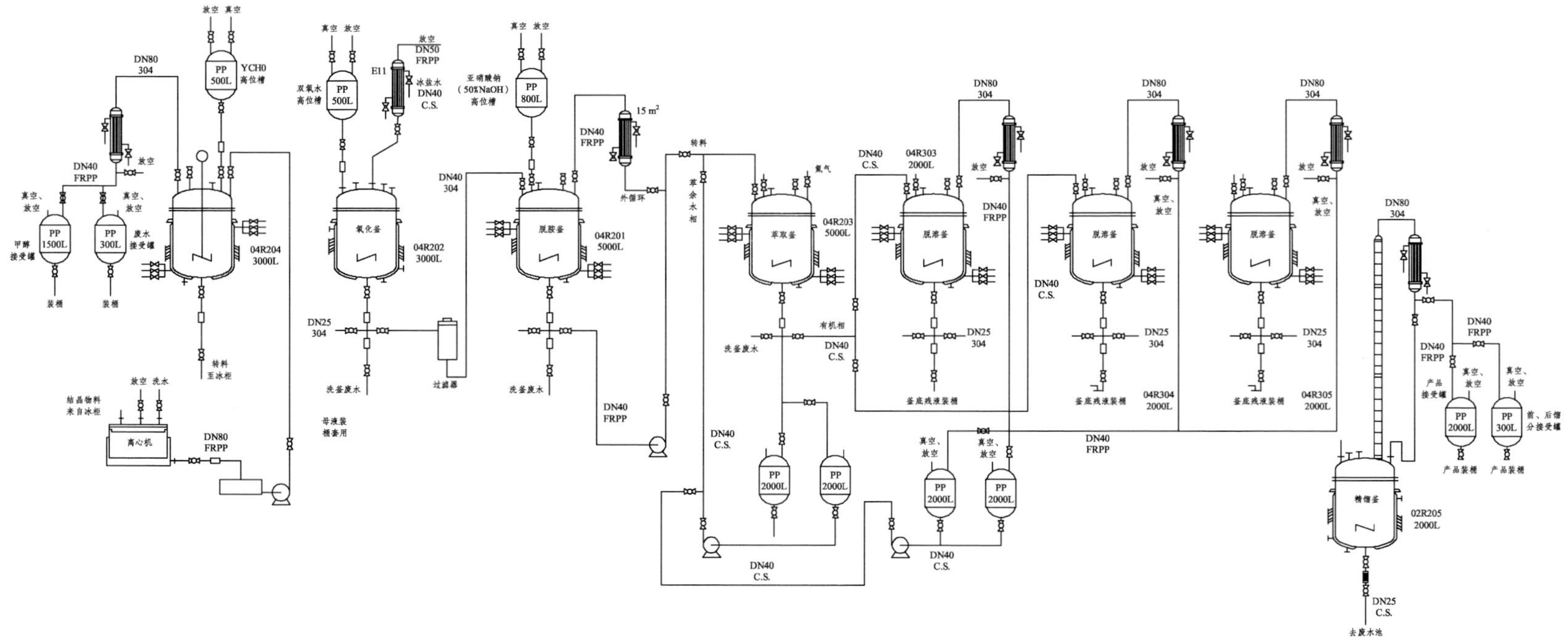

图17-42 1，2，3-三氮唑工艺流程图

2．事故装置情况。

（1）事故装置。事故装置为生产咪草烟的丁酰胺脱水装置（企业编号为2R301的3000升搪瓷反应釜），位于宜宾恒达公司二车间三楼西北角。2R301釜是用于咪草烟合成过程中原料丁酰胺脱水操作的设备，配置有釜顶螺旋板冷凝器、玻璃材质回流分水器以及甲苯冷凝液接受槽（在二车间底楼）。

（2）事故车间。二车间备案报建拟生产5-硝基间苯二甲酸，实际用于生产咪草烟和1，2，3-三氮唑。二车间为地上三层钢梁框架结构，屋顶为钢梁和彩钢板，四周无隔墙，总高13.85 m；车间东西为4跨，南北为2跨，共3层。事故发生前，车间二、三层各有9台釜（原设计分别各为6台），按南北分列，北部5台，南部4台；每个釜通过4个支座安置在车间的工字形钢梁上（支座未与钢梁固定），釜体呈贯穿楼板形式悬挂设置，釜体在楼板上下各约1/2。

（3）事故装置生产工艺。咪草烟合成过程中原料丁酰胺的脱水，采取加入甲苯并升温，利用甲苯和水互不相溶，能与水形成共沸物，共沸物冷凝后在分层器分为两层，实现水与甲苯的分离。具体操作为向脱水釜中加入甲苯和丁酰胺，在搅拌的同时向夹套通入蒸汽加热升温，共沸脱水（108℃左右）；待分水器内无水脱出后，蒸出甲苯。甲苯回流到釜中再次与釜内物料中的水形成共沸物，进而将物料丁酰胺带入的水不断蒸出。

（4）事故装置变更情况。根据原设计单位提供的设备安装图，二车间共设计有12台釜，现场勘验发现二车间共有18台釜，事故单位擅自增加了釜的数量，且未履行相关设计变更和变更管理手续。

（5）事故装置自动控制情况。发生事故的生产装置未设置自动化控制系统，二车间实际未安装原设计的DCS控制系统、ESD紧急停车系统，无可燃和有毒气体检测报警系统和消防系统。生产设备、管道工艺参数的观察和控制仅靠现场人工观察压力表、双金属温度计以及人工手动操作，设备的全部工艺参数均未实现远传。

3．爆炸物质

（1）氯酸钠购买情况

经调查，2018年6月13日，江安县环境保护局对宜宾恒达公司进行检查，发现公司外排废水中化学需氧量COD（以化学方法测量水样中需要被氧化的还原性物质的量）超标，并于6月28日向宜宾恒达公司下达了《江安县环境保护局责令限制生产决定书》（江环责限字〔2018〕01号）。为解决环保压力，宜宾恒达公司停止了三车间咪草烟中间体PDE的生产，同时限制了二车间咪草烟生产废水的排放，造成生产现场大量有机废水积存。

2018年7月8日，宜宾恒达公司副总陈某霜联系江西汇海环保科技有限公司（以下简称江西汇海公司）求购2吨COD去除剂。

2018年7月9日，江西汇海公司法定代表人许某飞与宜宾恒达公司网签了2吨COD去除剂（型号为JX-201，规格为25kg/袋，80袋）的《水处理药剂销售合同》，当日，许某飞安排其妻刘某华通知江西汇海公司设于遂宁仓库的管理员唐某，要求其通过物流将遂宁仓库存放的2吨无包装标识的氯酸钠作为COD去除剂向宜宾恒达公司发货。唐某遂将2吨（25kg/袋，80袋）库房存放的无包装标识的氯酸钠（物流单标注为“原料”）作为COD去除剂通过四川金桥物流有限公司发往宜宾恒达公司。

2018年7月12日，四川金桥物流有限公司遂宁分公司通过集装箱货车将江西汇海公司销售给宜宾恒达公司的2吨标注为“原料”的COD去除剂运送至宜宾，后由宜宾江安壹米滴答金桥物流公司配送至宜宾恒达公司库房。经查证，江西汇海公司存于其遂宁仓库的2吨无包装标识、物流单标注为“原料”的COD去除剂实为氯酸钠，系通过中间商成都雄踞科技有限公司向四川岷江雪盐化有限公司的销售公司成都欣恒贸易有限公司购得。

2018年7月12日11时13分，宜宾恒达公司副总陈某霜接到四川金桥物流有限公司江安县营业部送货员肖某的电话，告知其有一批货物已送达。

（2）氯酸钠使用情况。

经调查，2018年7月12日11时14分，陈某霜电话通知公司生产部部长刘某华来了一批货，让刘某华找公司污水处理站杨某原安排两个工人卸货。刘某华随即给公司库管员宋某容打电话，宋某容未接电话。

2018年7月12日11时16分左右，宋某容刚好到了刘某华办公室，刘某华当面告知宋某容到了一批生产原料丁酰胺，并安排宋某容到厂门口接车。

2018年7月12日11时30分左右，宜宾江安壹米滴答金桥物流公司吴某将2吨标注为原料的COD去除剂（实为氯酸钠）送达至宜宾恒达公司仓库。随后，宋某容请三车间副主任查某飞安排3名工人完成了卸货。入库时，宋某容未对入库原料进行认真核实，将其作为原料丁酰胺进行了入库处理。

2018年7月12日14时左右，二车间副主任罗某平开具20袋丁酰胺领料单到库房领取咪草烟生产原料丁酰胺，宋某容签字同意并发给罗某平33袋“丁酰胺”（实为氯酸钠），并要求罗某平补开13袋丁酰胺领料单。

2018年7月12日14时30分左右，叉车工王某平把库房发出的33袋“丁酰胺”运至二车间一楼升降机旁。

2018年7月12日15时30分左右，二车间咪草烟生产岗位的当班人员陈某耀（男，二车间副主任）、毛某群（女，工人）、左某梅（女，工人）、李某魁（男，班长）四人（均已在事故中死亡）通过升降机（物料升降机由车间当班工人自行操作）将生产原料“丁酰胺”提升到二车间三楼，而后用人工液压叉车转运至三楼2R302釜与北侧栏杆之间堆放。

2018年7月12日16时左右，用于丁酰胺脱水的2R301釜完成转料处于空釜状态。

2018年7月12日17时20分前，2R301釜完成投料。

2018年7月12日17时20分左右，2R301釜夹套开始通蒸汽进行升温脱水作业。

（3）爆炸物质检测情况。

现场调查人员在厂区西侧空地发现爆炸反应釜的搅拌棒，对搅拌棒表面搪瓷进行提取和送检，分别提取了搅拌棒非贴地侧、贴地侧表面搪瓷以及周围空白点泥土，经天津消防研究所检测，发生爆炸的反应釜搅拌棒搪瓷表面含有甲苯、己内酰胺、氯离子及钠离子（见图17-43）。

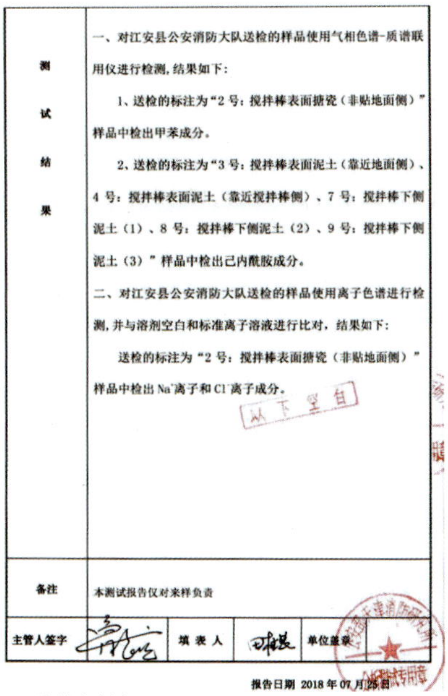

测试结果	一、对江安县公安消防大队送检的样品使用气相色谱-质谱联用仪进行检测，结果如下： 1、送检的标注为“2号：搅拌棒表面搪瓷（非贴地面侧）”样品中检出甲苯成分。 2、送检的标注为“3号：搅拌棒表面泥土（靠近地面侧）、4号：搅拌棒表面泥土（靠近搅拌棒侧）、7号：搅拌棒下侧泥土（1）、8号：搅拌棒下侧泥土（2）、9号：搅拌棒下侧泥土（3）”样品中检出己内酰胺成分。 二、对江安县公安消防大队送检的样品使用离子色谱进行检测，并与溶剂空白和标准离子溶液进行比对，结果如下： 送检的标注为“2号：搅拌棒表面搪瓷（非贴地面侧）”样品中检出 Na^{+} 离子和 Cl^{-} 离子成分。 从下空白				
备注	本测试报告仅对来样负责				
主管人签字		填表人		单位盖章	

报告日期 2018年07月25日

图17-43　爆炸反应釜搅拌棒搪瓷表面物质检测结果

4．爆炸原因。

（1）排除人为破坏引发爆炸：证人证言显示，事故发生时，该厂正处于上班运行状态，厂内人员众多，发生人为破坏的可能性小。加之爆炸发生在釜内，人为破坏难以将釜损坏导致爆炸发生。

（2）排除雷击引发爆炸：气象报告、调查询问及视频资料均显示，事故发生当天，恒达公司所在区域未出现雷电活动。

（3）排除外来飞火引发爆炸：据调查，生产作业区外一公里范围内没有排放明火或者高温烟气的高位烟囱，且发生爆炸的釜为密闭空间，飞火不能进入釜内。

（4）排除生产生活用火不慎引发爆炸：根据调查走访和对工艺的查询，工艺采用水蒸气加热，没有明火源，生产作业区禁绝烟火，无生产生活用火，且生产生活用火不慎引发爆炸与釜内爆炸的情形不符。

（5）排除工艺静电引发爆炸：此起爆炸发生在釜内，爆炸发生时釜体处于密闭状态，外部物体无法靠近或者接触釜内，即使有静电存在，但是静电不能放电，也不能引发爆炸。

（6）此次爆炸着火事故系宜宾恒达公司在生产咪草烟的过程中，操作人员将无包装标识的氯酸钠当作2-氨基-2，3-二甲基丁酰胺（以下简称丁酰胺），补充投入到2R301釜中进行脱水操作。在搅拌状态下，丁酰胺-氯酸钠混合物形成具有迅速爆燃能力的爆炸体系，开启蒸汽加热后，丁酰胺-氯酸钠混合物的BAM摩擦及撞击感度随着釜内温度升高而升高，在物料之间、物料与釜内附件和内壁相互撞击、摩擦下，引起釜内的丁酰胺-氯酸钠混合物发生化学爆炸，爆炸导致釜体解体；随釜体解体过程冲出的高温甲苯蒸气，迅速与外部空气形成爆炸性混合物并产生二次爆炸，同时引起车间现场存放的氯酸钠、甲苯与甲醇等物料殉爆殉燃和二车间、三车间着火燃烧，进一步扩大了事故后果，造成重大人员伤亡和财产损失。

（五）爆炸诱因

1．宜宾恒达公司未批先建、违法建设、非法生产，未严格落实企业安全生产主体责任，是事故发生的主要原因。

（1）未批先建、违法建设。在未办理建设工程规划许可、建筑工程施工许可、环境影响评价审批、消防设计审核、安全设施设计审查等项目审批手续情况下，擅自开工建设，未批先建；拒不执行安全监管部门下达的停止建设监管监察指令，违法组织建设。

（2）非法组织生产。边建设边组织生产，未经许可擅自改变生产产品，实际生产产品与项目备案和报批内容不符；在不具备安全生产条件且未经核实工艺安全可靠性的情况下，非法组织咪草烟和1，2，3-三氮唑生产，违规在生产区域进行4-硝基-2-乙基苯胺等产品的小试、中试试验。咪草烟生产过程中伴有危险化学品甲醇、乙醇产生，在没有办理危险化学品建设项目行政审批手续和取得危险化学品安全生产许可证的情况下非法组织生产。

（3）安全管理混乱。安全生产责任制不落实，安全生产职责不清，规章制度不健全，未制定岗位安全操作规程，未建立危险化学品及化学原料采购、出入库登记管理制度。未配齐专职安全管理人员，未开展安全风险评估，未认真组织开展安全隐患排查治理，风险管控措施缺失，违规在办公楼设置职工倒班宿舍，应急处置能力严重不足。

（4）装置无正规科学设计。该企业咪草烟和1，2，3-三氮唑生产工艺没有正规技术来源，也未委托专业机构进行工艺计算和施工图设计。

（5）安全生产教育和培训不到位。主要负责人和安全管理人员未经安全生产知识和管理能力培训考核，未按规定开展新员工入厂三级教育培训，日常安全教育培训流于形式，培训时间不足，内容缺乏针对性，无安全生产教育和培训档案，操作人员普遍缺乏化工安全生产基本常识和基本操作技能，不清楚本岗位生产过程中存在的安全风险，不能严格执行工艺指标，不能有效处置生产异常情况，不能满足化工生产基本需要。

（6）操作人员资质不符合规定要求。事故车间绝大部分操作工均为初中及以下文化水平，不符合国家对涉及“两重点一重大”装置的操作人员必须具有高中以上文化程度的强制要求，特种作业人员未持证上岗，不能满足企业安全生产的要求。

（7）不具备安全生产条件。安全设施不到位，未按照《危险化学品建设项目安全监督管理办法》（原国家安全监管总局令第45号）的要求取得安全设施“三同时”手续，安全投入严重不足，无自动化控制系统、安全仪表系统、可燃和有毒气体泄漏报警系统等安全设施，生产设备、管道仅有现场压力表及双金属温度计，工艺控制参数主要依靠人工识别，生产操作仅靠人工操作，生产车间现场操作人员较多且在生产现场交接班，加大了安全风险；特种设备管理不到位，未对特种设备进行检测、使用登记；环保设施不到位，废水处理装置无法满足咪草烟和1，2，3-三氮唑生产过程废水处理实际需求，生产废水严重积存，造成事故隐患；消防设施不到位，车间内无消火栓、灭火器材、消防标识等消防设施，防雷设施未经具备相关资质的专业部门检测验收。

（8）厂房设计与建设违法违规。随意变动总平面布置设计，改变库房使用功能，扩大危险化学品及其他化工原料的储存规模；擅自改变设计生产品种、设备布置及数量，调整车间层高，且不履行设计相关变更手续；设备选型和安装、管线走向和工艺配管等全凭企业人员经验决定，在未采取重新校核、变更设计的情况下组织施工；未委托有资质的监理单位开展设备、管道安装监理；不具备验收条件组织建筑工程竣工验收，在11幢建筑物耐火等级未达到二级，基本未进行工程防腐的情况下，违规自行组织开展了房屋建筑工程竣工验收。

2．相关合作企业违法违规，未落实安全生产主体责任，是事故发生的重要原因。

（1）常州道恩公司。委托不具备安全生产条件和相应资质的宜宾恒达公司加工生产咪草烟，导致发生重大生产安全事故，对事故的发生负重要责任；未严格执行危险化学品安全管理相关规定要求，提供的咪草烟生产工艺说明和工艺流程图没有对工艺技术安全可靠性进行论证和充分说明；生产工艺及装置未经正规设计，未提供生产工艺自动控制方案；未全面提供相关物料性质及工艺危险性的资料和信息；未提供有效的废水处理方案。

（2）成都化润公司。委托不具备安全生产条件和相应资质的宜宾恒达公司加工生产1，2，3-三氮唑；所提供的工艺包生产工艺及装置未经正规设计，未提供1，2，3-三氮唑生产工艺自动控制和安全联锁方案，未对重氮化重点监管危险化工工艺进行安全风险评估；未经许可违规向宜宾恒达公司提供危险化学品；未提供有效的废水处理方案。

（3）上海升华公司。违规与不具备安全生产条件和相应资质的宜宾恒达公司合作开展2-乙基-4硝基苯胺的试验，未对硝化重点监管危险化工工艺进行安全风险评估，未对实验方案进行安全可靠性论证，直接在无自动控制和工艺联锁的工业装置上进行试验，存在重大安全隐患。

3．设计、施工、监理、评价、设备安装等技术服务单位未依法履行职责，违法违规进行设计、施工、监理、评价、设备安装和竣工验收，也是事故发生的重要原因。

（1）泸州泸天化化工设计有限公司。未严格执行国家法律法规和标准规范要求，未认真对建设单位提供的基础资料进行深入评估和工程分析，出具的安全设施设计专篇和施工图设计未执行工程建设强制性标准；安全设施设计专篇编制依据不充分，在该项目未开展反应安全风险评估的情况下进行设计，且HAZOP分析审核不严，分析的原因和建议措施不完全匹配；总平面布局不合理，厂区总平面布置未按照《石油化工企业设计防火规范》（GB50160-2008）进行设计，将危险性大的硝化装置二车间布置在一、三车间之间，且未考虑有效的防火防爆隔离措施。分析室与二车间防火间距不足且面向具有火灾、爆炸危险性装置一侧设计了玻璃窗户；未进行控制室及冷冻站系统设计；违规参加并同意建筑工程竣工验收。

（2）江安县城乡建设工程有限公司。未严格按照工程设计图纸和施工技术标准施工，擅自变更设计进行施工。在未取得施工许可证、安全设施设计审查未通过的情况下，进场施工。在工程未达到竣工验收条件的情况下，参加并同意建筑工程竣工验收。

（3）江阳建设集团有限公司。未依法履行建筑工程监理职责，对施工单位不按照工程设计图纸施工，擅自变更设计进行施工的行为监督不力，将不合格的建设工程按照合格签字，在工程未达到竣工验收条件的情况下，参加并同意建筑工程竣工验收。

（4）四川省安信科技有限责任公司。未严格执行国家法律法规和标准规范要求开展安全评价工作，评价分析深度不够，安全对策措施针对性不强，未对重点监管危险化工工艺中硝化等涉及自身具有爆炸性的化学品生产装置提出针对性的安全对策与建议。

（5）四川省环科源科技有限公司。未严格执行国家法律法规和标准规范要求，物料平衡及水平衡数据错误；分析深度不够，未认真对建设单位提供的基础资料进行深入评估和工程分析，硫酸回收工艺环境风险分析错误，二氧化硫生产过程中的风险识别缺失；引用失效的标准规范。

（6）四川自强科技有限公司。未申报低压蒸汽管道安装监督检验，不按照工程设计图纸施工，违规安装，且未按规定对特种设备进行报备。

（7）四川钧超消防工程有限公司。超越企业资质等级承揽工程，超资质范围开展乙类火灾危险性建筑物消防设施工程施工。

4．氯酸钠产供销相关单位违法违规生产、经营、储存和运输，也是事故发生的重要原因。

（1）江西汇海公司。违法要求氯酸钠供应商提供无任何标识的产品，并以COD去除剂名义非法经营易制爆危险化学品氯酸钠；违法向宜宾恒达公司销售无任何标识的白袋包装易制爆危险化学品氯酸钠；违规经营没有化学品安全技术说明书和化学品安全标签（以下简称“一书一签”）的危险化学品；托运时未如实申报货物的名称、性质和运输要求且委托不具备危险货物运输资质的单位运输易制爆危险化学品；在普通货物仓库内违规储存易制爆危险化学品。

（2）成都雄踞公司。违规向江西汇海公司销售无任何标识的白袋包装易制爆危险化学品氯酸钠，经营没有“一书一签”的危险化学品，未对营业执照许可事项进行变更，涉嫌超范围经营。

（3）成都欣恒公司。违规向成都雄踞公司销售无任何标识的白袋包装易制爆危险化学品氯酸钠，经营没有“一书一签”的危险化学品。

（4）四川岷江雪盐化有限公司。生产、销售不符合保障人体健康和人身、财产安全的国家标准、行业标准的产品。长期违法生产、储存、销售无“一书一签”（化学品安全技术说明书和化学品安全标签）和中文标明的产品名称、生产厂厂名及厂址且无任何标识的白袋包装易制爆危险化学品氯酸钠，未按规定向属地公安机关进行易制爆危险化学品的销售备案。

（5）重庆刚和物流有限公司。未依照规定对运输物品进行安全检查或者开封验视，在未取得危险货物道路运输经营许可的情况下，从事易制爆危险化学品氯酸钠的道路运输经营。

（6）远成集团遂宁西部物流有限公司。未对承租单位安全生产进行统一协调、管理，未对江西汇海公司在其租赁物内违规储存非经营范围的易制爆危险化学品氯酸钠的行为采取有效监督管理措施。

（7）四川金桥物流有限公司。未按照规定对从业人员进行安全生产教育和培训；未依照规定对运输物品进行安全检查或者开封验视，在未取得危险货物道路运输经营许可的情况下，从事易制爆危险化学品氯酸钠的道路运输经营。

四、调查体会

1．事故发生后，原四川省公安消防总队迅速启动全省事故调查应急联动机制和集中调警机制，事故发生当晚就调集全省骨干力量会同原宜宾市公安消防支队组成了35人的调查组开展调查工作，展现了消防救援机构的优良作风。同时，消防部门敏锐研判，主动作为，在未明确事故性质以前，按照火灾事故的程序开展调查，掌握了事故调查的主动权。

2．在此次爆炸着火事故调查中，消防救援机构仅用时一周左右就收集和掌握了有力证据，明晰事故调查的性质和方向，第一时间将相关证据资料提交给事故调查组，引导调查组将爆炸着火事故确定为下一步的调查方向，充分展示了消防救援机构火灾事故调查的专业性和高效性。

3．此次事故调查，全体调查人员连续奋战，分工明确，合作互通，克服高温酷暑和有毒有害环境等不利因素，反复深入现场进行勘验，对相关人员开展强大的心理攻势，一步步逼近事实真相。同时，面对陌生的化工领域，调查人员通过查阅资料、咨询专家、讨论研究、物质检测等手段，最终查明现场工艺流程和相关物质类型，进一步锻炼了火灾调查队伍的能力和水平，也为后续开展类似事故调查积累了宝贵经验。

18. 广汉市四川省广汉金雁花炮有限责任公司南丰生产区“7·8”燃爆事故

一、事故基本情况

- **起火单位：** 四川省广汉金雁花炮有限责任公司。
- **起火地址：** 广汉市南丰镇元盛村一组。
- **报警时间：** 2020年7月8日21时9分。
- **火灾损失：** 1人死亡，3人受伤，直接经济损失209.28万元。
- **调查组织：** 事故发生后，四川省消防救援总队迅速启动全省火灾事故调查联动协作和集中调动机制，及时调集全省火调骨干赶赴事故现场，并按照调查询问、现场勘验、视频分析、机理分析、综合协调的任务分工第一时间开展工作。

二、走访询问情况

对报警人、企业相关人员等进行调查询问、组织现场指认，制作询问笔录16份。

1．经询问公司管理人员谢某甲、杨某某，四川省广汉金雁花炮有限责任公司（以下简称“广汉金雁花炮公司”）南丰生产区于2020年6月26日停止生产，事故发生前处于停产状态，厂区内仅安排3人值班。该生产区内存有硝化棉约3吨、木炭粉约20吨、高氯酸钾约10吨、氯酸钾约10.5吨、甲醇约9吨、引火线还原剂约6吨、各类引火线1400箱、易爆有机溶剂160桶。

2．事故发生当晚厂区值班人员谢某乙反映，2020年7月8日21时7分左右，他在位于厂区内的宿舍看电视时，突然听到“轰”的一声，出门看见存放硝化棉的库房屋顶有很大的火冒出来了，其他地方没有火，之后火焰又把斜对面的木炭粉库房引燃了。

3．事故发生当晚厂区值班人员谢某丙反映，她看到河边那个方向燃起来了，整个天都亮了（经现场指认，她最初看到起火的方向为硝化棉库房方向）。

4．厂区计件员张某某反映，他赶到厂区时，看见硝化棉库房在燃烧，当时木炭粉库房还未燃烧，当他撤到厂区大门口时，发现与车棚相连的木炭粉库房（8号库房）开始燃烧了。

三、现场勘验情况

（一）环境勘验

1．广汉金雁花炮公司南丰生产区位于广汉市南丰镇元盛村一组，占地面积约2.93 公倾（44亩），建筑面积约4127 m^2，总体坐落朝西偏北45°。厂区东侧、南侧、北侧均为农田，西侧毗邻水渠（见图18-1）。

图18-1　起火爆炸事故现场方位图（爆炸前卫星拍摄）

2．从东到西、由北至南对厂区建筑进行编号，分别为1至61号建筑。其中：1至6号为办公用房；7号为插线引火线库房；8号为15吨木炭粉库房；9号为更衣室；

10号为厕所；11号为化工材料库（高氯酸钾和氯酸钾）；12号为纱引混药中转库；13号为称重库房；14号为磨钾工房；15号为纱引混药工房；16号为筛炭、称炭工房；17、18号为湿引混药工房；19号为药物中转库；20号为消防水池泵房；21至28号为湿法制引工房；29号为湿引卷中转库；30、31、32号为包纱工房；33、34号为纱引浆引工房；35、44号为纸箱库房；36号为棉纱库房；37、40、41、42号为空胶圈房；38、39、43、54、55、56号为引线中转库；45至53号为烘引机房；57号为无药辅料库；58号为5吨木炭粉库房；59号为硝化棉库房；60号为棉线引线库；61号为空置库房（见图18-2）。

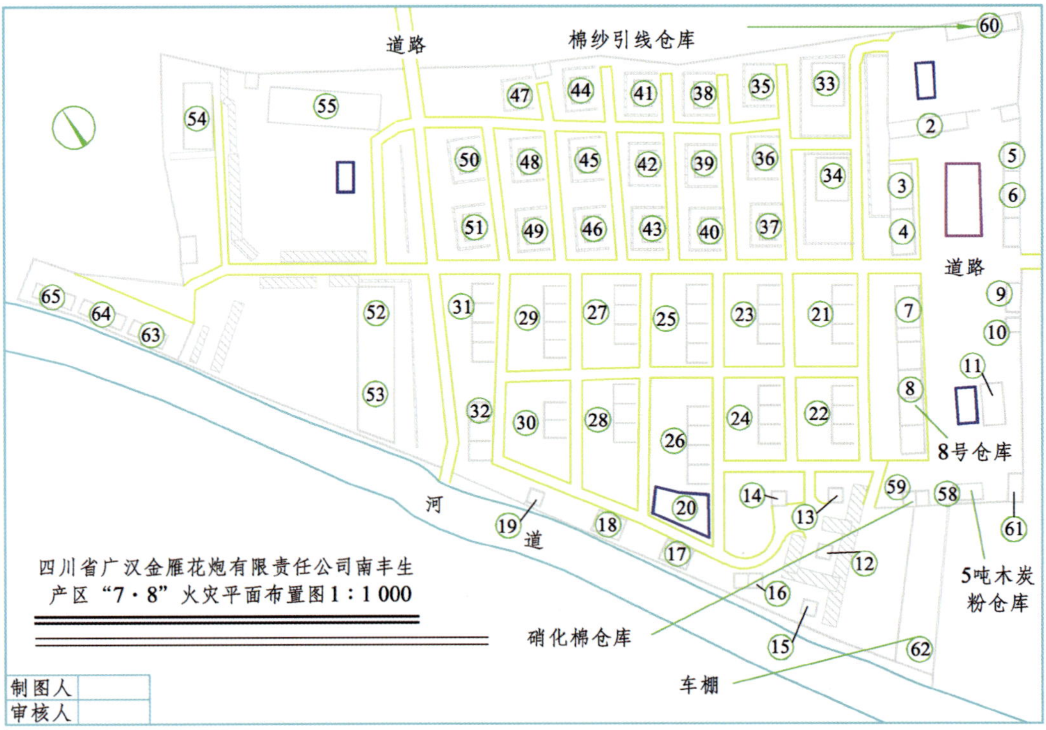

图18-2　起火爆炸事故现场平面布置图

3．厂区内建筑受损情况为西重东轻，南重北轻。厂区内有一条贯穿南北的主道路，厂区南部主道路西侧有1个炸坑、东侧有2个炸坑，道路西侧炸坑标号为1号、道路东侧自北向南炸坑依次编号为2、3号，1号炸坑中心点（最深处）距主道路西侧边缘21.9 m，距厂区南墙30.8 m；2号炸坑中心点（最深处）距主道路东侧边缘65.6 m，距厂区南墙21.1 m；3号炸坑中心点（最深处）距主道路东侧边缘65 m，距厂区南墙12.4 m；1号炸坑中心点（最深处）距2号炸坑中心点（最深处）约为92.0 m、距3号炸坑中心点（最深处）约为92.8 m。爆炸抛出物最远处距1号炸坑中心点（最深处）622.0 m。厂区西部刺丝网围墙外侧水渠旁设有一个地埋式酒精罐。

4．厂区内61栋建筑不同程度受损，受损程度以1号炸坑为中心向四周逐渐减轻，在30 m范围内建筑全部倒塌；30～75 m范围内建筑墙体受损较重，屋顶被冲击波掀翻；75 m以外建筑及周边民房屋顶被飞石砸破，门窗框架位移，玻璃破碎。1号炸坑以南区域内建筑墙体部分向北倒塌，烟熏、过火痕迹较轻；以西区域内建筑墙体整体向西倒塌，烟熏、过火痕迹较重（见图18-3）。

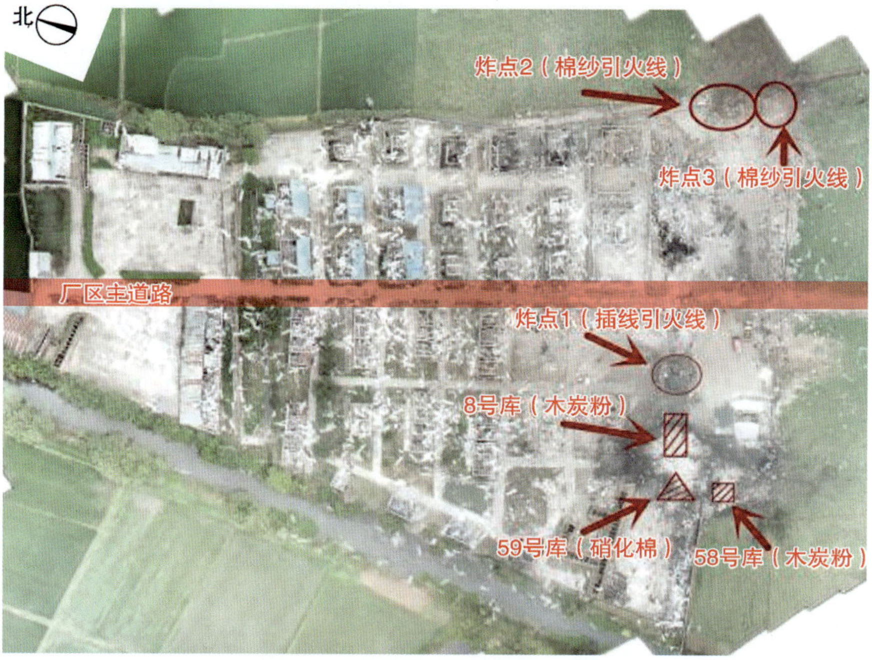

图18-3　起火爆炸事故现场照（无人机拍摄）

（二）初步勘验

1．厂区西南部围墙分别向西、南两侧倒塌，1号炸坑最大直径12 m、最大坑深2.08 m，1号炸坑东侧及南侧地坪凸起外翻、西侧地坪炸裂下沉；厂区东南侧农田水稻均向东、南倾倒；北侧建筑受损情况向北逐渐减轻，东北侧建筑受损情况向东北侧逐渐减轻。东侧1、3号建筑受损严重，构件向东抛出；南侧11号建筑部分倒塌，受损程度北重南轻，内存袋装高氯酸钾和氯酸钾，堆垛高约1.7 m，北部有过火痕迹。西侧58、59号库房完全倒塌。

2．1号炸坑周边散落有墙体、彩钢板、塑料卷盘等残留物及少量泡沫残留物。其中墙体残骸块小、分布分散，且西侧散落的墙体残骸有烟熏、受热痕迹；东侧散落的墙体残骸无烟熏、过火痕迹。彩钢板残骸变形扭曲，断面呈撕裂状，分布分散。塑料卷盘分布分散，部分有烟熏、烧融痕迹。1号炸坑周边外翻的土壤表面有黑色附着物。位于1号炸坑与2、3号炸坑之间的2号建筑墙体整体向东倒塌；之间的树木朝向1号炸坑的树皮完全脱落，朝向2、3号炸坑方向的树皮基本完好；之间停放的两辆汽车朝向1号炸坑的车身变形程度重于2、3号炸坑一侧；其中黑色汽车整体沿1号炸坑冲击波方向发生位移，且该汽车朝向1号炸坑的车身有碎石击穿痕迹（见图18-4）。

3．2号炸坑最大直径9.0 m，最大坑深约2.0 m，3号炸坑最大直径6.0 m，深约1.5 m，2、3号炸坑部分重合，内有积水。厂区东南部围墙分别向东、南两侧倒塌，墙体无烟熏、过火痕迹。2、3号炸坑周边散落有墙体、彩钢板、塑料卷盘等残留物及大量泡沫残留物。其中墙体残骸块小、分布分散，无烟熏、过火痕迹；塑料卷盘分布分散，部分有烟熏、烧融痕迹（见图18-5）。

图18-4　1号炸坑现场照

图18-5　2、3号炸坑现场照

（三）细项勘验

1．59号库房（硝化棉库房）为单层砖木建筑，屋顶为石棉瓦，南北长7.2 m，东西宽4.2 m，平均分隔成两间，自北向南编号为1号房间、2号房间。1号房间开间3.6 m，进深4.2 m。1号房间东、西、北三面墙体以1号房间为中心向四周倒塌，中间隔墙向2号房间倒塌，1号房间墙体整体倒塌，残骸块大且分布密集；2号房间东、西、南三面墙体向西侧呈抛射状散落于地面，残骸块小且分布分散。1号房间墙体内侧表面有烟熏、受热痕迹，靠近地面一侧墙体表面无烟熏痕迹；地面堆积物层次自下而上为地面、彩条布、包装袋残留物、墙体碎块、石棉瓦、木炭粉残留物。对59号库房地面进行水洗，其中1号房间水泥地面附着有燃烧残留物，2号房间水泥地面无残留物附着；1号房间水泥地面受热碎裂程度重于2号房间；1号房间墙体水泥基座受热炸裂程度重于2号房间（见图18-6）。

图18-6　硝化棉仓库勘验图

2．1号炸坑中心点（最深处）距木炭粉燃烧堆垛东部边缘19.5 m。1号炸坑西侧毗邻库房为8号库房（15吨木炭粉库房）。8号库房西墙残留物及彩钢夹芯板屋顶残留物烧损程度重于东部，且残留物数量多于东部。59号库房（硝化棉库房）东墙墙基距木炭粉燃烧堆垛西部边缘6.0 m，距8号库房西墙墙基11.0 m，南墙墙基距58号库房（5吨木炭粉库房）北墙墙基10.0 m。

（四）专项勘验

现场共提取物证6份，在11号库房（化工材料库）提取高氯酸钾粉末（1号物证），提取氯酸钾粉末（2号物证）；距1号炸坑中心25.5 m处提取黄色木炭粉燃烧残留物（3号物证）；在1号建筑（监控室）提取海康威视巡检主机1台（4号物证）；在59号库房1号房间提取包装袋、彩条布残留物（5号物证）；在1号炸坑北部边缘提取块状土壤（6号物证）（见图18-7）。

图18-7　1～6号物证现场提取照

四、视频照片分析

本次事故调查过程中，视频分析组共提取电话录音16份，调取分析与事故认定关联度较高、价值较大的视频3段时长共计66秒、照片2张（见表18-1）。

表18-1　影像资料基本信息

序号	拍摄时间	拍摄位置	长度	资料来源
视频1	2020年7月8日21：09	肖某甲家门口，与厂区电线杆直线距离约138 m	21秒	肖某乙手机拍摄
视频2	2020年7月8日21：53	肖某甲家门口，与厂区电线杆直线距离约138 m	12秒	肖某甲手机拍摄
视频3	2020年7月8日22时30分许	距离厂区约1000 m的居民楼内	33秒	网络下载
照片1	2020年7月8日21：15	肖某甲家门口，与厂区电线杆直线距离约138 m		肖某甲手机拍摄
照片2	2020年7月8日22：25：16（已校正）	金雁花炮有限责任公司厂区内		消防救援站扑救火灾时拍摄

（一）资料内容描述

1．视频1：2020年7月8日21时9分许，肖某乙（肖某甲之子）于肖某甲家门口拍摄的手机视频显示，最初火点处是一整团刺目灼眼亮度极高的黄色火焰（为方便描述，称火点1，下同），火焰呈现闪烁并向外扩散的动作形态，9秒之后火势变小，明亮黄色主焰左侧出现较小较暗黄色火焰（火点2），右侧有浓烟不断冒出。随着镜头拉近，可见主焰上方不时有絮状火苗冒出并向四处飘散。整个画面中，从左至右依次是避雷针1、避雷针2、火点1、电线杆（位于不明突起左端口）、不明突起（河边空置厂房，该厂房曾用于粉碎氯酸钾，以下称空置厂房）以及一间被火光照亮的房屋（存储氯酸钾与高氯酸钾的化工材料库，以下称化工材料库）。画面右部更远处有几点较小光点（经工厂工作人员指认核对，确认为当晚值班人员谢某乙住所）（见图18-8）。

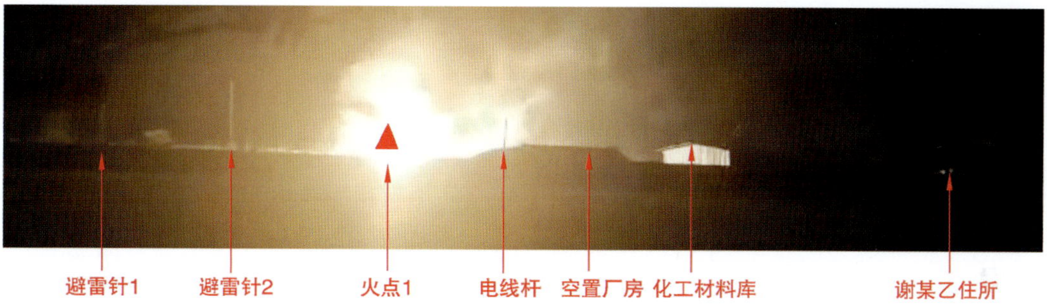

图18-8　视频1中平面布置

2．视频2：2020年7月8日21时53分许，肖某甲在家门口拍摄的手机照视频显示，此时一共有两处火点。避雷针与电线杆之间的火点对应最初的火点1，火势呈现衰减状态，火苗较弱，电线杆与空置厂房后方对应处的火点（火点3）火势正旺，燃烧稳定，外形呈现为一整团明黄色火焰。火焰右侧有一处库房（确认为最初被火光照亮的化工材料库），再向右更远处有一处房间，内部有四点灯光（应为当晚值班人员谢某乙住所）（见图18-9）。

图18-9　视频2中平面布置

3．视频3：视频一开始第一次爆炸即将结束，余声未歇，可见衣服在摆动，窗外火光由大变小，呈现爆炸结束特征，过了7秒窗外火光突然变大高亮，又过3秒第二声爆炸声响起。

4．照片1：2020年7月8日21时15分，肖某甲在家门口拍摄的手机照片显示，事故厂区围墙整体较平，中间有一处凸起（结合照片3和视频4，分析认定为河边空置厂房屋顶），空置厂房左侧是一整团刺目灼眼的明黄色火焰，右侧有一块光斑（经反复比对21时9分的视频，光斑为被火光照亮的化工材料库一侧）（见图18-10）。

5．照片2：2020年7月8日22时25分16秒，消防救援站在金雁花炮有限责任公司厂区内拍摄的第一次爆炸瞬间（见图18-11）。

图18-10　照片1（21：15拍摄情况）

图18-11　照片2（第一次爆炸发生瞬间）

（二）相关要素分析

1．起火时间分析。

据肖某乙介绍，2020年7月8日晚，其在父亲肖某甲家中听到“轰”的声音，过了3至5分钟，于家门口拍摄了手机视频（视频1），手机显示拍摄时间为21时9分。画面中电线杆与避雷针2之间，靠近电线杆一侧有一整团刺目灼眼不断闪烁的黄色火焰（火点1），即21时9分已经起火且燃烧猛烈（见图18-12）。

图18-12　视频1拍摄时间

2．火势发展过程分析。

根据视频对比分析，2020年7月8日21时9分视频1中的火点1为最先起火部位，火点1在燃烧过程中引燃周边可燃物，继而出现左侧的火点2（见图18-13）。

21时15分照片1可见火点1燃烧正盛（见图18-14）。之后火势继续发展，引燃火点3（电线杆后方偏右处出现的新火点），21时53分视频2中，火点3燃烧正旺，火势极大，火点1、2的火势已经呈现衰减状态（见图18-15）。

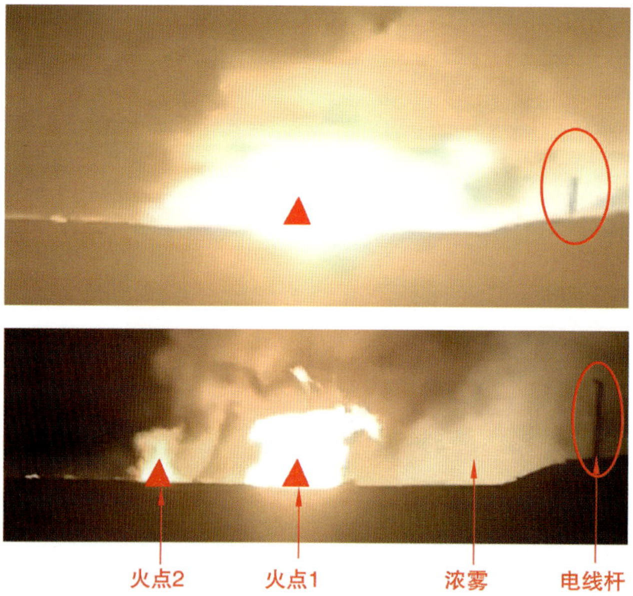

21:09 视频显示，初期火点处（图中标记为火点1）呈一整团刺目灼眼黄色火焰，火焰呈现闪烁并向外扩散的动作形态。

过了9 s，再一次闪烁之后整体火势变小，明亮黄色主焰左侧出现较小较暗黄色火焰（图中标记为火点2），右侧有浓烟不断冒出。

图18-13　21时9分视频1中火焰发展过程

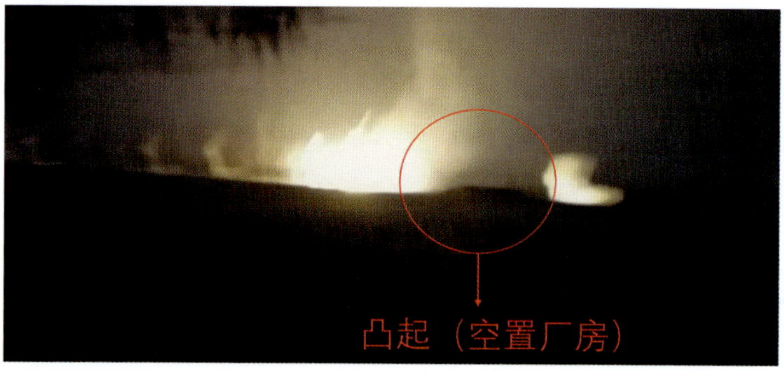

图18-14　21时15分图片1拍摄情况

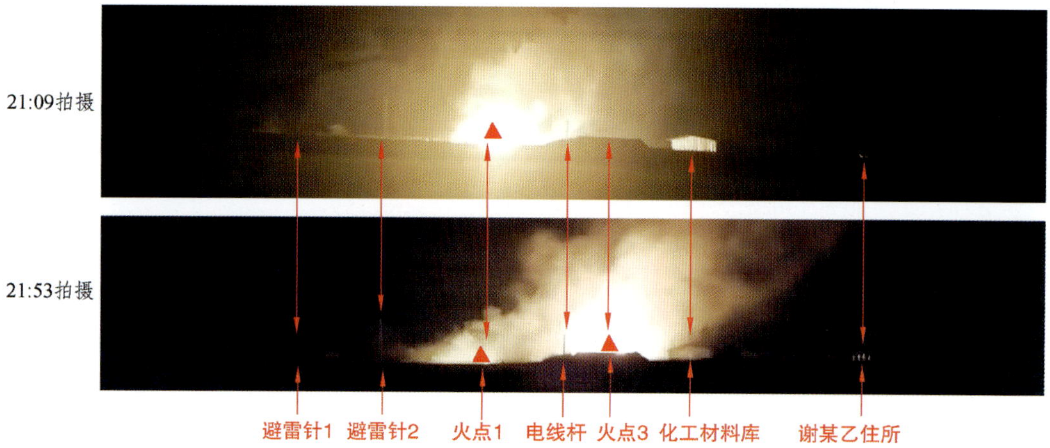

图18-15　视频1与视频2火点对比

3．火点位置分析。

（1）2020年7月9日上午，在肖某乙拍摄点以相同角度拍摄现场照片，以避雷针2和电线杆为对比参照物，将照片与2020年7月8日21时9分的视频1截图进行等比调整，对比显示21时9分视频1中出现的火点1位置与硝化棉仓库相对应（见图18-16）。

图18-16　21时9分视频1与事故后现场对比

（2）以同样方式将次日事故后现场照片与2020年7月8日21时53分视频截图进行等比调整，对比显示21时53分视频中出现的火点3位置与15吨炭粉库相对应（见图18-17）。

图18-17　21时53分视频2与事故后现场对比

（3）将视频1、视频2截图与现场照片进行等比调整，对比确定，从左至右依次为：避雷针1、避雷针2、火点1（硝化棉仓库）、5吨炭粉库、电线杆、火点3（15吨炭粉库）、化工材料库（存放氯酸钾与高氯酸钾）（见图18-18）。

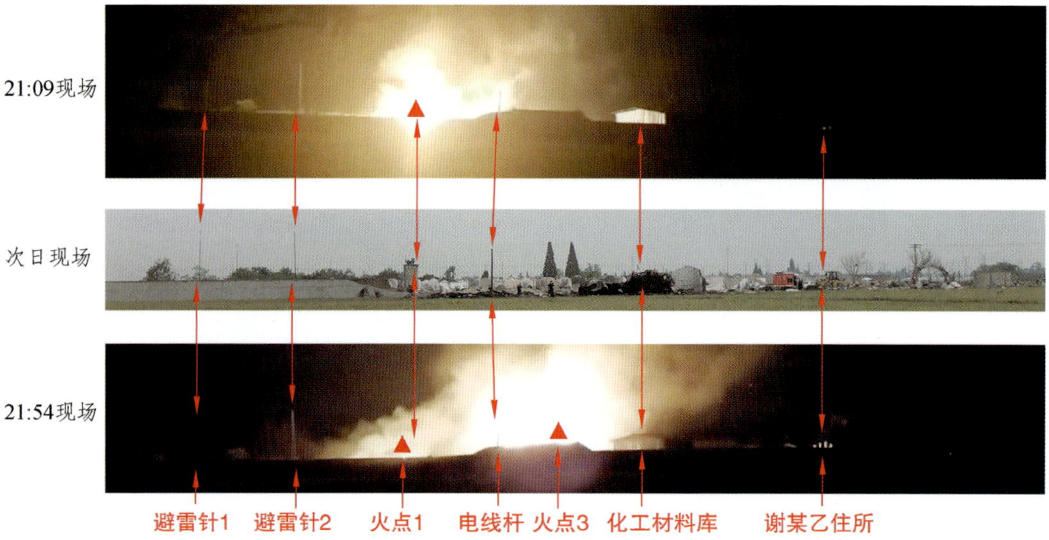

图18-18　视频1、视频2截图与现场照片对比

（4）以肖某甲视线为平面，将各个建筑、标志投影到其视平面上，视平面从左至右依次为硝化棉仓库、5吨炭粉库、电线杆、空置库房、15吨炭粉库、化工材料库（存放氯酸钾与高氯酸钾）（见图18-19）。

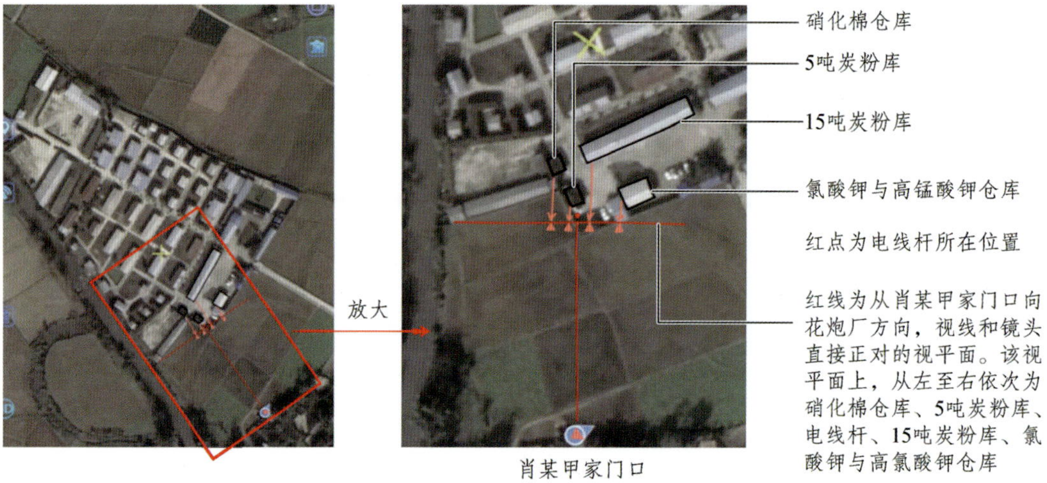

图18-19　厂房建筑在肖某甲视平面上的投影情况

（5）对现场进行定点勘测，绘制出火灾现场平面图，在平面图上对视频中各点进行定位分析、角度计算，确定从肖某甲家门口面向厂区的视平面中，从西至东（即视频1、视频2、图片2拍摄画面中从左至右）依次为避雷针1、避雷针2、硝化棉仓库、5吨炭粉库、电线杆、空置库房、15吨炭粉库、化工材料库。且经计算厂区内各点与视频中各点位置均一一对应。其中，21时9分视频1中的火点1位置与硝化棉仓库相对应，21时53分视频2中的火点3位置与15吨炭粉库相对应（见图18-20）。

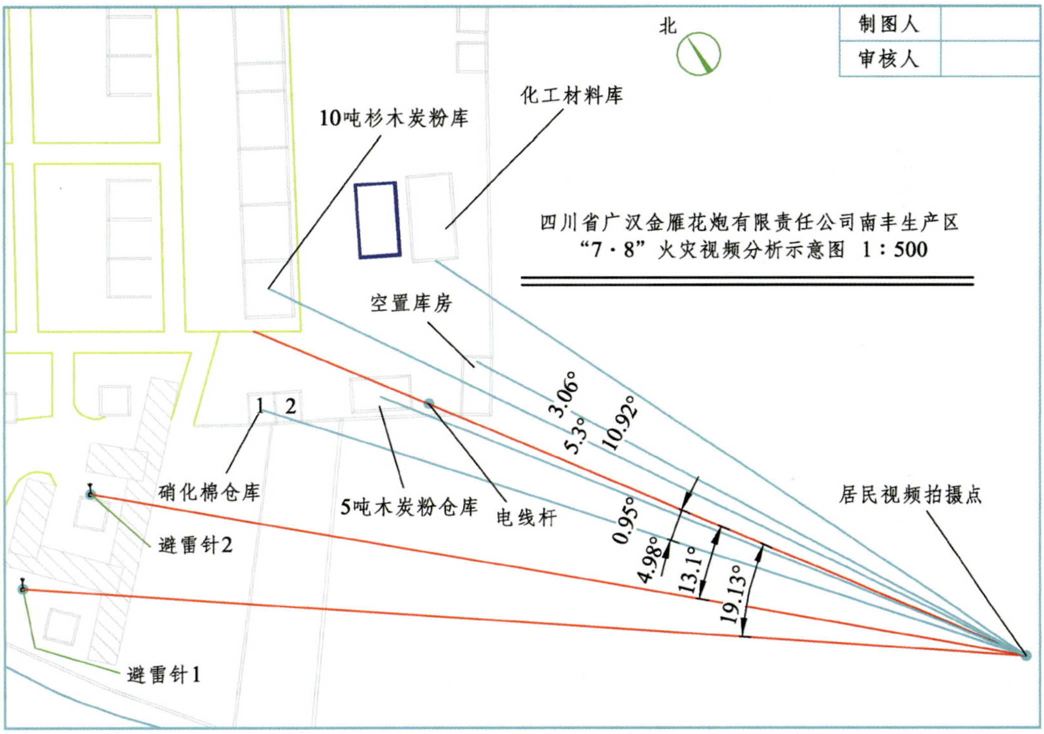

图18-20 现场定点勘测还原图

4．反光点位分析。

21时9分视频1截图中，清晰可见一处明亮光斑，经反复比对确认为化工材料库西南侧平滑彩钢板外墙体反射火光形成，21时53分视频2中反光已经不可见（见图18-21）。

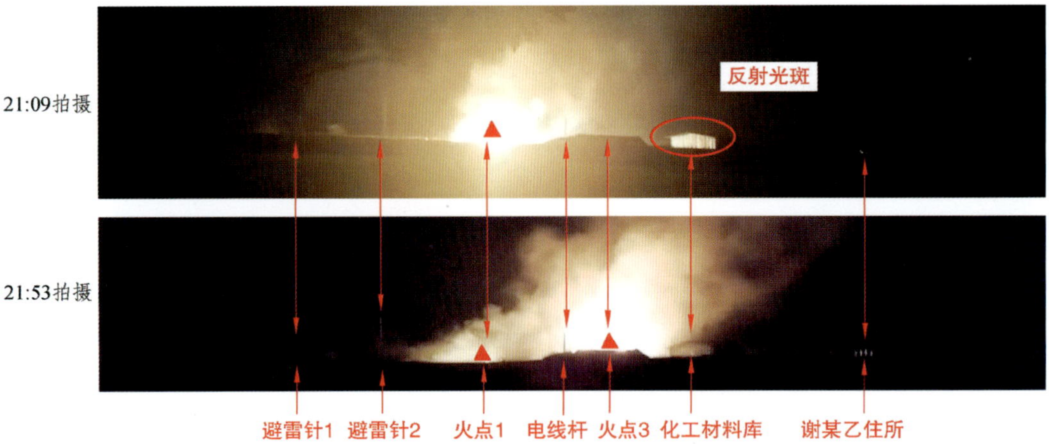

图18-21　化工材料库墙面反光对比图

在现场定点勘测还原图中，以化工材料库西南侧墙面在地面的投影为反射界面，在墙面中心处作一条与墙面投影垂直的线为法线，将两线交点与视频拍摄点相连，得到反射光线。根据光的反射定律，反射角等于入射角，在法线另一侧从交点出发，测得反射角度后对称绘制得到入射光线，延长入射光线后发现光线对直穿过硝化棉仓库。根据光的可逆性，可以确定视频1中，明亮光斑仅可能为硝化棉仓库着火后产生的火光反射形成（见图18-22）。

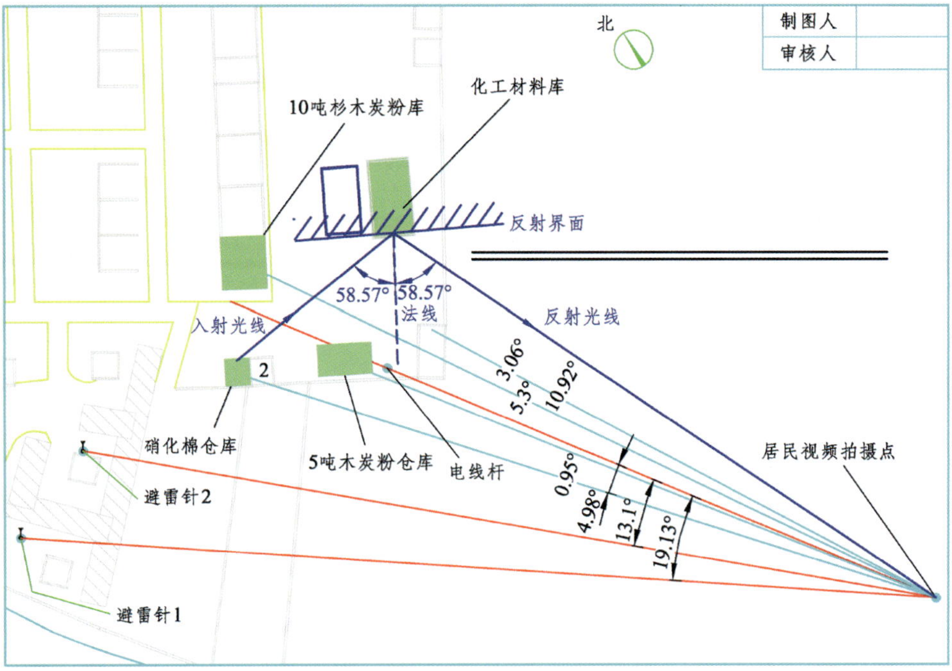

图18-22　化工材料库墙面光斑反射路线图

5．火焰情况分析。

21时9分视频1中火点1的火焰不时闪烁，并呈现向外扩散的动作形态，焰光灼眼亮度极高，主焰周边伴随有火苗向外冒。视频镜头放大后发现，主焰周边伴随有絮状火星和火苗不断迸出四散翻卷，整体燃烧状态较为剧烈和不稳定。硝化棉（$C_{12}H_{16}N_4O_{18}$）为棉絮状物，易燃且具有爆炸性，燃烧过程中伴有亮色絮状燃烧物飘落，同时产生大量气体，形成向上的热浮力，将燃烧的絮状硝化棉向外向上吹卷，燃烧状态与火点1特征相符（见图18-23）。

图18-23　视频1中火点1放大情况

与21时9分视频1中火点1进行对比，21时53分视频2中火点3的焰光更为柔和不刺眼，主焰周边未见明显火星火苗四散，整体燃烧状态较为稳定（见图18-24、图18-25）。

图18-24　视频1中火点1燃烧情况

图18-25　视频2中火点3燃烧情况

分析，21时9分视频中火点1处情况符合硝化棉燃烧特征，21时53分视频中火点3处情况符合木炭粉燃烧特征。

6. 起火部位分析。

（1）2020年7月8日21时9 分，肖某乙于肖某甲家门口拍摄的视频1显示，火点1位于避雷针2和电线杆之间，电线杆位于空置厂房左端后侧。2020年7月8日21时15分，肖某甲在家门口拍摄的照片1显示，一整团刺目灼眼的明黄色火焰在空置厂房左侧，与肖某乙视频显示的火点位置对应，火点1位于避雷针2和电线杆之间。

（2）根据现场视频、照片以及平面定点测绘图综合对比分析，21时9分视频1中火点1位置与硝化棉仓库相对应。

（3）根据光的反射定律，21时9分视频1中化工材料库西南侧墙面明亮光斑仅可能为硝化棉仓库着火后产生的火光反射形成。

（4）根据火焰情况对比分析，21时9分视频1中火点1处燃烧情况符合硝化棉燃烧特征。

综合以上分析，最先出现的火点1位置与其燃烧特征均与硝化棉仓库对应。

7. 爆炸时间分析。

（1）根据佛山路消防救援站于2020年7月8日22时25分16秒（时间已校正）在金雁花炮有限责任公司厂区内扑救火灾时拍摄的照片2，照片显示正是爆炸瞬间，综合认定第一次爆炸发生于2020年7月8日22时25分16秒。

（2）根据视频3内容，视频一开始（视频进度00：00）第一声爆炸即将结束，余声未歇，可见衣服在摆动，窗外火光很大，之后由大变小，呈现爆炸结束特征

（见图18-26）。过了7秒（视频进度00：07）窗外火光突然变大高亮（见图18-27）。又过3秒（视频进度00：10）第二声爆炸声响起，光速较声速传播更快，所以先看到闪光，后听见爆炸声。

图18-26　视频3进度00：00窗外火光

图18-27　视频3进度00：07窗外爆炸瞬间火光

（三）影像资料分析结论

综合上述分析，通过影像资料内容初步得出下列结论：

1．最初起火时间为2020年7月8日21时5分许，第一次爆炸发生时间为2020年7月8日22时25分16秒，第二次爆炸时间为2020年7月8日22时25分23秒。

2．最初起火部位为硝化棉仓库。

五、事故认定

（一）事故时间

1．接警记录显示，广汉市佛山路消防救援站于2020年7月8日21时9分接到广汉市公安局110指挥中心转警，称广汉市南丰镇金雁鞭炮厂起火。

2．德阳市消防救援支队119指挥中心于2020年7月8日21时9分32秒接到第一个报警电话，在询问地址时，报警电话挂断，于2020年7月8日21时10分4秒接到第二个报警电话。

3．第一报警人石某某反映，他开车途径宏达立交，转弯进市区时，正对广汉金雁花炮有限责任公司南丰生产区的方向，看到很大的火光冲上天，然后马上停车给110打电话报警，110接警中心显示接警时间为2020年7月8日21时6分58秒。

4．事故发生当晚厂区值班人员谢某某反映及对电视节目回放指认，2020年7月8日21时7分11秒到21时9分18秒，他在宿舍看电视时，突然听到“轰”的一声，随即出门查看，发现存放硝化棉的库房方向起火，并于2020年7月8日21时12分39秒拨打了119电话报警。

5.2020年7月8日21时9分，肖某乙拍摄的手机视频显示，画面中电线杆与避雷针2之间，靠近电线杆一侧有一整团刺目灼眼不断闪烁的黄色火焰，距肖某甲询问笔录此时距离他听到“轰”的声音过去了3～5分钟。

根据上述证据，综合分析认定事故发生时间为2020年7月8日21时5分许。

（二）事故部位

1．事故发生当晚厂区值班人员谢某乙反映，他出门看见左边存放硝化棉的库房屋顶有很大的火冒出来了，其他地方没有火；硝化棉库房着火后，把斜对面的木炭粉库房引燃了。

2．事故发生当晚厂区值班人员谢某丙反映，她看到河边那个方向燃起来了，整个天都亮了（经现场指认，她最初看到起火的方向为硝化棉库房方向）。

3．厂区计件员张某某反映，他赶到厂区时，看见黄某某管理的硝化棉库房在燃烧，当时木炭粉库房还未燃烧；当他撤到厂区大门口时，发现与车棚相连的木炭粉库房（8号库房）开始燃烧了。

4．厂区负责人杨某某反映，他赶到厂区时，看到硝化棉库房在燃烧，而后火势蔓延到木炭粉库房（8号库房），进而火势又蔓延到成品引线库房，导致引线库房发生爆炸。

5．从现场勘验情况分析，火势由硝化棉库房分别向东侧15吨木炭粉库房及南侧5吨木炭粉库房蔓延。

根据上述证据，综合分析认定本次事故最初发生部位位于堆放硝化棉的库房内。

（三）事故原因

1．排除人为放火的可能。

（1）通过调查询问，黄某某（硝化棉胶水技术员兼硝化棉库房管理员）离开该生产区前（6月16日）锁闭了硝化棉库房，走后无人可以进入库房内。

（2）公安机关已排除放火嫌疑。

2．排除电气线路故障引发火灾的可能。

根据证人证言反映以及现场勘验情况，硝化棉库房内无电气线路。厂区负责人杨某某反映，所有仓库内均无电气线路，如需夜间进入则需用手电筒或头灯照明，黄某某走后就无人进入硝化棉库房。

3．排除雷击引发火灾的可能。

广汉市6月16日至7月8日天气象资料显示，事故发生当天该生产区所在地无雷电天气。

4．硝化棉自燃起火引发火灾的认定。

（1）通过勘验情况分析，火势由硝化棉库房分别向东侧15吨木炭粉库房及南侧5吨木炭粉库房蔓延。

（2）通过视频资料分析，最先发生燃烧的火点1燃烧特征与硝化棉燃烧特征相符，火点1位置与硝化棉仓库对应。

（3）硝化棉（$C_{12}H_{16}N_4O_{18}$）为白色或微黄色棉絮状物，易燃且具有爆炸性，化学稳定性较差，常温下能缓慢分解并放热，超过40℃时会加速分解，放出的热量如不能及时散失，会造成硝化棉温升加剧，达到180℃时能发生自燃。硝化棉通常加乙醇或水作湿润剂，一旦湿润剂散失，极易引发火灾。

（4）经询问了解，广汉金雁花炮有限责任公司南丰生产区最后一次购买硝化棉后，运抵时间为2019年12月。该批硝化棉即被黄某某（硝化棉库管员）存入硝化棉库房，存储时间7个月以上，易出现硝化棉包装内湿润剂分布不均的情况。2020年6月16日黄某某离开四川到湖南休假，该库房房门及窗户即被锁闭，直至事故发生。

（5）气象部门气象数据显示，事故发生当日（2020年7月8日）广汉市最高气温为33℃，地面最高温度为54.2℃，6月16日至事故发生当日，每日最高温度在30℃以上的时间占70%，每日地面温度维持在40℃以上的时间占78%，且事发前有多日地面最高温度在60℃以上。

综上分析，多种因素耦合作用引起硝化棉湿润剂散失，出现局部干燥，在高温环境作用下，加速分解反应，产生大量热量，由于硝化棉库房房门及窗户锁闭，散热条件差，致使热量不断积聚，硝化棉温度持续升高，达到其自燃温度，发生自燃起火。

（四）事故过程

综合影像分析、询问笔录以及现场勘验情况，事故发生发展过程为：2020年7月8日21时5分许，硝化棉库房内硝化棉局部自燃后，引起周围硝化棉迅速猛烈燃烧，放出大量热量和气体，房内温度、压力升高，致使硝化棉库房墙壁倒塌，顶棚被掀翻，使临近木炭粉库房受损，大量硝化棉散落到木炭粉库房内，引燃木炭粉堆垛；22时25分16秒，木炭粉燃烧高温引爆相邻7号库房内存放的插线引火线（240箱）；受此次爆炸形成的冲击波的影响和抛出物的强力冲击，7秒后造成厂区东部距该处约90 m的棉纱引火线（130箱）连续发生2次爆炸。

六、灾害成因分析

1．火灾荷载大。该单位存储有大量易燃易爆危险品，燃烧猛烈、蔓延迅速，火灾扑救难度系数高。

2．天气影响大。事发前有多日地面最高温度在60℃以上，导致硝化棉库房容易发生热量积聚，促进硝化棉的加速分解最终自燃。火灾发生当日受风向影响，硝化棉仓库着火后先引燃炭粉库房，然后引爆插线引火线库房引发爆炸，直接导致事故损失的扩大。

3．管理存漏洞。硝化棉库房由黄某某一人管理，2020年6月16日黄某某离开四川到湖南休假，该库房房门及窗户即被锁闭，直至事故发生，期间无人员对库房进行巡检查看。事故发生后，现场值守人员不清楚起火库房及周边具体情况，对消防救援站灭火行动造成一定阻碍。

七、火灾调查体会

1．眼见为实，影像视频是直接客观的证据资料。本起事故现场经历两次爆炸，破坏面积极广，损毁程度严重，厂房位于偏远村落，人烟稀少，现场勘验难度较大，走访询问范围有限。通过影像分析我们直观精准地确定了最初起火部位以及火灾发展蔓延过程，减少了精力损耗，加快了工作进度，起到事半功倍的作用。

2．与时俱进，现代技术是提升效率的便捷途径。本次调查过程中，现场勘验采用无人机拍摄平面图，使用视侦通等专业视频分析软件解析影像视频，熟练运用现代化技术手段能够最大化发挥证据作用，有效提升工作效率。

3．协同配合，团队精神是取得胜利的必要条件。本次调查中，所有人员分为调查询问、现场勘验、视频信息、机理分析、综合协调几个小组，分头开展工作。大家互通讯息，协同配合，通过循线询问找到视频资料，分析视频资料佐证现场勘验和询问得到的有效讯息，通过机理分析印证视频内容，多线并行，分工协作，充分发扬团队精神，从而得到令人信服的调查结论。

19. 西昌市“3·30”重大森林火灾

一、火灾基本情况

- **起火地址：** 四川省凉山州西昌市经久乡与安哈镇交界的皮家山山脊处。
- **报警时间：** 2020年3月30日15时40分许。
- **火灾损失：** 该火灾共造成19人死亡，3人受伤（重伤2人、轻伤1人），造成各类土地过火总面积3047.7805公顷，综合计算受害森林面积791.6公顷，直接经济损失约9731.12万元。
- **调查组织：** 火灾发生后，凉山州政府立即成立联合调查组开展前期调查。4月12日，四川省委省政府决定成立四川省政府西昌市“3·30”森林火灾事件调查组，从省应急管理厅、省公安厅、省退役军人事务厅、省民政厅、省总工会、省林业和草原局、省气象局、国家能源局四川监管办等部门抽派人员，进驻凉山州西昌市“3·30”森林火灾现场开展调查。同时，邀请省外电力专家和省林业和草原调查规划院、省安全科学技术研究院、省消防救援总队等单位选派专家组成专家组参与调查。

二、走访询问情况

四川省政府西昌市“3·30”森林火灾事件调查组、凉山州政府联合调查组和凉山州公安机关共排查走访群众18775人次，填写走访调查表8156份，制作询问笔录

522份；筛选比对数据10万余条，核查信息200余条。通过排查走访确认如下信息：

（一）火灾发现情况

1．西昌市“大垭口”防火执勤点护林员（岗哨员）段某某、王某某，于3月30日15时40分许，在该执勤点（位于马鞍山砖厂连接S307公路山脚处），发现马鞍山“小垭口”有浓烟冒出，段某某于15时47分电话向马鞍村文书报告火情，随后拨打经久乡值班电话报告火情。

2．西昌农垦置业有限责任公司员工贺某某，于3月30日15时45分许，在该公司葡萄基地发现皮家山“双电杆”区域起火，开车到蚕桑队安置点交叉路口拍摄照片后，于15时49分向该公司安保部经理电话报告火情（见图19-1）。

3．西昌农垦置业有限责任公司员工黄某某在该公司化工厂至蚕桑队的路上发现皮家山“双电杆”区域起火，行至蔡家沟水库边拍摄照片及视频后，于3月30日15时51分向泸山林场经营所电话报告火情。

4．中国铁路成都局集团有限公司马道机务段职工马某某、张某某、刘某在该机务段车库边，于3月30日15时47分许，看到皮家山山顶铁塔和铁塔南侧四根电杆之间有浓烟冒出，马某某遂拨打12119电话报警（见图19-2）。

图19-1　山脊西侧最早发现火情图

图19-2　山脊东侧最早发现火情图

注：同一山体，山体西侧群众称“马鞍山”，东侧群众称“皮家山”，以下统称“皮家山”；同一位置，山体西侧群众称“小垭口”，东侧群众称“双电杆”，以下统称“双电杆”。

（二）相关人员现场活动情况

1．对皮家山“双电杆”区域进出路口、山路沿线开展全覆盖调查，对周边村组排查走访，均反映起火前后时段未见有人员进出该区域。

2．按照当地风俗，午后不上坟；对皮家山“双电杆”区域周边坟地及其家人排查调查，坟头均在山腰以下。

3．皮家山“双电杆”及周边区域系农场集体林地，平时禁止村民放牧，即便偶有偷偷放牧也要在四月份雨水后长出新草才会出现；对可能的放牧人员排查，未发现当天有上山放牧情形。

4．对护林员、曾经种树人员、精神病人、吸毒人员、前科劣迹人员等重点人群进行排查调查，未发现与火灾关联的野外用火线索。

5．对火灾现场周边及西昌市卫生医疗机构烧烫伤人员排查甄别，相关人员均无到现场的活动轨迹。

（三）其他情况

1．2020年3月30日16时30分许，安宁电力分公司马道供电所职工王某到柳树桩水库大坝观察火情时，通过望远镜观察到85号电杆架设的中间导线引流线吊在半空，右边导线引流线搭在横担支撑架上。

2．3月31日上午，安宁电力分公司马道供电所职工朱某巡查10 kV电台线，到达85号杆发现新建线路的两根预留引流线一根自然下垂，另外一根搭在铁质撑脚横段上。

三、现场勘验情况

调查组围绕可能导致火灾发生的各种原因，先后组织开展现场勘验7次，补充踏勘6次，提取、固定痕迹物证7件，取得鉴定意见1份。

（一）环境勘验

最先起火区域位于西昌市经久乡马鞍村与西昌农垦置业有限责任公司柳树桩生产小组交界的皮家山山脊附近（当地俗称“小垭口”“双电杆”），该山脊正中分界线东侧为西昌市安哈镇地界，西侧为西昌市经久乡地界。该区域西面为马鞍村方向，北面为大垭口方向，南面为皮家山山顶方向，东面为蔡家沟水库、柳树桩方向（见图19-3）。

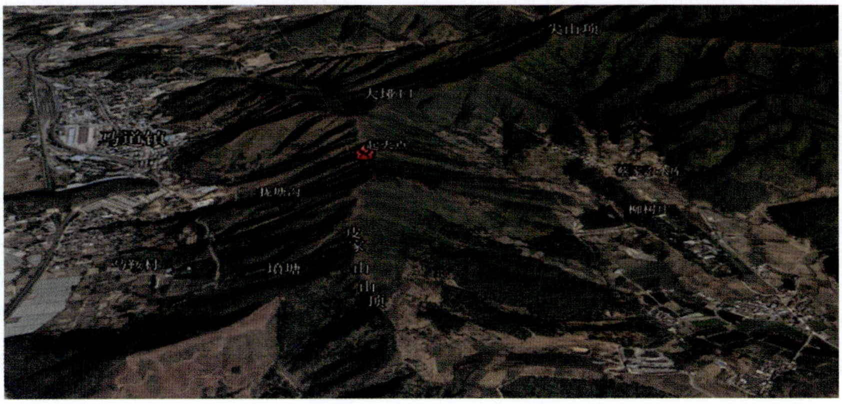

图19-3　最先起火区域地理位置航拍图

该区域海拔约1800 m，山脊西侧山坡呈复合坡，200 m范围内有3条小山脊和2条沟，山体平均坡度约30°，局部坡度达60°；山脊东侧山坡亦呈复合坡，200 m范围内有4条小山脊和3条小沟，山体平均坡度约25°（见图19-4）。

图19-4　最先起火区域地形地貌航拍图

（二）初步勘验

从马鞍村方向由西向东，自110 kV马道变电站出线的10 kV电台线由水泥电杆（高12 m）架设，沿山脊西侧山坡、山脊、山脊东侧山坡穿越起火区域（见图19-5）。

图19-5　最先起火区域电力设施分布图

起火区域所在山脊处立有沿山脊由南向北呈“一”字形排开的电杆（电杆上标有“10 kV电台线85”字样，以下称85号电杆）4根（由南向北分别标注为85-1号、85-2号、85-3号、85-4号电杆），85-1号至85-4号电杆之间的距离为8 m。85-1号、85-2号电杆架设有10 kV输电线3根（由南向北分别标注为1、2、3号导线）；85-3号、85-4号电杆架设有10 kV输电线2根。自85-4号电杆沿山脊向北33 m处立有35 kV马大线铁塔1座（编号N35，以下简称N35号铁塔）（见图19-6）。

图19-6　85号电杆及线路图

最先起火区域地表植被以紫茎泽兰和灌木为主（紫茎泽兰平均高度70 cm左右；灌木以富含油脂的车桑子为优势，平均高度80 cm左右），灌草综合盖度90%

以上。山脊两侧分布有人工栽种和自然生长的乔木（云南松）、小乔木和其他草本植物。其中，100 m范围内为人工栽种黑荆、台湾相思、栎类的未成林造林地，造林对原有植被干扰程度较小；100～200 m范围内，除西侧山坡有零星直杆桉、东侧山坡有零星云南松分布外，其余与100 m范围相似（见图19-7、图19-8）。

图19-7　起火区域西侧山坡灾前植被情况图

图19-8　起火区域两侧山坡灾后植被图

85号电杆附近及周边山体地表植被均有不同程度过火痕迹，利用无人机航拍器自85号电杆向山脊东侧山坡观察，从灌木等植被残留枝叶等反映的过火程度看，整体呈倒“U”形（见图19-9）。

图19-9　85号电杆东侧山坡灌木植被过火后呈现的倒“U”形

（三）细项勘验

85-3号、85-4号电杆基部生长有灌草丛，电杆东南向约2 m处有成片灌草丛并与东侧山坡植被相连（见图19-10）。

图19-10　85-3号、85-4号电杆基部灾后植被情况图

85号电杆基部及附近，自然遗留大量灌木、杂草的草木灰堆，残存的地表灌木根部烧毁、炭化程度严重（见图19-11）。

图19-11　85号电杆基部地表灌木、杂草过火情况图

85号电杆基部及附近地面上，留有金属熔滴、带灼烧痕迹的黑色炭化物体，以及粘附在石头上的黑色物质（见图19-12）。

图19-12　金属熔滴、黑色炭化物及石头上的黑色粘附物图

（四）专项勘验

85号电杆架设的10 kV电台线，起于110 kV马道变电站10 kV电台线952断路器，经由85号电杆，止于五〇五电台，主干线路共105基，长7.06公里，分支线长17.96 km。自85号电杆面向供电侧（110 kV马道变电站），处于本次火灾重点区域的电杆依次为85号至81号（见图19-13）。

图19-13　85号电杆面向供电侧电杆分布情况

对81号至85号电杆杆塔所处位置、塔型及接线方式，81号、82号电杆塔导线搭接方式及导线带电情况进行详细勘验。82号电杆顶部概貌及导线搭接方式如图19-14所示。

图19-14　82号电杆顶部概貌及导线搭接方式图

根据国网凉山供电公司10 kV电台线核相结果最终确定81号杆后段导线接线方式及带电情况如图19-15所示。

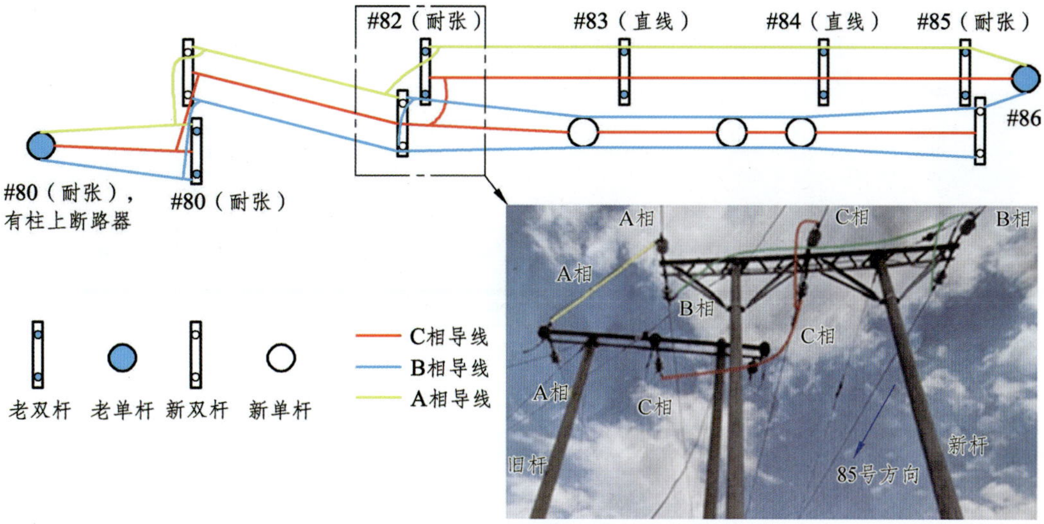

图19-15　81号后段导线接线方式及带电情况示意图

对85号电杆进行勘验，1号、2号导线在此处形成断头并分别留有长约1.9 m的引流线自然悬吊于空中，3号、4号、5号继续通向负荷侧（五〇五电台方向）（见图19-16）。

图19-16　85号电杆导线敷设情况图

85-1号电杆横担支撑架抱箍处存在明显烟熏、熔化和放电烧伤痕迹（见图19-17），电杆架设的1号导线的预留引流线断端绝缘层存在明显炭化痕迹，断端金属导线存在明显熔化痕迹（见图19-18）。电杆架设的包括1号导线在内的10 kV电台线为绝缘钢芯铝绞线，绝缘材料为聚乙烯（见图19-19）。

图19-17　85号电杆横担支撑架抱箍处烟熏、熔化和放电烧伤痕迹

图19-18　1号导线预留引流线断端绝缘层炭化、金属导线熔化痕迹

图19-19　1号导线构造图

凉山州公安机关在2020年3月31日进行勘验时，发现85-1号电杆1号导线引流线尾线搭在横担支撑架抱箍处（见图19-20）。

图19-20　85-1号电杆1号导线引流线尾线与横担支撑架抱箍搭接图

四、视频分析情况

调查组共发现、提取、分析周边天网视频、社会监控68段，时长34小时16分钟。通过分析确认以下情况：

1．发现火灾前后有效时间范围内，未见有人员在皮家山“双电杆”区域活动。

2．马道变电站天网枪机视频监控录像显示：2020年3月30日15时45分，N35号铁塔与85号电杆之间有浓烟冒出。

五、其他调查情况

（一）天气气候情况

起火区域所在地西昌市属亚热带季风气候，气候干雨季分明，11月至翌年5月上、中旬为干季，降水稀少、空气干燥、风速明显大于雨季。根据气象部门提供的数据，西昌地区：2020年3月份，平均气温18.1℃，较常年同期偏高2.0℃；降水量1.2 mm，较常年同期偏少91.5%，截至火灾发生前已连续20日无降水；平均相对湿度33%，较常年同期偏小9%（见表19-1）。

表19-1　西昌站2020年3月气候情况

	月平均气温/℃	月平均最高气温/℃	月平均最低气温/℃	月降水量/mm	月相对湿度/%	月日照时数/小时
2020年 18.1		26.6	11.3	1.2	33	257.6
历年同期平均	16.1	26.5	7.5	14.1	42	249.4
距平	+2.0	+0.1	+3.8	−91.5%	−9%	+3%

3月23至30日，平均气温20.2℃，较常年同期偏高2.8℃；平均最高气温29.2℃，较常年同期偏高2.7℃；平均相对湿度32%，较常年同期偏小10%。（见表19-2）。

表19-2　西昌站综合监测气象要素统计表（2020年3月23—30日）

站名	时间	平均气温/℃	最高气温/℃	最低气温/℃	相对湿度/%	20—20时降水量/mm	平均风速/（m/s）	极大风速/（m/s）	极大风速风向/（m/s）
西昌	23日	18.6	27.5	11.2	31	0	1.2	7.0	181
	24日	19.7	26.6	13.9	28	0	2.4	7.2	204
	25日	19.3	28.6	11.9	32	0	1.8	7.7	190
	26日	19.8	29.8	12	34	0	1.3	6.3	181
	27日	21.4	30.5	13.5	29	0	1.3	4.5	43
	28日	21.7	29.1	14.1	37	0	2.2	8.3	170
	29日	22.1	30.3	16.9	32	0	2.8	9.9	218
	30日	19.3	31.2	8.6	35	0	1.8	9.2	176

3月30日白天，以晴间多云天气为主，无雷电天气。14时至16时，空气温度29.6～31.7℃，湿度13%～17%，风向西南风，风速5.8～6.9 m/s，瞬间极大风速13.1～20.9 m/s。15时20分至16时，气温保持在31.7℃；15时30分至16时，相对湿度保持在13%；15时32分，风速快速增加到18.8 m/s（8级），15时56分达到20.9 m/s（9级）。起火区域在上述时段着火指标71，着火等级五级（≥50），极易燃烧；蔓延指标73，蔓延等级五级（≥50），极易蔓延。（见表19-3）。

表19-3　西溪区域自动站综合监测气象要素统计表（2020年3月30日15—16时）

时间	极大风向	极大风速/（m/s）	极大风速时间	最高温度/℃	相对湿度/%
2020-3-30 15：00	236	16.4	15：00	31.3	14
2020-3-30 15：05	259	17.3	15：03	31.3	14
2020-3-30 15：10	259	17.3	15：03	31.3	14

续表

时间	极大风向	极大风速/（m/s）	极大风速时间	最高温度/℃	相对湿度/%
2020-3-30 15：15	259	17.3	15：03	31.3	14
2020-3-30 15：20	259	17.3	15：03	31.7	14
2020-3-30 15：25	259	17.3	15：03	31.7	14
2020-3-30 15：30	259	17.3	15：03	31.7	13
2020-3-30 15：35	236	18.8	15：32	31.7	13
2020-3-30 15：40	236	18.8	15：32	31.7	13
2020-3-30 15：45	236	18.8	15：32	31.7	13
2020-3-30 15：50	236	18.8	15：32	31.7	13
2020-3-30 15：55	236	18.8	15：32	31.7	13
2020-3-30 16：00	267	20.9	15：56	31.7	13

（二）电力运行情况

1．火灾发生前，根据《四川省发展和改革委员会关于国网四川省电力公司2019年农网改造升级工程项目可行性研究报告的批复》（〔2019〕221号），该10 kV电台线正在进行农网改造，施工至85号电杆处，因新冠疫情暂停施工。82号至85号电杆原B相导线在2019年12月16日至18日在实施改造工程中被拆除。为保证对五〇五电台的可靠供电，施工单位采用在新建82号杆与旧82号杆新旧导线临时搭接的方式保证供电。新建线路右侧导线（1号导线）及中间导线（2号导线）在85号杆处形成断头，且断头处有预留引流线尾线。1号、2号导线在火灾发生时处于带电状态。

2．国家电网凉山供电公司故障记录显示：2020年3月30日15时33分25秒，马道变电站10 kV母线出现接地故障报警，至15时49分28秒，断开10 kV电台线的952断路器后，接地故障消除（见图19-21）。

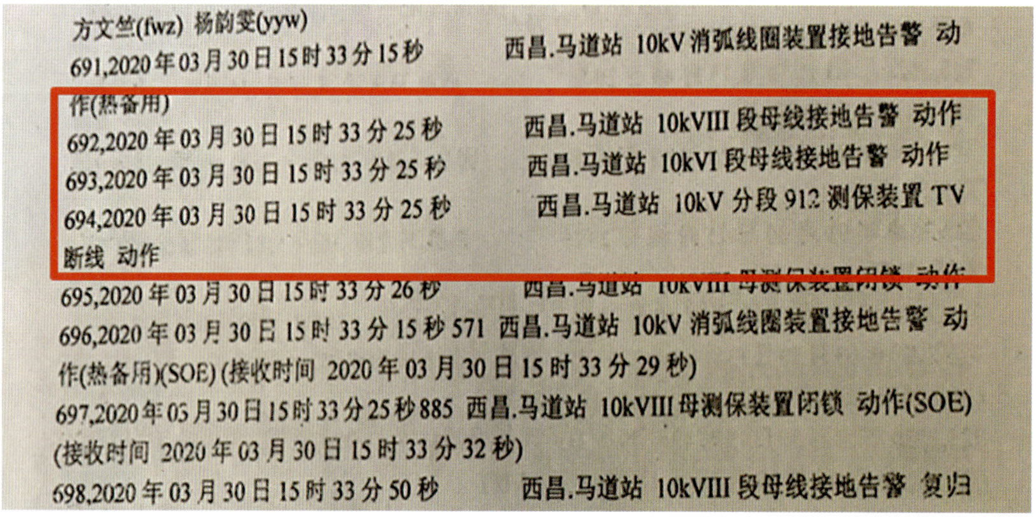
方文竺(fwz) 杨韵雯(yyw)
691,2020年03月30日15时33分15秒 西昌.马道站 10kV消弧线圈装置接地告警 动作(热备用)
692,2020年03月30日15时33分25秒 西昌.马道站 10kVIII段母线接地告警 动作
693,2020年03月30日15时33分25秒 西昌.马道站 10kVI段母线接地告警 动作
694,2020年03月30日15时33分25秒 西昌.马道站 10kV分段912测保装置TV断线 动作
695,2020年03月30日15时33分26秒 西昌.马道站 10kVIII母测保装置闭锁 动作
696,2020年03月30日15时33分15秒571 西昌.马道站 10kV消弧线圈装置接地告警 动作(热备用)(SOE)(接收时间 2020年03月30日15时33分29秒)
697,2020年05月30日15时33分25秒885 西昌.马道站 10kVIII母测保装置闭锁 动作(SOE)(接收时间 2020年03月30日15时33分32秒)
698,2020年03月30日15时33分50秒 西昌.马道站 10kVIII段母线接地告警 复归

图19-21　国家电网凉山供电公司故障记录图

3．国家电网凉山供电公司电力运行记录及故障记录显示：在2019年12月18日10 kV电台线新线82号至85号电杆区段建成通电后，至2020年3月30日15时33分25秒马道变电站10 kV母线出现接地故障报警前，10 kV电台线未出现过接地故障；自15时49分28秒，断开952断路器，至3月31日公安机关勘查前，该线路处于未通电状态。

六、火灾认定

（一）起火时间

1．走访询问情况。

（1）马某某、张某某、刘某看到N35号铁塔和85号电杆之间有浓烟冒出，约10分钟后拨打119电话报警，报警时间为2020年3月30日15时47分。

（2）段元学、王志林于2020年3月30日15时40分，发现马鞍山“小垭口”有浓烟冒出。

2．视频监控情况。

马道变电站天网枪机视频监控录像显示：N35号铁塔与85号电杆之间，2020年3月30日15时45分有浓烟冒出。

3．国家电网凉山供电公司故障记录。

2020年3月30日15时33分25秒，马道变电站10 kV母线出现接地报警，15时49分28秒报警解除。

根据上述证据，结合火灾发生发展规律，综合分析认定：火灾起火时间为2020年3月30日15时35分许。

（二）起火部位

1．走访询问情况。

（1）段某某、王某某最早发现有浓烟冒出的部位为马鞍山“小垭口”（85号电杆所在区域）。

（2）马某某、张某某、刘某最早看到有浓烟冒出的部位为N35号铁塔和85号电杆之间。

（3）贺某某、黄某某最早发现起火的部位为皮家山“双电杆”（85号电杆所在区域）。

2．监控视频情况.

马道变电站天网枪机视频监控录像显示，最早出现浓烟的部位为N35号铁塔与85号电杆之间。

3．现场勘查情况.

（1）85号电杆东侧山坡灌木等植被残留枝叶等反映的过火程度，整体呈倒“U”形。

（2）85号电杆基部及附近，遗留大量灌木、杂草的草木灰堆，残存的地表灌木根部烧毁、炭化程度严重。

（3）85号电杆基部及附近地面上，留有金属熔滴、带灼烧痕迹的黑色炭化物体，以及粘附在石头上的黑色物质。

根据上述证据，综合分析认定：火灾起火部位为西昌市经久乡马鞍村和西昌农垦置业有限责任公司柳树桩生产小组交界的皮家山山脊处85号电杆基部地表。

（三）起火原因

1．排除雷击起火。气象部门提供的数据显示，3月30日西昌市辖区内无雷电活动；结合走访调查情况，排除雷电因素引发火灾的可能。

2．排除自燃起火。气象部门提供的数据显示，3月30日白天，西昌无低值系统影响，底层西南风气流加强，干燥且层结稳定，以晴间多云天气为主，无自燃的气象条件；现场勘查未见自燃条件及有关的痕迹物证。综上，排除自燃引发火灾的可能。

3．排除人为放火和野外用火不慎起火。根据凉山州公安机关对相关人员排查情况、监控视频反映情况，起火前后有效时间内没有人员在最先起火区域及附近活动；3月30日下午14至16时，最先起火区域天气炎热、山顶风大、无遮阴树木，不符合休息条件，也无生火取暖的必要。综上，排除人为放火和野外用火不慎引发火灾的可能。

4．根据现场勘查和走访调查，排除陨石、火山等引发火灾的可能。

5．起火区域引发火灾的电气原因认定：

（1）现场勘查显示：从马鞍村方向由西向东，自110 kV马道变电站出线的10 kV电台线，经由85号电杆架设穿越起火部位，85号电杆位于起火部位所在位置。

（2）电气专项勘查和国家电网凉山供电公司电力运行记录显示：10 kV电台线（改造中）采取新旧线路临时搭接的方式供电，新建的85-1号、85-2号电杆架设的1号、2号导线在此形成断头且断端预留有约1.9 m的引流线，该两处预留引流线在火灾发生时处于带电状态。

（3）国家电网凉山供电公司故障记录显示：2020年3月30日15时33分25秒，马道变电站10 kV母线出现接地故障报警，至15时49分28秒，断开10 kV电台线的952断路器后，接地故障消除。该电气故障发生时间与起火时间吻合。

（4）王某、朱某等的证言和凉山州公安机关2020年3月31日的现场勘验证实，火灾发生当时85号电杆架设的1号导线引流线（非正常）搭在电杆横担支撑架抱箍处。

（5）现场勘查显示：85-1号电杆架设的1号导线的预留引流线断端绝缘层存在明显炭化痕迹，断端金属导线存在明显熔化痕迹，与该预留引流线断端接触的电杆横担支撑架抱箍处存在明显烟熏和熔化痕迹；截取该预留引流线断端12 cm，经应急管理部消防救援局四川火灾物证鉴定中心鉴定为“电弧熔痕样品”。表明该预留引流线发生接地放电故障，在接地点（支撑架抱箍处）形成高温。该电气故障点与起火部位吻合。

（6）国家电网凉山供电公司电力运行记录及故障记录显示：在2019年12月18日10 kV电台线新线82号至85号电杆区段建成通电后，至2020年3月30日15时33分

25秒马道变电站10 kV母线出现接地故障报警前，10 kV电台线未出现过接地故障；自15时49分28秒，断开电台线的952断路器，至3月31日公安机关勘查前，该线路处于未通电状态。该电气故障点处痕迹特征形成仅与本次故障有关。

（7）现场勘查显示：85号电杆基部及附近地面上，留有金属熔滴、带灼烧痕迹的黑色炭化物体，以及粘附在石头上的黑色物质。符合铝绞线高温熔融、绝缘层受热燃烧的产物在重力和风力作用下散落地表的痕迹特征。

（8）现场勘查显示：85号电杆基部及附近自然遗留大量灌木、杂草的草木灰堆，该部位起火前有可燃物且发生燃烧；残存的地表灌木根部烧毁、炭化程度严重，具备初期燃烧特征。

（9）气象监测数据显示：火灾发生前，起火部位所在区域风大（15时32分，风速快速增加到18.8 m/s，8级），气温高（15时20分至16时气温保持在31.7℃）、空气干燥（相对湿度13%～17%）；着火等级五级（着火指标71），极易燃烧；蔓延等级五级（蔓延指标73），极易蔓延。

（10）根据前期调查，排除了其他火源或因素在起火部位引发火灾的可能。

综合分析认定：火灾起火直接原因为110 kV马道变电站10 kV电台线85-1号电杆架设的1号导线预留引流线（长约1.9 m），受风力作用（瞬时极大风速18.8 m/s，8级），与该电杆横担支撑架抱箍搭接，形成永久性接地放电故障（时长16分3秒），造成线体铝质金属熔融、绝缘材料起火燃烧，在散落过程中引燃电杆基部地面的灌木、杂草，受风力作用蔓延成灾。

七、火灾调查体会

1．调查森林火灾，排除或确认是否人为引发森林火灾至关重要，应全面排查最先起火区域附近起火前后人员出入、活动情况、有无用火或明火作业；全面排查起火区域周边医院收治烧伤病人，查明其起火前后与起火部位的关联情况。鉴于该工作量大、开展难度大，调查森林火灾应提请公安机关介入共同调查。

2．调查认定过程中，应调查起火区域气候气象情况，重点掌握起火前起火区域风力、风向、空气湿度、气温以及有无雷电活动、是否具备自燃条件等；调查是否存在火山爆发、陨石和光源聚焦起火等的可能；林区内民用建筑也在火灾中过火的，要查明建筑火和森林火相互之间的引燃关系。

3．对人为因素引发的森林火灾，以及对森林火灾发生、蔓延、扩大存在管理责任的，应依法组织延伸调查，严肃追究相关单位、个人的责任。

4．受地形、植被以及局部瞬时风等因素影响，森林火灾会以突发性极强的暴发火以及无法有效察觉的地下火等形式出现，严重威胁灭火人员的生命健康，2019年木里“3·30”森林火灾、2020年西昌“3·30”火灾均造成重大的人员伤亡，教训极为深刻。在森林火灾扑救过程中，务必深刻总结吸取经验教训，有效防护、科学处置，减少不必要的人员伤亡。